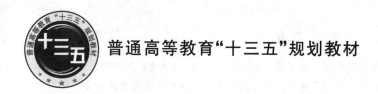
普通高等教育"十三五"规划教材

# 现代通信技术导论

## （第 2 版）

陈嘉兴　赵　华　张书景　编　著

U0291035

北京邮电大学出版社
www.buptpress.com

## 内 容 简 介

本教材从宏观角度全景式介绍了现代通信技术及其应用。本教材共12章,详细介绍了通信技术发展史,通信技术的基础知识。对一些经典通信技术既介绍了基本原理又实时追踪了该技术的最新发展情况及相关应用,如通信交换技术、互联网通信技术、光纤通信技术、微波通信技术、卫星通信技术、移动通信技术。对当前最新的通信技术进行了翔实的介绍,如物联网技术、三网融合概念、水下通信、量子通信以及可见光通信。本教材兼顾了知识性、系统性、实用性、前瞻性。本教材概念简洁、原理明了、材料丰富、内容新颖、体例安排及内容裁剪等都有鲜明的特色。配合本教材学习的课件以及辅助理解本教材内容的相关视频资料可以在北京邮电大学出版社网站下载。

本教材可作为通信、电子、计算机等专业的低年级本科生和高职高专的教学用书,对工程技术人员、管理人员、在职培训人员及个人自学者也有很高的参考价值。

**图书在版编目(CIP)数据**

现代通信技术导论 / 陈嘉兴,赵华,张书景编著. --2 版 . -- 北京 :北京邮电大学出版社,2018.1 (2020.3重印)

ISBN 978-7-5635-5324-2

Ⅰ. ①现… Ⅱ. ①陈… ②赵… ③张… Ⅲ. ①通信技术 Ⅳ. ①TN91

中国版本图书馆 CIP 数据核字(2017)第 306552 号

---

书　　　名:现代通信技术导论(第 2 版)

著作责任者:陈嘉兴　赵　华　张书景　编著

责 任 编 辑:刘　颖

出 版 发 行:北京邮电大学出版社

社　　　址:北京市海淀区西土城路 10 号(邮编:100876)

发 行 部:电话:010-62282185　传真:010-62283578

E-mail:publish@bupt.edu.cn

经　　　销:各地新华书店

印　　　刷:保定市中画美凯印刷有限公司

开　　　本:787 mm×1 092 mm　1/16

印　　　张:15.5

字　　　数:401 千字

版　　　次:2015 年 1 月第 1 版　2018 年 1 月第 2 版　2020 年 3 月第 2 次印刷

---

ISBN 978-7-5635-5324-2　　　　　　　　　　　　　　　　　　　　定　价:36.00 元

**·如有印装质量问题,请与北京邮电大学出版社发行部联系·**

# 前　言

随着现代通信技术的飞速发展,通信技术更新速度加快,各种新技术不断涌现,已有通信技术的各门课程相对独立,缺乏关联性,学生很难由此建立起对通信技术和通信网络的整体概念。目前有关通信技术类的教材,要么是针对某一专题的介绍,其广度不够;要么虽具有一定的广度,但大都针对通信专业高年级的学生,对于通信专业低年级及非通信专业的学生来说,教学内容过多、过深,缺乏通信基础知识的介绍与铺垫。针对上述困惑,我们开始统筹规划现代通信技术导论教材的编写工作。在翻阅大量书籍、多种通信类报纸杂志以及参考互联网上众多资料的基础上,根据新的通信网络构架和各类先进的通信技术编辑整理了一本内容丰富、深浅得当、通俗易懂的现代通信技术导论教材。

本教材共 12 章。第 1 章介绍了通信发展历程、通信基本概念、通信标准化组织、通信技术发展趋势。第 2 章介绍了电路交换的基本原理、分组交换的基本原理、ATM 交换的基本原理、多协议标签交换的基本原理、软交换的基本原理。第 3 章介绍了计算机网络分类、计算机网络发展、OSI 参考模型、IPv6 技术。第 4 章对光纤通信技术进行了详细的分析与阐述。第 5 章对微波通信技术进行了详细的分析与阐述。第 6 章对卫星通信技术进行了详细的分析与阐述。第 7 章对移动通信技术进行了详细的分析与阐述。第 8 章对物联网技术进行了详细的分析与阐述。第 9 章介绍了三网融合概念、国内外三网融合现状以及我国推进四网融合的技术和方案。第 10 章介绍了可见光通信的基本概念和发展状况。第 11 章介绍了水下通信基本理论、类型以及相关特性。第 12 章介绍了量子通信的基本概念、类型以及实现方案。

现代通信技术导论课程是一门为通信工程和计算机科学与技术等专业低年级学生、专科生以及高职高专生开设的一门重要的专业基础课,通过本课程的学习可掌握现代通信技术的基本概念、基本原理,熟悉各种传输技术,了解相关通信技术的发展趋势,为进一步学习相关的通信专业课程打好基础。本教材按照通信技术的发展进程,对现代通信技术进行全景式描述,其特点:一是在结构安排方面,从学生认识规律出发,首先让学生建立起一个通信系统的基本概念,然后通过学习基本的技术原理,达到对各个通信技术的基本掌握。这样也有利于学生在今后的学习和实践中不断对其知识框架进行补充,从而完善通信技术知识体系。二是在内容选取方面,力求深入浅出、论述简明、避免抽象的理论表述,强调基本概念、基本理论、系统构成与工作原理的准确易懂。三是在适用方面,本教材适合不同层面、多个领域的读者。书中各章节具有一定的独立性。作为教材,教师可针对不同专业或不同层次的教学,根据学时情况进行相应的内容取舍。作为自学读物,读者可通读全书,亦可选择相关章节阅读。本教材努力使庞杂的授课内容压缩在有限的 54 学时之内。

本教材由陈嘉兴、赵华、张书景共同编著。也感谢我的研究生息珍珍、李晶、杨钰雪、滑璞、徐胜、张健、曹策策、宋娇、张薇、刘星月在校稿中付出的辛苦。书中难免有不足之处,敬请读者指正。

编　者

# 目　　录

# 第1章 绪 论

## 1.1 通信发展简史

### 1.1.1 世界通信发展简史

通信是信息交换与传递的手段。自从地球上有了人类以来,人与人之间便有了信息的交流。远古时代,人们利用表情或手势的形式进行思想交流,后来人类发明了语言,可以用来表达更丰富的思想和信息,但语言的交流只能面对面进行。文字的创造、印刷术的发明,使信息能够超越空间和时间的限制进行传递。

在电用于通信之前,人们就开始采用不同的方式向远方传递信息。我国古代战争中采用的烽火台、旌旗、击鼓等就是这种形式。早在2 700多年前,我国便已出现了用烽火传递信息的通信方法,利用自然界的基本规律和人的基础感官(视觉、听觉等)可达性建立通信系统,是人类基于需求的最原始通信方式(如图1.1所示)。当时在边防线上,每隔一定距离就筑起一个高高的土台,称为烽火台。台上高高地竖起一根吊杆,杆的上端吊有一个放满易燃干草的笼子,一旦发现敌人入侵,士兵就立即点燃干草,于是白天冒浓烟,黑夜闪火光,以浓烟和火光报警。这虽然只是一种简单的视觉通信方法,但效率比派人送信还是要高得多。其他的广为人知的"信鸽传书""击鼓传声""风筝传讯"(以2 000多年前的春秋时期,公输班和墨子为代表)"天灯"(代表是三国时期孔明灯的使用,后期热气球成为其延伸)"旗语"以及随之发展依托于文字的"信件"(周朝已经有驿站出现,传递公文)都是古代传讯的方式,而信件在较长的历史时期内,都成为人们主要传递信息的方式。这些通信方式,或者是广播式,或者是可视化的、没有连接的,但是都满足现代通信信息传递的要求,或者一对一,或者一对多、多对一。

图1.1 烽火传信和击鼓传声

1753年2月17日,在《苏格兰人》杂志上发表了一封署名C. M.的书信。在这封信中,作者提出了用电流进行通信的大胆设想。虽然在当时还不十分成熟,而且缺乏应用推广的经济环境,但是使人们看到了电信时代的一缕曙光。

1793 年,法国查佩兄弟俩在巴黎和里尔之间架设了一条 230 km 长的接力方式传送信息的托架式线路。据说两兄弟是第一个使用"电报"这个词的人。

1832 年,俄国外交家希林在当时著名物理学家奥斯特电磁感应理论的启发下,制作出了用电流计指针偏转来接收信息的电报机。

1837 年 6 月,英国青年库克获得了第一个电报发明专利权。他制作的电报机首先在铁路上获得应用。不过,这种方式很不方便,也不实用,无法投入真正的实用阶段。历史到了这关键的时候,仿佛停顿了下来,还得等待一个画家来解决。

美国画家莫尔斯在 1832 年旅欧学习途中,开始对这种新生的技术发生了兴趣,经过 3 年的钻研之后,在 1835 年,第一台电报机问世。但如何把电报和人类的语言连接起来,是摆在莫尔斯面前的一大难题,在一丝灵感来临的瞬间,他在笔记本上记下这样一段话:"电流是神速的,如果它能够不停顿地走 10 英里(16 km),我就让它走遍全世界。电流只要停止片刻,就会出现火花,火花是一种符号,没有火花是另一种符号,没有火花的时间长又是一种符号。这里有 3 种符号可组合起来,代表数字和字母。它们可以构成字母,文字就可以通过导线传送了。这样,能够把消息传到远处的崭新工具就可以实现了!"随着这种伟大思想的成熟,莫尔斯成功地用电流的"通""断"和"长断"代替了人类的文字进行传送,这就是鼎鼎有名的莫尔斯电码(电报机如图 1.2 所示)。

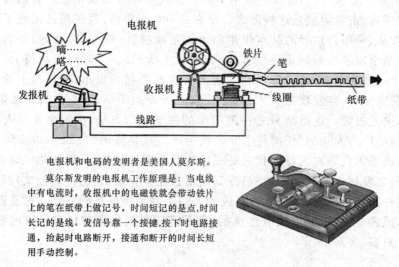

图 1.2　电报机示意图

1843 年,莫尔斯获得了 3 万美元的资助,他用这笔款修建成了从华盛顿到巴尔的摩的电报线路,全长 64.4 km。

1844 年 5 月 24 日,在座无虚席的国会大厦里,莫尔斯用他那激动得有些颤抖的双手,操纵着他倾尽十余年心血研制成功的电报机,向巴尔的摩发出了人类历史上的第一份电报:"上帝创造了何等奇迹!"电报的发明,拉开了电信时代的序幕,开创了人类利用电来传递信息的历史。从此,信息传递的速度大大加快了。"嘀—嗒"一响(1 秒),电报便可以载着人们所要传送的信息绕地球走上 7 圈半。这种速度是以往任何一种古代的通信工具所望尘莫及的(表 1.1 是简单的莫尔斯电报代码)。

说到电报,还有一个故事必须提到,1912 年"泰坦尼克"号撞到冰山后,发出电报"SOS,速来,我们撞上了冰山。"距离它几英里(1 英里≈1.609 km)的"加利福尼亚"号客轮本应能够救起数百条生命,但是这条船上的报务员没值班,因此没有收到这条信息。从此以后,所有的轮船都开始了全天候的无线电信号监听。

此后莫尔斯人工电报机和莫尔斯电码在世界各国得到广泛的应用。电报最初用架空铁线传送,只能在陆地上使用。1850 年英国在英吉利海峡敷设了海底电缆,1866 年横渡大西洋的海底电缆敷设成功,实现了越洋电报通信。后来,各大洲之间和沿海各地敷设了许多条海底电缆,构成了全球电报通信网。

表 1.1　莫尔斯电报代码

| 字符 | 电码符号 | 字符 | 电码符号 | 字符 | 电码符号 |
|---|---|---|---|---|---|
| A | ? — | Q | — — ? — | 1 | ? — — — — |
| B | — ? ? ? | R | ? — ? | 2 | ? ? — — — |
| C | — ? — ? | S | ? ? ? | 3 | ? ? ? — — |
| D | — ? ? | T | — | 4 | ? ? ? ? — |
| E | ? | U | ? ? — | 5 | ? ? ? ? ? |
| F | ? ? — ? | V | ? ? ? — | 6 | — ? ? ? ? |
| G | — — ? | W | ? — — | 7 | — — ? ? ? |
| H | ? ? ? ? | X | — ? ? — | 8 | — — — ? ? |
| I | ? ? | Y | — ? — — | 9 | — — — — ? |
| J | ? — — — | Z | — — ? ? | 0 | — — — — — |
| K | — ? — | ? | ? ? — — ? ? | | |
| L | ? — ? ? | / | — ? ? — ? | | |
| M | — — | ( ) | — ? — — ? — | | |
| N | — ? | — | — ? ? ? — | | |
| O | — — — | ? | ? ? — ? ? | | |
| P | ? — — ? | ? | ? — ? — ? — | | |

电报的发明给人类的通信带来了前所未有的变化,但是,电报传送的是符号。发送一份电报,得先将报文译成电码,再用电报机发送出去;在收报一方,要经过相反的过程,即将收到的电码译成报文,然后,送到收报人的手里。这不仅手续麻烦,而且也不能进行及时的双向信息交流。因此,人们开始探索一种能直接传送人类声音的通信方式,这就是现在无人不晓的"电话"。

1840 年 5 月 6 日,英国发行了世界上第一枚邮票——"一便士黑票",如图 1.3 所示。

图 1.3　世界上第一枚邮票——"一便士黑票"

1843 年,美国物理学家亚历山大·贝恩(Alexander Bain)根据钟摆原理发明了传真,如图 1.4 所示。

图 1.4　世界上第一个传真机结构图

如果说电报的发明是人类文明史上的一个重要起点的话,那么电话的发明则是人类通信史上的一个重要里程碑。从此,人类社会伴随着电话及电话交换技术发展的脚步而进步。

在 1796 年,休斯提出了用话筒接力传送语音信息的办法。虽然这种方法不太切合实际,但他赐给这种通信方式一个名字——Telephone(电话),一直沿用至今。

1861 年,德国一名教师发明了最原始的电话机,利用声波原理可在短距离互相通话,但无法投入真正的使用。

早在 1867 年,德国人菲利普斯·赖斯就发明了能够通话的电话机,但是他一直没有申请电话专利。美国的伊莱莎·格雷虽然和贝尔同年发明了电话,但由于格雷申请电话专利比贝尔晚了两个小时,所以他只能榜上无名。

1875 年,苏格兰青年亚历山大·贝尔(A. G. Bell)发明了世界上第一台电话机(图 1.5 所示)。并于 1876 年申请了发明专利。1878 年在相距 300 km 的波士顿和纽约之间进行了首次长途电话实验,并获得了成功,后来成立了著名的贝尔电话公司。在此基础之上,美国发明家托马斯·爱迪生利用电磁效应,制成了炭精送话器、受话器,使电话机有了重大改进。这种电话机的作用是把发话人的声音振动,通过炭精送话器,使炭精的密合程度(即电阻的大小)随声音的变化而变化,在整个电话回路中产生变化的电流,这种随声音变化而变化的电流通过电话线路,在受话器产生电磁感应还原成声音振动,使受话人听到发话人的声音。这种原理一直沿用至今。

1878 年,美国在纽黑文开通了世界上最早的磁石式电话总机(也称交换机),预示磁石电话和人工电话交换机诞生。

1880 年,供电式电话机诞生,通过二线制模拟用户线与本地交换机接通。

图 1.5　世界上第一台电话机

1885 年,发明步进式交换机。

1892 年,美国人 A. B. 史端乔(Almon B. Strowger)发明了世界上第一部自动交换机(如图 1.6 所示),这是一台步进式 IPM 电话交换机;1889 年,阿尔蒙·B. 斯特罗杰发明了第一台无须话务员接线的自动交换机。它标志着电话及电话交换技术开始走向自动化。自动电话机上装有一个可以旋转的拨号盘,打电话时,只需拨动对方的电话号码,不必再与接线员对话了。

图 1.6　世界上第一部自动交换机

到 20 世纪 60 年代,出现了我们现在家里使用的按键式电话机。

电话发明到今天已经 100 多年了,但它依然是当今社会人们的主要通信工具。这充分显示了它强劲的生命力。据统计,全世界已经敷设的电话通信电缆已经超过百万千米,这个长度相当于地球到月亮距离的 3 倍,如果计算电缆芯线的长度,将超过地球到太阳的距离。

100 多年来,电话从人工接续发展到自动接续,从机械式结构发展到半电子、准电子、电子结构,再发展到今天由电子计算机操纵的程控方式,在技术上发生了翻天覆地的变化。不仅电话的接续速度大大加快,通话质量明显提高,而且还增加了许多新的电话功能,现在我国程控电话已经开通的服务功能就有几十项之多。

　　1901 年,意大利工程师马可尼发明火花隙无线电发报机(如图 1.7 所示),成功发射穿越大西洋的长波无线电信号。

图 1.7　世界上第一部火花隙无线电发报机

　　电报和电话的发明,使人们的信息交流变得既迅速又方便,然而这种交流仅是在两个人或较少的群体之间进行的。现代社会有众多的信息需要及时让各处的人们分享,无线通信的兴起满足了人们的这种愿望。

　　1906 年,美国物理学家费森登成功研究出无线电广播。

　　1922 年,16 岁的美国中学生菲罗·法恩斯沃斯设计出第一幅电视传真原理图,1929 年申请了发明专利,被裁定为发明电视机的第一人。

　　1924 年,第一条短波通信线路在瑙恩和布宜诺斯艾利斯之间建立。1933 年法国人克拉维尔在英、法之间建立了第一条商用微波无线电线路,进一步推动了无线电技术的发展。

　　1928 年,美国西屋电器公司的兹沃尔金发明了光电显像管,并同工程师范瓦斯合作,实现了电子扫描方式的电视发送和传输。

　　1930 年,超短波通信被发明。

　　1931 年,利用超短波跨越英吉利海峡通话得到成功。

　　1934 年英国和意大利开始利用超短波频段进行多路(6～7 路)通信。

　　1940 年德国首先应用超短波中继通信。

　　20 世纪 30 年代,信息论、调制论、预测论、统计论等都获得了一系列的突破。

　　1946 年,第一台电子计算机在美国宾夕法尼亚大学莫尔电子工程学院研制成功。这台称为 ENIAC 的计算机是美国数学家约翰·冯·诺依曼等人设计的。这台计算机长 24 m,宽 6 m,高 2.5 m,占地 165 m²,使用了 $1.8 \times 10^4$ 只真空电子管,重 30 t,每秒运算 $5 \times 10^3$ 次,这在当时是史无前例的。今天的计算机已经发展到第五代,速度可达每秒钟几百亿次。然而,第一台计算机仍是划时代的。鉴于诺依曼在发明电子计算机中所起到的关键性作用,他被西方人誉为"计算机之父"。

　　1947 年,大容量微波接力通信被发明。

　　1956 年,欧美长途海底电话电缆传输系统被建设。

　　1957 年,电话线数据传输被发明。

1959 年，美国的基尔比和诺伊斯发明了集成电路，从此微电子技术诞生了（如图 1.8 所示）。

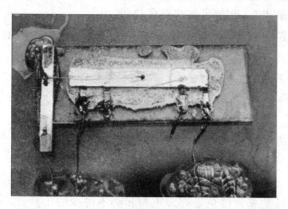

图 1.8　第一块集成电路

20 世纪 50 年代以后，元件、光纤、收音机、电视机、计算机、广播电视、数字通信业都有极大发展。

1962 年，地球同步卫星被发射成功。

1964 年，美国 TAND 公司 Baran 提出无连接操作寻址技术，目的是在战争残存的通信网中，不考虑实验限制，尽可能可靠地传递数据报。

1967 年，大规模集成电路诞生了，一块米粒般大小的硅晶片上可以集成一千多个晶体管的线路。

1969 年，美军 ARPAnet 问世。

1972 年，光纤被发明。

1972 年以前，只存在一种基本网络形态——基于模拟传输，采用确定复用，有链接操作寻址和同步转移模式（STM）的公共交换电话网（PSTN）网络形态。这种技术体系和网络形态一直沿用到现在。

1972 年，光纤和 CCTIT（ITU 的前身）通过 G.711 建议书（话音频率的脉冲编码调制——PCM）和 G.712 建议书（PCM 信道音频四线接口间的性能特征），电信网络开始进入数字化发展历程。

1973 年，美国摩托罗拉公司的马丁·库帕博士发明第一台便携式蜂窝电话，也就是我们所说的"大哥大"，如图 1.9 所示。一直到 1985 年，才诞生出第一台现代意义上的、真正可以移动的电话，即"肩背电话"。

图 1.9　第一个蜂窝移动电话

1972—1980 年这 8 年间,国际电信界集中研究电信设备数字化,这一进程提高了电信设备性能,降低了电信设备成本,改善了电信业务质量。

1977 年,美国、日本科学家制成超大规模集成电路,30 mm² 的硅晶片上集成了 $1.3×10^5$ 个晶体管。

1979 年,局域网被发明。

1982 年,第二代蜂窝移动通信系统被发明,分别是欧洲标准的 GSM,美国标准的 D-AMPS 和日本标准的 D-NTT。

1983 年,TCP/IP 协议成为 ARPAnet 的唯一正式协议,伯克利大学提出内涵 TCP/IP 的 UNIX 软件协议。

20 世纪 80 年代末,多媒体技术的兴起使计算机具备了综合处理文字、声音、图像、影视等各种形式信息的能力,日益成为信息处理最重要和必不可少的工具。

1988 年,成立"欧洲电信标准协会"(ETSI)。

1989 年,原子能研究组织(CERN)发明万维网(WWW)。

20 年代 90 年代爆发的互联网,更是彻底改变了人的工作方式和生活习惯。

1990 年,GSM 标准冻结。

1992 年,GSM 被选为欧洲 900 MHz 系统的商标——"全球移动通信系统"。

2000 年,提出第三代多媒体蜂窝移动通信系统标准,其中包括欧洲的 WCDMA、美国的 cdma2000 和中国的 TD-SCDMA,中国的第一次电信体制改革完成。

2007 年,ITU 将 WIMAX 补选为第三代移动通信标准。

我们现在就处于当代通信的时代,只要打开电脑、手机、PDA、车载 GPS,很容易就实现彼此之间的联系,人们生活更加便利。

## 1.1.2 中国通信史发展

1871 年,英国、俄罗斯、丹麦敷设的香港至上海、长崎至上海的水线,全长 2 237 海里。于 1871 年 4 月,违反清政府不得登陆的规定,由丹麦大北电报公司出面,秘密从海上将海缆引出,沿扬子江、黄浦江敷设到上海市内登陆,并在南京路 12 号设立报房,于 1871 年 6 月 3 日开始通报。这是帝国主义入侵中国的第一条电报水线和在上海租界设立的电报局。

1873 年,法国驻华人员威基杰(S. A. Viguer)参照《康熙字典》的部首排列方法,挑选了常用汉字 6 800 多个,编成了第一部汉字电码本,名为《电报新书》。后由我国的郑观应将其改编成为《中国电报新编》。这是中国最早的汉字电码本。中国人最早研制的电报机华侨商人王承荣从法国回国后,与福州的王斌研制出我国第一台电报机,并呈请政府自办电报。清政府拒不采纳。

1875 年,福建巡抚丁日昌积极倡导创办电报。1875 年在福建船政学堂附设了电报学堂,培训电报技术人员。这是中国第一所电报学堂。

1877 年,福建巡抚丁日昌利用去台湾视事的机会提出设立台湾电报局,拟定了修建电报线路的方案,并派电报学堂学生苏汝灼、陈平国等专司其事。先由旗后(即今高雄)修至府城(即今台南)。负责工程的是武官沈国光。于 1877 年 8 月开工,同年 10 月 11 日完工,全线长 47.5 km。这是中国人自己修建、自己掌管的第一条电报线,开创了中国电信的新篇章。

1879 年,李鸿章在其所辖范围内修建大沽(炮台)、北塘(炮台)至天津,以及从天津兵工厂至李鸿章衙门的电报线路。这是中国大陆上自主建设的第一条军用电报线路。

1880 年,李鸿章在天津设立电报总局,派盛宣怀担任总办。并在天津设立电报学堂,聘请丹麦人博尔森和克利钦生为教师,委托大北电报公司向国外订购电信器材,为建设津沪电报线路做准备。

1881 年,从上海、天津两端同时开工,至当年 12 月 24 日,全长 1 537.5 km 的津沪电报线路全线竣工。1881 年 12 月 28 日正式开放营业,收发公、私电报,全线在紫竹林、大沽口、清江浦、济宁、镇江、苏州、上海七处设立了电报分局。这是中国自主建设的第一条长途公众电报线路。

1882 年 2 月 21 日,丹麦大北电报公司在上海开通了第一个人工电话交换所。当时有用户二十多家,每个话机年租金为银圆 150 元。

1887 年,在当时的台湾巡抚刘铭传的主持下,花费重金敷设了长达 216.5 km 的福州至台湾的电报水线——闽台海缆,于 1887 年竣工。它使台湾与大陆联通一起,对台湾的开发起了重要作用。这是中国自主建设的第一条海底电缆。

1889 年,当时在安徽主管安庆电报业务的彭名保设计制造成我国第一部电话机,取名为"传声器",通话距离最远可达 150 km。

1899 年,我国最早使用无线电通信的地区是广州。早在 1899 年,就在广州督署、马口、前山、威远等要塞以及广海、宝壁、龙骧、江大、江巩等江防军舰上设立无线电机。

1900 年,南京首先自行开办了磁石式电话局,以后苏州、武汉、广州、北京、天津、上海、太原、沈阳等城市,在 1900—1906 年之间也先后自行开办了市内电话局,使用的都是磁石式电话交换机。

1901 年,丹麦人濮尔生趁八国联军入侵中国之机,在天津私设电话所,称为"电铃公司"。1901 年,该公司将电话线从天津扩展到北京,在北京城内私设电话,发展市内用户不到百户,都是使馆、衙署等,并开通了北京和天津之间的长途电话。

1905 年 7 月,北洋大臣袁世凯在天津开办了无线电训练班,聘请意大利人葛拉斯为教师。他还托葛拉斯代购马可尼猝灭火花式无线电机,在南苑、保定、天津等处行营及部分军舰上装用,用无线电进行相互联系。

1906 年,因广东琼州海缆中断,在琼州和徐闻两地设立了无线电机,在两地间开通了民用无线电通信。这是中国民用无线电通信之始。

1907 年 4 月 1 日,北京市内外城电话一律改为共电式,月租费墙机由 4 元改为 5 元,桌机由 5 元改为 6 元,通话质量改善,用户已发展到 2 000 户以上。同年 5 月 15 日,英商上海华洋德律风公司的万门共电式交换设备投入使用。

1908 年,英商在上海英租界的汇中旅馆私设了一部无线电台,与海上船舶通信。后由清政府买下,移装到上海电报总局内,这是上海地区最早的无线电台。

1911 年,德商西门子德律风公司向清政府申请,要求在北京、南京设立无线电报机,进行远距离无线电通信试验。电台分设在北京东便门和南京狮子山,试验效果良好。辛亥革命时,南北有线电通信阻断,南北通信就靠这两地的试验电台沟通。

1912 年,即民国元年,清政府邮传部改组为交通部,设电政、邮政、路政、航政 4 个司。是年,上海电报局开始用打字机抄收电报。京津长途电话线路加装加感线圈(即普平线圈或负载线圈),提高通话质量。国际无线电报公会规定我国无线电的呼号范围为 XNA～XSZ。

1913 年 8 月,交通部传习所设有线电工程班和高等电气工程班,分习有线电、无线电各项工程。同年,北京设立邮电学校,成立北京无线电报局,装设 5 kW 无线电发报机,地址在东便门外。

1919 年 4 月,北京无线电报局迁至天坛。在北京无线电报局东便门原址设立远程收报处,应用真空管式无线电接收机直接接收欧美各国的广播新闻。6 月 28 日,将直接收到的中国出席巴黎和会代表拒签对德和约的消息,传报给正在总统府前静坐示威的学生,鼓舞了"五·四"后的反帝爱国运动,从此打破了外商大北、大东、太平洋三家电报公司垄断传递国外新闻的局面。

1920 年 9 月 1 日,中国加入国际无线电报公约。

1921 年 1 月 7 日,中国加入国际电报公约(万国电报公约)。

1923 年 1 月 23 日,中国最早与外国通报的无线电台建立。5 月,由英商承建的喀什噶尔电台建成,与印度北撒孚通报,效果清晰良好。这是我国最先与外国进行无线电通报的电台。

1924 年 3 月 29 日,上海华洋德律风公司在租界装设了爱立信生产的自动电话交换机投入使用。这是中国最早使用的自动电话交换机。

1924 年,在沈阳故宫八角亭建立了无线电接收机,接收世界各国的新闻,并与德国、法国订立了单向通信(即单向接收欧洲发至中国的电报)。

1924 年秋,北大营长波电台竣工,装设了 10 kW 真空管发报机,实现了与迪化(今新疆乌鲁木齐)和云南的远程通信。

1927 年 6 月,沈阳大型短波电台竣工,装设了 10 kW 德制无线电发报机。年底,成立了沈阳国际无线电台,与德国建立了双向通报电路。这是中国与欧洲直接通信之始。1928 年,又增设了美制 10 kW 短波发报机。沈阳国际无线电台承接转发北京、上海、天津、汉口等各地的国际电报,成为当时我国最大的国际电台。

1928 年,这一年全国各地新建了 27 个短波无线电台。

1929 年 1 月 14 日,上海建设了功率为 500 W 的短波无线电台,开始与菲律宾通电报,并由菲律宾中转发往欧美的电报。

1930 年 12 月,与旧金山、柏林、巴黎建立了直达无线电报通信,正式开通中美、中德、中法电报。这是当时唯一由国家经营的国际电信通信机构,在上海、南京间开办电报业务。

1931 年起,山东、江苏、浙江、安徽、河北、湖南等省先后开办省内长途电话业务。浙江省的长途电话沟通了全省各县。我国第一条长途电话地下电缆建成。广东建设了广州、香港之间的长途电话地下电缆,有线三十余对,全线长 160 km。这是我国第一条地下长途电话电缆。

1931—1934 年,上海、南京、天津、青岛、广州、杭州、汉口等城市陆续开办市内自动电话局。

1933 年,中国电报通信首次使用打字电报机。

1934 年 1 月起,交通部提出建设"九省联络长途电话"的计划,计划建设江苏、浙江、安徽、江西、湖北、湖南、河南、山东、河北九省联络长途电话线路,干线总长 3 173 km,于 1935 年 8 月竣工。

1936 年,浙江省电话局首先在杭州、温州间装设德制的单路载波电话机。这是中国最早使用的载波电话。中国第一条国际无线电话电路开通。1936 年,中国上海与日本东京之间开通了无线电话电路。这是中国第一条国际无线电话电路。

1937 年,中国在长途干线上开始装用单路或三路载波机。

1942 年,中美试办无线电相片传真。

1943 年,中国利用载波电话电路试通双工音频电报。

1946 年,中国开始建设特高频(超短波)电路。

1947 年,上海国际电台开放电传机电路。

1948 年,上海、旧金山间开放单向无线电相片传真。

1950 年 12 月 12 日,我国第一条有线国际电话电路——北京至莫斯科的电话电路开通。经由苏联转接通往东欧各国的国际电话电路也陆续开通。

1950 年 6 月,开始建设北京国际电台的中央收信台和中央发信台,于 1951 年相继竣工。这是新中国第一个重点通信建设工程。

1952 年 9 月 10 日,北京至上海的相片传真业务开放。9 月 24 日,北京至莫斯科的国际相片传真业务开放。我国首次开通明线 12 路载波电话电路。

1952 年 9 月 30 日,第一套明线 12 路载波机(J2)装机,开通北京至石家庄的载波电路。

1954 年,研制成功 60 kW 短波无线电发射机。

1956 年,上海试制成功 55 型电传打字电报机。

1956 年 2 月 28 日,北京长途电话局开放会议电话业务。首次电话会议为中华全国总工会召开的十省市电话会议。

1958 年,上海试制成功第一部纵横制自动电话交换机,第一套国产明线 12 路载波电话机研制成功。

1959 年,第一套 60 路长途电缆载波电话机研制成功,北京与莫斯科之间开通国际用户电报业务,1 月 20 日正式开放。北京市内电话开始由五位号码向六位号码过渡。

1963 年,120 路高频对称电缆研制成功。

1964 年,北京至石家庄 7×4 高频电缆 60 路载波试验段建成,开始试通电报、电话业务。开始研制晶体管载波电话机。

1966 年,我国第一套长途自动电话编码纵横制交换机研制成功,在北京安装使用。

1967 年,电子式中文译码机样机试制成功,在上海安装试用。

1970 年,960 路微波通信系统 I 型机研制成功,我国第一颗人造卫星(东方红 1 号)发射成功。

1972 年,北京开始建设地球站一号站,1973 年建成投产。

1974 年,北京卫星地球站二号站建成投产,通信容量为 132 条话路和 1 条双向彩色电视。通过印度洋上空的国际通信卫星与亚非各国和地区开通直达电路。与此同时,研制成功石英光纤。

1978 年,120 路脉码调制系统通过鉴定。研制成功多模光纤光缆。

1980 年,64 路自动转报系统(DJ5-131 型)研制成功。

1982 年,首次在市内电话局间使用短波长局间中继光纤通信系统。256 线程控用户电报自动交换系统研制成功并投户使用。我国自行设计的 8 频道公用移动电话系统在上海投入运营。

1983 年 9 月 16 日,上海用 150 MHz 频段开通了我国第一个模拟寻呼系统。4 380 路中同轴电缆载波系统研制成功,并通过国家鉴定。

1984 年 4 月 8 日,我国的 DFH-2(东方红二号)试验通信卫星成功发射,定点高度为 35 786 km,4 月 16 日定点于东经 125°E 赤道上空。通过该星进行了电视传输、声音广播、电话传送等试验。我国开始在长途通信线路上使用单模光纤,进入了第三代光纤通信系统。

1984 年 5 月 1 日,广州用 150 MHz 频段开通了我国第一个数字寻呼系统。程控中文电报译码机通过鉴定并推广使用。首次具备国际直拨功能的编码纵横制自动电话交换机(HJ09 型)研制成功。

1985 年,上海贝尔公司组装第一批 S-1240 程控交换机,广州与香港、深圳、珠海开通电子邮件。深圳发行了我国第一套电话卡,共 3 枚,面值 87 元。我国正式经国际卫星组织的 C 频段全球波束转发中央电视台的电视节目。北京至南极无线电话通话成功。这是我国电信史上最远距离的短波通信。

1986 年 7 月 1 日,以北京为中心的国内卫星通信网建成投产。7 月 2 日,我国第二颗实用通信卫星发射成功。第一台局用程控数字电话交换机(DS-2000)研制成功。

1987 年,第一个长距离架空光缆通信系统(34 Mbit/s)在武汉至荆州、沙市间试通。

1987 年 9 月 20 日,钱天白教授发出了我国第一封电子邮件,此为中国人使用因特网之始。

1987 年 11 月,广州开通了我国第一个移动电话局,首批用户有 700 个。我国第一个 160 人工信息台在上海投入使用。

1988 年,第一个实用单模光纤通信系统(34 kbit/s)在扬州、高邮之间开通,全长为 75 km。北京高能物理所成为我国最早使用因特网的单位。它利用因特网实现了与欧洲及北美地区的电子邮件通信。

1988 年 3 月 27 日,我国分别发射了实用通信卫星。

1988 年 5 月 9 日,北京、波恩国际卫星数字式电视会议系统试通。

1989 年,第一条 1 920 路(140 Mbit/s)单模长途干线在合肥、芜湖间建成开通。

1989 年 5 月,我国的第一个公用分组交换网通过鉴定,并于 11 月正式投产使用。1989 年 6 月,广东省珠江三角洲首先实现了移动电话自动漫游。

1990 年 7 月,上海引进美国摩托罗拉公司的 800MC 集群调度移动通信系统。140 Mbit/s 数字微波通信系统研制成功。

1991 年,一万门程控数字市内电话交换机通过鉴定。1 920 路(6 GHz)大容量数字微波通信系统和一点对多点微波通信设备通过鉴定。

1991 年 3 月,第一个 ISDN(综合业务数字网)的模型网在北京完成联网试验,并通过了技术鉴定。622 Mbit/s 光纤通信数字复用设备(五次群复用设备)研制成功,3 月通过了技术鉴定。

1991 年 11 月 15 日,上海首先在 150 MHz 频段上开通汉字寻呼系统。

1992 年 7 月,我国第一个 168 自动声讯台在广东省南海开通。

1993 年 9 月 19 日,我国第一个数字移动电话通信网于在浙江省嘉兴市首先开通。

1994 年 10 月,我国第一个省级数字移动通信网在广东省开通,容量为 5 万门。

1998 年 5 月 15 日,北京电信长城 CDMA 网商用试验网——133 网,在北京、上海、广州、西安投入试验。

1999 年 1 月 14 日,我国第一条开通在国家一级干线上,传输速率为 8×2.5 Gbit/s 的密集波分复用(DWDM)系统通过了信息产业部鉴定,使原来光纤的通信容量扩大了 8 倍。

2002 年 1 月 8 日,中国联通"新时空"CDMA 网络正式开通。中国联通计划在 3 年内逐步建成一个覆盖全国、总容量达到 5 000 万户的 CDMA 网络,成为世界最大、最好的 CDMA 网。

2002 年 5 月 17 日,中国移动在全国正式投入 GPRS 系统商用。这意味着,现阶段世界范围内最先进、应用最成熟的移动通信技术——GPRS 在中国实现大规模应用,中国真正迈入 2.5G 时代。

2008 年 10 月,中国六大运营商重组:中国网通、中国电信、中国铁通属于固网运营商;中国移动、中国联通属于移动运营商;中国卫通属于卫星电话运营商;重组之后形成了现在的中国三大运营商——中国移动、中国电信、中国联通。其中中国电信收购了原来联通的 CDMA 网络,形成了现在的中国电信;中国联通 GSM 网与中国网通合并为现在的中国联通;中国铁通被并入了中国移动;中国卫通并入了中国航天科技集团。

2009 年 2 月,通信部发放 3G 网络牌照。

截至 2011 年年底,我国网民数量达 5.13 亿人,互联网普及率为 38.3%,互联网已深入国民经济和社会发展各领域,我国已成为全球互联网大国。"十二五"期间,我国将加快推进经济结构调整和发展方式转变,加快培育和发展战略性新兴产业,推动三网融合,为发展下一代互联网提供了新的战略机遇。国内电信运营企业亟须获取丰富的网络地址资源,设备制造企业亟须寻找新的增长点,服务提供企业亟须开发特色服务,用户迫切需要更先进的网络设施和更安全、优质的业务体验,物联网、云计算、移动互联网、三网融合等新兴交互式应用将大规模发展,产业链各环节形成了对加快发展下一代互联网的迫切需求。我国亟须制订适合国情的下一代互联网技术路线和发展计划,加快培育产业链,实现互联网跨越式发展。

# 1.2 通信基本概念

## 1.2.1 通信

**1. 通信的定义**

通信按传统理解就是信息的传输与交换,信息可以是语音、文字、符号、音乐、图像等。任何一个通信系统,都是从一个称为信息源的时空点向另一个称为信宿的目的点传送信息。以各种通信技术,如以长途和本地的有线电话网(包括光缆、同轴电缆网)、无线电话网(包括卫星通信、微波中继通信网)、有线电视网和计算机数据网为基础组成的现代通信网,通过多媒体技术可为家庭、办公室、医院、学校等提供文化、娱乐、教育、卫生、金融等广泛的信息服务。可见通信网络已成为支撑现代社会的最重要的基础结构之一。

(1) 通信的定义:通信是传递信息的手段,即将信息从发送器传送到接收器。

(2) 相关概念。

① 信息:可被理解为消息中包含的有意义的内容。信息一词在概念上与消息的意义相似,但它的含义却更普通化,抽象化。

② 消息:消息是信息的表现形式,消息具有不同的形式,如符号、文字、话音、音乐、数据、图片、活动图像等。也就是说,一条信息可以用多种形式的消息来表示,不同形式的消息可以包含相同的信息。例如,分别用文字(访问特定网站)和话音(拨打特服号)发送的天气预报,所含信息内容相同。

③ 信号:信号是消息的载体,消息是靠信号来传递的。信号一般为某种形式的电磁能(电信号、无线电、光)。

(3) 通信的目的:通信的目的是完成信息的传输和交换。

**2. 消息、信息与信号**

(1) 消息、信息与信息量

一般将语言、文字、图像或数据称为消息,将消息给予受信者的新知识称为信息。因此,消息与信息不完全是一回事,有的消息包含较多的信息,有的消息根本不包含任何信息,为了更合理地评价一个通信系统传递信息的能力,需要对信息进行量化——即用"信息量"这一概念表示信息的多少。

如何评价一个消息中所含信息量为多少呢? 既可以从发送者角度来考虑,也可以从接收者角度来考虑。一般我们从接收者角度来考虑,当人们得到消息之前,对它的内容有一种"不确定性"或者说是"猜测"。当受信者得到消息后,若事前猜测消息中所描述的事件发生了,就会感觉没多少信息量,即已经被猜中;若事前的猜测没发生,发生了其他的事,受信者会感到很有信息量,事件越是出乎意料,信息量就越大。

事件出现的不确定性,可以用其出现的概率来描述。因此,消息中信息量 $I$ 的大小与消息出现的概率 $P$ 密切相关,如果一个消息所表示的事件是必然事件,即该事件出现的概率为 100%,则该消息所包含的信息量为 0,如果一个消息表示的是不可能事件,即该事件的出现的概率为 0,则这一消息的信息量为无穷大。

为了对信息进行度量,科学家哈莱特提出采用消息出现概率倒数的对数作为信息量的度量单位。

定义:若一个消息出现的概率为 $P$,则这一消息所含信息量 $I$ 为

$$I = \log_a 1/P$$

当 $a=2$,信息量单位为比特(bit);$a=e$,信息量单位为奈特(nit);$a=10$,信息量单位为哈莱特。

目前应用最广泛的是比特,即 $a=2$。以下举例说明信息量的含义:不可能事件 $P=0,I=\infty$;小概率事件 $P=0.125,I=3$;大概率事件 $P=0.5,I=1$;必然事件 $P=0,I=0$。

可见,信息量 $I$ 是事件发生概率 $P$ 的单调递减函数。图 1.10 讨论对于等概率出现的离散消息的度量。

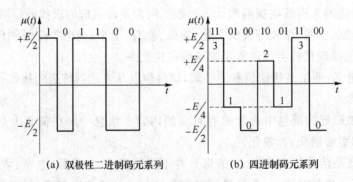

(a) 双极性二进制码元系列　　　(b) 四进制码元系列

图 1.10　二进制和四进制码元系列

对于双极性二进制码元系列,只有两个计数符号(0 和 1)的进制码系列,如果 0、1 出现的概率相等,那么任何一个 0 或 1 码元的信息量为

$$I = \log_2 \frac{1}{P(0)} = \log_2 \frac{1}{P(1)} = \log_2 2 = 1 \text{ bit}$$

对于四进制码元系列,共有四种不同状态:0、1、2、3,每种状态必须用两位二进制码元表示,即 00、01、10、11。如果每一种码元出现的概率相等,那么任何一种 0、1、2、3 码元的信息量为

$$I=\log_2\frac{1}{P(0)}=\log_2\frac{1}{P(1)}=\log_2\frac{1}{P(2)}=\log_2\frac{1}{P(3)}=\log_2 4=2\ \text{bit}$$

由以上分析可知:多进制码元包含的信息量大,所以采用多进制信息编码时,信息传输效率高。当采用二进制时,噪声电压大于 $E/2$,才会引起误码;而当采用四进制时,只要噪声电压大于 $E/4$,就会引起误码,因此,进制数越大,抗干扰能力也就越差。

(2) 信号的时域分析

时域:信号的表示形式是时间的函数。

$$\mu(t)=U_\text{m}\cos(\omega t+\varphi)$$

其中,三个重要参数是:幅度(振幅)、频率和相位。$U_\text{m}$ 为正弦波的幅度,表示正弦波的最大值;$\omega$ 为正弦波的角频率;$\varphi$ 为正弦波的初相位,$t=0$ 时 $\mu(0)=U_\text{m}\cos(\varphi)$,即 $\varphi$ 值决定 $\mu(0)$ 的大小。

时域信号的波形如图 1.11 所示。

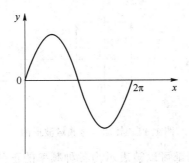

图 1.11　正弦信号时域波形图

(3) 信号的频域分析

在通信领域中,信号的频域观点比时域观点更为重要。如果不考虑相位,正弦波的时域表达式为

$$\mu(t)=U_\text{m}\cos\omega t=U_\text{m}\cos 2\pi ft$$

根据傅里叶变换,其频域表达式为

$$\mu(\omega)=U_\text{m}\pi[\delta(\omega+\omega_0)+\delta(\omega-\omega_0)]$$

频域波形如图 1.12 所示。

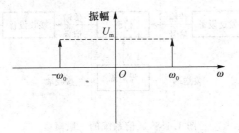

图 1.12　正弦信号频域波形图

我们以一个例子说明信号的时域分析与频域分析之间的变换关系。一个时域信号由两个正弦波信号叠加构成:其一,幅度为 3 V,频率为 1 Hz;其二,幅度为 1 V,频率为 3 Hz。信号的时域波形如图 1.13 所示。

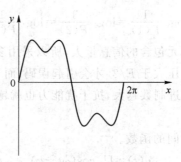

图 1.13　叠加信号时域波形图

信号的频谱图如图 1.14 所示。其中,两条谱线的长度分别代表两个正弦波的幅度,谱线在频率轴的位置分别代表两个正弦波的频率。

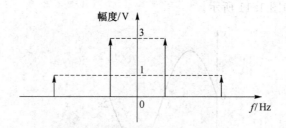

图 1.14　叠加信号频域波形图

利用傅里叶变换,任何信号都可以被表示为各种频率的正弦波的组合。信号在时域缩减,称为频域展宽;信号在时域展宽,称为频域缩减。也就是说,信号的时间周期越长,频率越低;反之,信号的时间周期越短,频率越高。

## 1.2.2　通信系统

通信系统是以实现通信为目标的硬件、软件以及人的集合。

### 1. 通信系统的模型

图 1.15 是一个基本的点到点通信系统的一般模型。

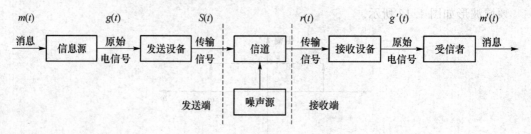

图 1.15　通信系统的一般模型

其各部分的功能如下。

① 信息源:把各种可能消息转换成原始电信号。

② 发送设备:为了使原始电信号适合在信道中传输,对原始电信号变换成与传输信道相匹配的传输信号。

③ 信道:信号传输的通道。

④ 接收设备:从接收信号中恢复出原始电信号。

⑤ 收信者:将复原的原始电信号转换成相应的消息。

要传送的信息(消息)是 $m(t)$,其表达形式可以是语言、文字、图像、数据……经输入设备处理,将其变换成输入数据 $g(t)$,并传输到发送设备(发送机)。通常 $g(t)$ 并不是适合传输的形式(波形和带宽),在发送机中,它被变换成与传输媒质特性相匹配的传输信号 $S(t)$,经传输媒质一方面为信号传输提供通路,另一方面衰减信号并引入噪声 $n(t)$,$r(t)$ 是受到噪声干扰的 $S(t)$,是接收机恢复输入信号的依据,$r(t)$ 的质量决定了通信系统的性能,$r(t)$ 经接收设备转换成适合于输出的形式 $g'(t)$,它是输入数据 $g(t)$ 的近似值或估值。最后,输出设备将由 $g'(t)$ 传出的信息 $m'(t)$ 提交给终点的经办者,完成一次通信。事实上,噪声只对输出造成影响,可以将整个系统产生的噪声等同成一个噪声源。

根据所要研究对象和所关心问题的重点不同,又可以使用形式不同的具体模型。

**2. 模拟通信系统与数字通信系统**

通信系统中的消息可以分为:

① 连续消息(模拟消息)——消息状态连续变化,如语音、图像。

② 离散消息(数字消息)——消息状态可数或离散,如符号、文字、数据。

信号是消息的表现形式,消息被承载在电信号的某一参量上。因此信号同样可以分为:

① 模拟信号——电信号的该参量连续取值,如普通电话机收发的语音信号。

② 数字信号——电信号的该参量离散取值,如计算机内 PCI/ISA 总线的信号。

模拟信号和数字信号可以互相转换。因此,任何一个消息既可以用模拟信号表示,也可以用数字信号表示。

相应地,通信系统也可以分为模拟通信系统与数字通信系统两大类。

(1)模拟通信系统

模拟通信系统在信道中传输的是模拟信号,模型如图 1.16 所示。其中,基带信号是由消息转化而来的原始模拟信号,一般含有直流和低频成分,不宜直接传输;已调信号是由基带信号转化来的、频域特性适合信道传输的信号,又称频带信号。对模拟通信系统进行研究的主要内容就是研究不同信道条件下不同的调制解调方法。

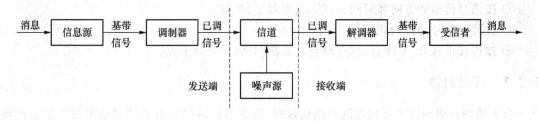

图 1.16　模拟通信系统模型

（2）数字通信系统

数字通信系统在信道中传输的是数字信号,模型如图 1.17 所示。

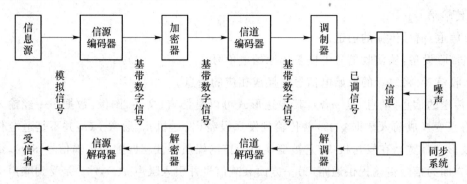

图 1.17　数字通信系统模型

图 1.17 中,信源编/译码器实现模拟信号与数字信号之间的转换;加/解密器实现数字信号的保密传输;信道编/译码器实现差错控制功能,用以对抗由于信道条件造成的误码;调制/解调器实现数字信号的传输与复用。

以上各个部分的功能可根据具体的通信需要进行设置,对数字通信系统进行研究的主要内容就是研究这些功能的具体实现方法。

数字通信具有以下显著的特点:

① 数字电路易于集成化,因此数字通信设备功耗低、易于小型化;

② 再生中继无噪声累积,抗干扰能力强;

③ 信号易于进行加密处理,保密性强;

④ 可以通过信道编码和信源编码进行差错控制,改善传输质量;

⑤ 支持各种消息的传递;

⑥ 数字信号占用信道频带较宽,因此频带利用率较低。

**3. 通信系统的分类**

通信系统有不同的分类方法。

① 按消息分:电报系统、电话系统、数据系统、图像系统。

② 按调制方式分:基带传输、频带传输(调幅、调频、调相、脉幅、脉宽、脉位)。

③ 按媒质上的信号分:模拟系统、数字系统。

④ 按传输媒质(信道)分:有线系统(架空明线、对称电缆、同轴电缆、光纤、波导)、无线系统(长波、中波、短波、微波、卫星)。

⑤ 按复用方式分:频分复用、时分复用、码分复用。

⑥ 按消息传送的方向和时间分:单工、半双工、全双工。

⑦ 按数字信号的排列顺序分:串序、并序。

⑧ 按连接形式分:专线直通(点对点)、交换网络(多点对多点)。

## 1.2.3　通信网络

众多的用户要想完成互相之间的通信过程,就靠由传输媒质组成的网络来完成信息的传输和交换,这样就构成了通信网络。

**1. 通信网络的组成**

通信网络从功能上可以划分为接入设备、交换设备、传输设备。

① 接入设备：包括电话机、传真机等各类用户终端，以及集团电话、用户小交换机、集群设备、接入网等。

② 交换设备：包括各类交换机和交叉连接设备。

③ 传输设备：包括用户线路、中继线路和信号转换设备，如双绞线、电缆、光缆、无线基站收发设备、光电转换器、卫星、微波收发设备等。

此外，通信网络正常运作需要相应的支撑网络存在。支撑网络主要包括数字同步网、信令网、电信管理网三种类型。

① 数字同步网：保证网络中的各节点同步工作。

② 信令网：可以看作是通信网的神经系统，利用各种信令完成保证通信网络正常运作所需的控制功能。

③ 电信管理网：完成电信网和电信业务的性能管理、配置管理、故障管理、计费管理、安全管理。

**2. 通信网络的分类**

① 按照信源的内容可以分为：电话网、数据网、电视节目网和综合业务数字网（ISDN）等。其中，数据网又包括电报网、电传网、计算机网等。

② 按通信网络所覆盖的地域范围可以分为：局域网、城域网、广域网等。

③ 按通信网络所使用的传输信道可以分为：有线（包括光纤）网、短波网、微波网、卫星网等。

# 1.3　通信标准化组织

任何行业的发展都必须遵循一定的标准、规章、制度等，通信行业也不例外，无论是业务运营还是技术研发，包括整个企业运作，都要受到这些"条条框框"的限制。

这些限制主要包括政策法规和技术标准两个方面。

（1）通信行业中的政策法规

政策法规主要由各国的政府部门制定。这些政策规章对于通信运营最主要的影响就是"准入"。基本上，在任何国家电信业务都是受到管制的，也就是要经过政府部门的批准。以我国为例，骨干网和接入网的运营资格都是被严格控制的。未来的发展趋势是业务的运营，特别是增殖电信业务的运营将逐步放松管制，而以话音业务为代表、包括网络基础设施建设在内的基础电信业务运营仍将在各国受到严格的管制。

（2）通信行业中的技术标准

通信行业中的技术标准主要由各种技术标准化团体以及相关的行业协会负责制定，典型的标准化组织包括国际电信联盟（ITU）、电气和电子工程师协会（IEEE）、第三代移动通信伙伴项目（3GPP）等，主要由设备制造商与网络运营商组成。下面以 IEEE 802 系列标准的制定过程为例，对此通信技术标准制定过程进行说明。

① 首先，一个新标准必然会针对某个特定市场，先行关注这一市场的公司一般也会是技术上的先行者，他们会向 IEEE 申请设立这一标准的研究机构。

② 这些研究机构会定期举行会议，以交流工作进展，参加这些研究机构的资格即通过参

加这些会议来取得。

③ 标准的研究机构下设多个工作组与研究组,它们针对不同的技术主题,并接受各种研究提案,会提出很多草稿以供进一步的研究。

④ 完成以上研究之后即会进行表决,包括内部的表决和之后提交给 IEEE 的表决。

⑤ IEEE 表决通过之后,即成为 IEEE 各系列的标准,这些标准又会经常被很多国家的标准化机构所引用,成为该国的国家标准。

# 1.4 通信技术发展趋势

**1. 宽带化——更强大的信息传输能力**

提高信息速率、获得更宽的带宽,可以说是通信技术发展中的永恒主题。通信网络各个环节所应用的技术都在追求更宽的带宽。这与计算机行业中,对于硬件处理能力的追求是非常类似的,CPU 的最高主频,总是在被不断被刷新,无论是用户还是互联网网络公司的技术人员都在不停地追逐这一数字,尽管很多时候我们并不需要这么强大的计算机能力。

归纳起来,推动传输带宽的增长主要有以下几个动力。

① 更为丰富的通信业务:显然当运营商开通了新业务肯定会要求更高的带宽。

② 通信业务的更高质量:例如,拨号上网用户对于 56 kbit/s 调制解调器的传输能力感到不满,转而要求使用可达数 Mbit/s 带宽的 ADSL 业务。

③ 来自设备制造商的推动:由于技术发展本身的内在推动力,当一种产品问世之后,总是会去研发它的后续产品。例如,实用的密集波分复用(DWDM)产品的传输能力迅速地从 10 Gbit/s、40 Gbit/s 发展到现在的 80 Gbit/s 和 160 Gbit/s;另外,设备制造商也需要不断有新的技术来推动市场的发展以及运营商的设备更新。

以下分别列举了骨干网和接入网的带宽演变。

① 骨干网:在 20 世纪 90 年代前期,我国的全国骨干网络还是以 155 Mbit/s 的同步数字系列(SDH)技术为主,而目前所建的骨干网均是 80 Gbit/s、160 Gbit/s 的 DWDM 设备,甚至很多大中城市的城域网的技术水平也达到了这一级别。

② 接入网:目前,各种宽带接入技术已经非常普及;利用非对称数字用户环线(ADSL)技术和以太网技术组成接入网络,均可以达到数 Mbit/s 的带宽水平,而在国内刚引入拨号接入业务时,调制解调器只能够提供 9.6 kbit/s 的带宽。

**2. 广泛化——无处不在的通信**

前面已经提到,通信已经日益渗透到了我们生活的每一个角落,通信技术将会以很多令人意想不到的方式渗透到各个行业中,它与我们的日常生活也会结合得日趋紧密,将会在潜移默化中改变我们的生活。这必然对通信技术的发展提出了全新要求。

从通信环境上来说:要实现在任意时间,任意地点,和任何人的通信,也就是尽量为人们的通信行为赋以更大自由度,使之不受到某一具体通信技术约束。从固定通信网到移动通信网进而到无处不在的可佩戴式通信设备的发展,即充分体现了任意地点这一要求;再比如说,不同网络间互联互通技术的发展,则是实现了和任何人通信这一要求。这既包括不同运营商之间同一通信技术之间的互通(如中国移动与中国联通之间 GSM 移动通信网络的互通),也包括不同通信技术之间的融合(如已经出现的固话短信、无线公话等技术)。

从通信技术的载体,也就是可以进行通信的设备来看,越来越多的设备具有通信能力,可以进入通信网络中,这一变革极大地拓展了通信业务可能的应用范围。未来的通信设备,将不只是电话、寻呼机这样传统意义上的通信设备,随着IPv6的应用,我们甚至可以为一个烹饪设备加入通信能力并分配IP地址,这样就可以在网上遥控家中的厨房。此外,很多这样的设备也可以自发地组织成一个局部的网络。例如,在智能家庭环境中,家中所有的音响设备可以组成一个网络,通过这一网络,不同设备之间可以任意交换音乐文件或者为音乐播放自动选择最为合适的音响设备。总之,更多的设备具有通信能力,也必然要求设计全新的业务模式,这也会推动新应用的产生。

**3. 多样化——多种多样的人机交互方式**

对于用户来说,通信的根本目的是获取信息并进行有效使用,对于这些信息,他们甚至不会关心信息的具体获取方式;而且,通信向其他领域的渗透会产生新的应用。现有的人机交互手段,已经严重限制了这些应用的产生与使用。

例如,手机对于很多人来说,已经不只是一种通信工具,它已成为一种日用必需品,围绕手机的各种应用具有广阔的发展前景,但手机的输入(多数手机只具有简单的数字小键盘输入)、输出(面积小而且分辨率、色彩质量不高的显示屏)严重限制了这些新应用。很多操作较为复杂的应用,就很难移植到手机平台上来。目前,绝大多数国际领先的通信研究机构,特别是研究用户终端设备的研究机构,先进的人机交互技术无一例外都是他们的重要研究方向。

未来的人机交互方式会有以下几个发展趋势:

① 通过包括视觉、味觉、嗅觉等在内的多种感知方式来完成通信。目前对于通信所获得信息的利用,还局限于视觉(如上网)和听觉(如电话),更多、更丰富的感知方式,将使得通信设备可以和用户进行更为复杂的信息交互。

② 已有的"多媒体"概念将得到进一步发展。综合动画、声音、图像、文本等多种交互手段在内的多媒体业务,显然是一个更为实际的概念,它更接近我们目前的应用水平。目前已经有了不少多媒体业务可供使用,如彩铃、彩信、视频电话、视频会议等。

③ 人机交互方式的发展,目的是提供能够更好地为人服务的通信业务。本质上讲,人机交互方式越接近人类熟悉的认知方式,用户从中获得信息就越容易,基于这些人机交互方式构造的业务也就更容易为人接受。在这一点上,通信技术的发展与其他很多技术有着类似的需求。

**4. 综合化——多种业务的综合**

传统的通信网络基本上是一个单一业务的网络,话音、数据、视频等多种业务在传输上是分开的,而用户通常也把它们分别作为独立的业务来使用。

多种业务的综合不仅可以向用户提供更有吸引力的应用,也能够为运营商提供更多的收入。但是,多业务并不是原有的单一业务的简单叠加,它在很多方面对原有的通信技术与网络都提出了新的挑战。

① 目前,很多运营商都面临着"带宽过剩"的问题,包括国际线路、国内骨干网,甚至某些城市的城域网,都存在着这一问题。很多运营商也在不断推出各种的新业务来"填满"这些带宽。但是,在这些业务中仍然缺乏"杀手级"应用,一个显著的原因就是很多新业务、综合业务的提供,并没有以吸引用户、方便用户为出发点,而是仅仅为了填补过剩的带宽。提高网络资源利率固然重要,但新业务并不应只是原有业务的简单叠加。

② 从传输技术的角度来看,原有以单一业务为主的网络基本上是将不同的业务分别传送,甚至可以对不同的业务使用不同的传输技术,而在综合业务的环境下,就必然面对多种业

务数据同时传输的问题。一方面,不同的通信业务,它们属性是不相同的,这些属性包括:带宽、时延、时延抖动、误码率、丢包率等。以时延为例,话音业务对于时延要求显然是最严格的;视频业务其次,而数据业务(如拨号上网)可以容忍几秒甚至十几秒的时延。另一方面,已有网络多是针对单一业务传输而设计的。例如,PSTN、GSM 网络的设计主要针对话音业务,IP 网络的设计主要针对数据业务。在已有这些网络之上提供多种业务也是对通信技术的一个巨大挑战。

③ 从管理角度来看,多种业务运营仍然会要求一个统一的管理与支撑环境。用户会要求得到统一记费话单,运营商也希望能够集中地、统一地管理这些业务。此外,多种业务的运营也会涉及不同的政策制定者和管理机构。

**5. 应用中心化——对各种信息传输技术和处理技术进行整合**

无论是通信网提供的多业务传输能力,还是终端提供的多种人机交互方式,其最终目的都是为了能够设计更吸引用户的应用,从这个意义上说,通信技术的发展只是提供了实现各种应用的平台。

(1) 未来通信网络的技术要求

① 骨干网络:在未来的骨干网络中,高带宽是最基本的要求,其次还要求具有为不同业务类型提供服务质量保证(QoS)的能力。另外灵活、智能化的管理手段也是不可或缺的,这些管理手段包括:统一的运营支撑系统、开放的应用编程接口等,以方便业务的提供。

② 接入网络:首先仍然是带宽问题,目前实现了宽带接入用户仍只占很小比例;其次用户使用终端的业务能力会有很大差别,这一点也必须被充分考虑。

(2) 新业务的提供

一个很好的通信平台也需要好的业务来实现它的价值,从某种意义上说,开发新业务的难度并不亚于通信技术的研发。对于未来通信业务的发展,目前主要有以下两种观点。

① 以网络运营商为主导:由网络运营商来负责设计业务,并组织相关资源。支持这种观点的人认为,这有助于网络运营商抓住通信业务价值链的核心部分,这样的运营商也被称为"强势"运营商,典型的代表为日本的 NTT DoCoMo。

② 以内容提供商(ICP)为主导:运营商只提供基本的技术平台,而由内容提供商设计业务并作为业务运营的主导。目前中国移动、中国联通以短信为平台开展的各项业务均属于这一类型。

# 第2章　数据交换技术

## 2.1　电路交换的基本原理

### 2.1.1　电路交换概述

数据通信时,需要通信的两个终端设备通过传输介质直接连接在一起是不现实的,一般是通过有中间节点的网络来把数据从源设备发送到目标设备,这些中间节点不关心数据的内容,只提供一个交换设备,用这个交换设备把数据从一个节点传到另一个节点直至目的地。在多个数据终端设备之间,为任意两个终端设备建立数据通信临时互连通路的过程称为数据交换。

电路交换是最早出现的交换方式,电话交换网是使用电路交换技术的典型例子,包括最古老的人工电话交换和当前先进的数字程控交换,都普遍采用电路交换方式。

**1. 电路交换的概念**

以电路连接为目的的交换方式是电路交换(Circuit Switching),电话网络中就是采用这种交换技术。电路交换中,在需要通信时,通信双方动态建立一条专用的通信线路,在通信的全部时间内,通信双方始终占用端到端的固定传输带宽,供用户进行信息的传输。

**2. 电路交换的过程**

电路交换技术与电话交换机类似,其特点是进行数据传输之前,首先由用户呼叫,在源端与目的端之间建立起一条适当的信息通道,用户进行信息传输,直到通信结束后才释放线路。电路交换通信的基本过程可分为建立线路、数据传输、线路释放三个阶段,如图2.1所示。

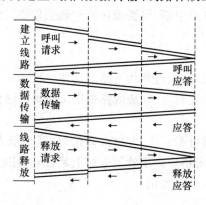

图 2.1　电路交换过程

(1)建立线路阶段

在传输任何数据之前,要先经过呼叫过程建立一条端到端的线路,由发起方站点向某个终端站点(响应方站点)发送一个请求,该请求通过中间节点传输至终点。如果中间节点有空闲的物理线路可以使用,则接收请求,分配线路,并将请求传输给下一中间节点,整个过程持续进行,直至终点,如图 2.2 所示。

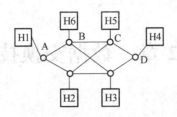

图 2.2　建立线路阶段

例如,主机 H1 要与主机 H4 互相传输数据,那么先要通过通信子网,在 H1 与 H4 之间建立一个连接。主机 H1 以"呼叫请求包"的形式,先向与之连接的节点 A 发出建立线路连接请求,然后节点 A 根据目的主机地址,利用路径选择算法在通向节点 D 的路径中选择下一个节点。比如,根据路径信息,节点 A 选择经节点 B 的电路,在此电路上分配一个未用通道,并把"呼叫请求包"发送给节点 B;节点 B 接到呼叫请求后,也用路径选择算法选择下一个节点 C,建立电路 BC,然后向节点 C 发送"呼叫请求包";节点 C 接到呼叫请求后,也用路径选择算法选择下一个节点 D,建立电路 CD,也向节点 D 发送"呼叫请求包";节点 D 接到呼叫请求后,向与其连接的主机 H4 发送"呼叫请求包";H4 如果接受 H1 的呼叫连接请求,则通过已经建立的物理电路连接,向 H1 发送"呼叫应答包"。这样,在 A 与 D 之间就建立了一条专用电路连接 ABCD,该连接用于主机 H1 与 H4 之间的数据传输。

在电路交换中,如果中间节点没有空闲的物理线路可以使用,整个线路的连接将无法实现。仅当通信的两个站点之间建立起物理线路之后,才允许进入数据传输阶段;线路一旦被分配,在未释放之前,其他站点将无法使用,即使某一时刻,线路上并没有数据传输。

(2) 数据传输

电路交换连接建立以后,数据就可以从源节点发送到中间节点,再由中间节点交换到终端节点。电路连接是全双工的,数据可以在两个方向传输。这种数据传输有最短的传播延迟(通信双方的信息传输延迟仅取决于电磁信号沿线路传输的延迟),并且没有阻塞的问题,除非有意外的线路或节点故障而使电路中断,但要求在整个数据传输过程中,建立的电路必须始终保持连接状态。

(3) 线路释放

当站点之间的数据传输完毕,执行释放电路的动作。该动作可以由任一站点发起,释放线路请求通过途经的中间节点送往对方,释放线路资源。被拆除的信道空闲后,就可被其他通信使用。

电路交换属于电路资源预分配系统,即每次通信时,通信双方都要连接电路,且在一次连接中,电路被预分配给一对固定用户。不管该电路上是否有数据传输,其他用户都不能使用该电路直至通信双方要求拆除该电路为止。

**3. 电路交换的特点**

电路交换的特点如下:

(1) 在通信开始时首先要建立连接。

(2) 一个连接在通信期间始终占用该电路,即使该连接在某个时刻没有数据传送,该电路也不能被其他连接使用,因此电路利用率较低。

(3) 交换机对传输的数据不作处理(透明传输),对交换机的处理要求比较简单,对传输中出现的错误不能纠正,不能保证数据的准确性。

(4) 连接建立以后,数据在系统中的传输时延基本上是一个恒定值,由于建立连接具有一定的时延,而且在拆除连接时同样需要一定的时延,因此传送短信息时,建立连接和拆除连接的时间可能大于通信的时间,网络利用率低。

因此,电路交换适合传输信息量较大且传输速率恒定的业务,如电话交换、高速传真、文件传送等,不适合突发业务和对差错敏感的数据业务。

### 2.1.2  电路交换原理

电路交换按其交换原理可分为时分交换和空分交换两种。

**1. 时分交换与时分接线器**

时分交换是时分多路复用的方式在交换上的应用。交换系统通常包括若干条 PCM 复用线,每条复用线又可以有若干个串行通信时隙,用 TS 表示。时分交换是交换系统中 PCM 复用线上时间片的交换,即时隙的交换,如图 2.3 所示。

图 2.3  时隙交换示意图

在图 2.3 中,左右两侧分别是 32 路语音信号复用在一条线上,左边是输入复用线,右边是输出复用线。时隙交换就是把输入复用线上的一个时隙按照要求在输出复用线上的另一个时隙输出。例如,把时隙 TS23 输出到 TS11,时隙 TS25 输出到 TS28。要完成时隙交换,需要用到 T 形时分接线器,简称 T 接线器。

(1) T 接线器的功能

T 接线器的作用是完成在同一条复用线上的不同时隙之间的交换,也就是将 T 接线器中输入复用线上某个时隙的内容交换到输出复用线上的指定时隙。

(2) T 接线器的结构

T 接线器的基本结构如图 2.4 和图 2.5 所示,T 接线器主要由话音存储器(SM)和控制存储器(CM)组成。SM 和 CM 都包含若干个存储器单元,存储器单元数量等于复用线的复用度。SM 存储用户的话音信号,也可以存储用户的数据信息。CM 存储处理机控制命令字,控制命令字的主要内容用来指示写入或读出的话音存储器地址,因此,SM 有多少单元 CM 就至少有多少单元。

(3) T 接线器的工作方式

T 接线器有两种工作方式:一种是时钟写入,控制读出,也称为读出控制方式;另一种是控制写入,时钟读出,也称为写入控制方式。

① 读出控制方式

如图 2.4 所示,首先在定时脉冲控制下按照 TS0～TS31 的顺序把输入复用线上的 32 个时隙的话音数据写入到 SM 单元。与此同时,把每一个时隙要交换去的单元地址写入 CM 单元。当从 SM 读出话音时隙时,按照 CM 中地址顺序读出。例如,时隙 TS3 要和 TS19 交换,在 SM 的第 3 个单元写入 TS3 数据的同时,在 CM 的第 3 个单元要写入 SM 的第 19 个单元的地址。因为读出时是按照 CM 顺序读出的,所以当从上到下依序读到 CM 的第 3 个单元时,得到 SM 的第 19 单元的地址,从中读取语言数据 TS19,就完成了 TS19 交换到 TS3 的工作。同理,CM 的第 19 单元要写 SM 的第 3 个单元的地址,才能把 TS3 交换到 TS19。

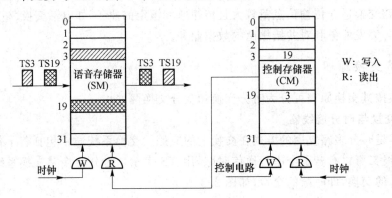

图 2.4　T 接线器的读出控制方式

② 写入控制方式

控制写入,顺序读出的写入控制方式与读出控制方式相似,所不同的只是 CM 用来控制 SM 的写入,SM 的读出则是随时钟脉冲的顺序而输出,如图 2.5 所示。

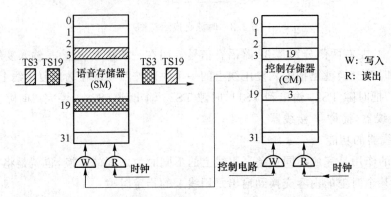

图 2.5　T 接线器的写入控制方式

**2. 空分交换与空分接线器**

时隙交换完成一条复用线上的两个用户之间语音信息的交换,而空分交换则完成两条复用线之间话音信息的交换,可以实现扩大交换容量的目的。空分交换通过空分接线器来完成,也称 S 接线器。

（1）S 接线器的基本功能

S 接线器的作用是完成在不同复用线之间同一时隙内容的交换,也就是将某条输入复用线上某个时隙的内容交换到指定的输出复用线的同一时隙。

（2）S 接线器的组成

S 接线器的组成如图 2.6 和图 2.7 所示,主要由控制存储器和交叉矩阵两部分组成。交叉矩阵是由复用线交叉点阵组成的,交叉点阵中的每一个交叉点就是一个高速电子开关,这些高速电子开关受 CM 中存储数据的控制,用于实现交叉点的接通和断开。

（3）S 接线器的工作方式

根据控制位置不同,S 接线器有输出和输入两种控制方式。

① 输入控制方式

如图 2.6 所示,表示 2×2 的交叉点矩阵,有两条输入复用线和两条输出复用线,它是按照输入复用线来配置 CM,即每一条输入复用线有一个 CM,由这个 CM 来决定输入 PCM 线上各时隙的信码,要交换到哪一条输出 PCM 复用线上去。

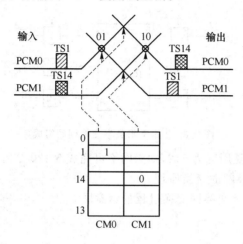

图 2.6 S 接线器的输入控制方式

设输入 PCM0 的 TS1 中的信息要交换到输出 PCM1 中去,当 TS1 时刻到来时,在 CM0 的控制下,使交叉点 01 闭合,使输入 PCM0TS1 中的信码直接传送至输出 PCM 的 TS1 中去。同理,输入 PCM1TS14 的信码,在时隙 14 时由 CM1 控制 10 交叉点闭合,送至 PCM0 的 TS14 中去。

② 输出控制方式

如图 2.7 所示,其与上述输入控制方式的工作原理是相同的,只不过它是按照输出复用线来配置 CM。

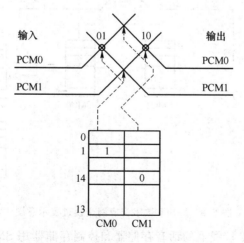

图 2.7 S 接线器的输出控制方式

**3. T-S-T 形数字交换网络**

T 接线器只能完成同一条复用线不同时隙之间的交换,而 S 接线器只能完成不同复用线相同时隙之间的交换。对于大规模的交换网络,必须既能实现同一复用线不同时隙之间的交换又能实现不同复用线之间的时隙交换。把 T 接线器和 S 接线器按照不同顺序组合起来就可以构成较大规模的数字交换网,如 T-S-T 型的数字交换网络。

(1) T-S-T 形数字交换网的组成

假设输入复用线与输出复用线各有 10 条,T-S-T 形数字交换网的组成如图 2.8 所示。两侧各有 10 个 T 接线器,左侧为输入,右侧为输出,中间由 S 接线器的 10×10 的交叉矩阵将它们连接起来。

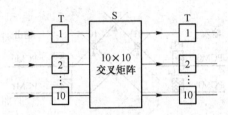

图 2.8  T-S-T 形数字交换网的组成

如果每一个复用线的复用度为 512,则该网络可完成 5 120 个时隙之间的交换。

(2) T-S-T 形数字交换网的交换原理

图 2.9 为 T-S-T 形数字交换网交换过程的示意图。

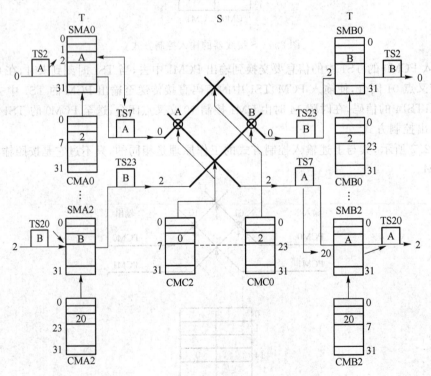

图 2.9  T-S-T 数字交换网交换过程示意图

在图 2.9 中,输入侧 T 接线器的话音存储器和控制存储器用 SMA 和 CMA 表示,输出侧 T 接线器的话音存储器和控制存储器分别用 SMB 和 CMB 表示,空分接线器的控制存储器用 CMC 表示,输入输出侧各用 3 套 T 接线器,每线的复用度为 32。

假设输入侧 T 接线器采用顺序写入、控制读出控制方式,输出侧 T 接线器则采用控制写入、顺序读出的工作方式,空分接线器采用输出控制方式。现要求输入线 0 的时隙 2 与输出线

2 的时隙 20 之间进行交换接续。

按假设的工作方式,应将输入线 0 时隙 2 的内容写入 SMA0 中的 2 号存储单元,在哪个时隙输出决定于 CPU 控制设备在各存储器中寻找到的空闲路由。所谓空闲路由是从各级接线器的控制存储器看,输入侧 CMA0、输出侧 CMB2 及中间的 CMC2 同时都有一个相同的空闲单元号。如选择了入线 0 与出线 2 交叉点 A 的闭合时间为时隙 7,则要求 CMA0、CMB2 和 CMC2 的 7 号单元都空闲,可使输入线 0 的时隙 2 与输出线 2 的时隙 20 之间进行交换。

处理机分别在 CMA0 的 7 号单元写入 2,CMC2 的 7 号单元写入 0,CMB2 的 7 号单元写入 20,当内部时隙 7 到时,交叉点 A 闭合,因此 CMA0、CMB2、CMC2 同时起作用,首先顺序读出 CMA0 内 7 号单元的内容 2,它作为 SMA0 的读出地址,将原来存在 SMA0 内 2 号单元中的信息读出,转换到时隙 7 上;然后 CMC2 读出时,控制输入线 0 和输出线 2 在时隙 7 接通,就把刚才读出的信息经过此交叉点送到输出线 2 上。最后由 CMB2 控制,把沿着 S 接线器输出线上送来的信息,写入 SMB2 的 20 号存储单元中,在 SMB2 顺序读出时,便在时隙 20 读出 SMB2 的 20 号单元内所存的信息,该信息就是原输入线 0 时隙 2 的内容,即完成上述提出的入线 0 时隙 2 的信息到出线 2 时隙 20 的任务。

同样的反向空闲时隙可以通过公式映射,$i'=(T/2+i)\mathrm{mod}T$ 求得 $i'$ 为反向空闲时隙,$i$ 为正向空闲时隙,$T$ 为时隙总数,即每线的复用度。从以上可知反向时隙 $i'=23$,反向工作过程同上。

### 2.1.3　程控数字电话交换系统

电话通信是最常见的采用电路交换的通信形式,电话交换技术经历了早期的人工交换、机电交换和电子交换阶段,目前已经发展到了以计算机程序控制为主的程控数字电话交换系统。程控数字交换机的接续速度快、声音清晰、质量可靠、体积小、容量大、灵活性强,是当今电话交换系统的主流技术。

程控数字电话交换系统由硬件和软件两大部分组成。

#### 1. 程控数字交换机的硬件基本组成

程控数字交换机的硬件基本组成如图 2.10 所示。总体上看,其硬件组成可分为话路和控制两部分。

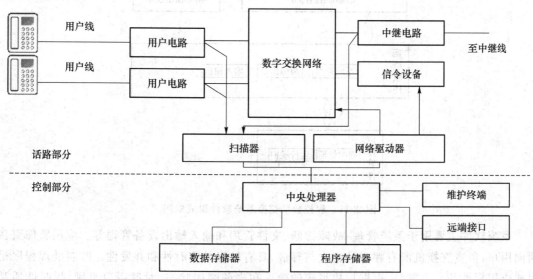

图 2.10　程控数字交换系统硬件组成框图

（1）话路部分

话路部分的主要任务是根据用户拨号状况,实现用户之间数字通路的接续,它由数字交换网络和一组外围电路组成。外围电路包括用户电路、中继电路、扫描器、网络驱动器和信令设备。

数字交换网络为参与交换的数字信号提供接续通路;用户电路是数字交换网络与用户线之间的接口电路,用于完成 A/D 和 D/A 变换,同时为用户提供馈电、过压保护、振铃、监视、2线-4线转换等辅助功能;中继电路是数字交换网络与中继线的接口电路,具有码型变换、时钟提取、帧同步等功能;扫描器可收集用户的状态信息,如摘机、挂机等动作。用户状态的变化通过扫描器接收下来,然后传送到交换机控制部分作相应的处理;交换网驱动器在控制部分控制下具体执行数字交换网络中通路的建立和释放;信令设备用于产生控制信号,包括信号音发生器、话机双音频号码接收器、局间多频互控信号发生器和接收器以及完成 CCITT No.7 号共路信令的部件。

（2）控制部分

控制部分由中央处理器、程序存储器、数据存储器、远端接口和维护终端组成。控制部分的主要任务是根据外部用户与内部维护管理的要求,执行控制程序,以控制相应硬件实现交换及管理功能。

中央处理器可以是普通计算机或交换专用计算机,用于控制、管理、监测和维护交换系统的运行;程序和数据存储器分别存储交换系统的控制程序和执行过程中用到的数据;维护终端包括键盘、显示器、打印机等设备。

**2. 程控数字交换机的软件基本组成**

程控数字交换机的软件由程序模块和数据两个部分组成。

程序模块分为脱机程序和联机程序两部分。脱机程序主要用于开通交换机时的系统硬件测试、软件调试以及生成系统支持程序;联机程序是交换机正常开通运行后的日常程序,一般包括系统软件和应用软件两部分,如图 2.11 所示。

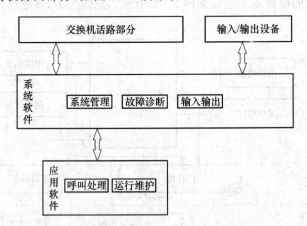

图 2.11　程控数字交换系统软件组成框图

系统软件主要用于系统管理、故障诊断、文件管理和输入输出设备管理等。应用软件直接面向用户,负责交换机所有呼叫的建立与释放,具有较强的实时性和并发性。呼叫处理程序是组成应用软件的主要部分,根据扫描得到的数据和当前呼叫状态,对照用户类别、呼叫性质和业务条件等进行一系列的分析,决定执行的操作和系统资源的分配。运行维护程序用于存取、修改一些半固定数据,使交换机能够更合理有效的工作。

程控数字交换机的数据部分包括交换机既有的和不断变化的当前状态信息,如硬件配置、运行环境、编号方案、用户当前状态、资源占用情况等。

**3. 程控交换机的主要性能指标**

一般讨论交换机的性能主要包括以下几个指标。

(1) 系统容量

系统容量指的是用户线数和中继线数,二者越多,说明容量越大。容量的大小取决于数字交换网的规模。

(2) 呼损率

呼损率是指未能接通的呼叫数量与呼叫总量之比,俗称掉话率。呼损率越低,说明服务质量越高。一般要求呼损率不能高于 $2\% \sim 5\%$。

(3) 接续时延

用户摘机后听到拨号音的时延,称为拨号音时延;拨号之后,听到回铃音的时延,称为拨号后时延。它们统称为接续时延。拨号音时延一般要求在 $400 \sim 1\,000$ ms,拨号后时延一般要求在 $650 \sim 1\,600$ ms。

(4) 话务负荷能力

话务负荷能力是指在一定的呼损率下,交换系统忙时可能负荷的话务量。话务量反映的是呼叫次数和占用时长的概念,以二者的乘积来计量。

$$话务量 = 单位时间内平均呼叫次数\ C \times 每次呼叫平均占用时间\ t$$

若 $t$ 以小时为单位,则计量单位为小时·呼,称为爱尔兰(Erl)。由于一天内的话务量有高有低,所以实际中所说的话务量都是指最忙时的平均话务量。

(5) 呼叫处理能力

呼叫处理能力用最大忙时试呼次数(Busy Hour Call Attempts,BHCA)来表示。它是衡量交换机处理能力的重要指标。该值越大,说明交换系统能够同时处理的呼叫数目就越大。

(6) 可靠性和可用性

可靠性指的是交换机系统可靠运行不中断的能力,通常采用中断时间及可用性指标来衡量。一般要求中断时间 20 年内不超过 1 h,平均每年小于 3 min。可用性是指系统正常运行时间占总运行时间的百分值。

# 2.2 分组交换的基本原理

## 2.2.1 分组交换概述

分组交换技术最初是为了满足计算机之间互相进行通信的要求而出现的一种数据交换技术。在进行数据通信时,分组交换方式能比电路交换方式提供更高的效率,可以使多个用户之间实现资源共享。因此,分组交换技术是数据交换方式中一种比较理想的方式。

**1. 分组交换的概念**

分组交换(Packet Switching)不像电路交换那样在传输中将整条电路都交给一个连接,而不管它是否有信息要传送。分组交换的基本思想是:把用户要传送的信息分成若干个小的数据块,即分组(packet),这些分组长度较短,并具有统一的格式,每个分组有一个分组头,包含用于控制和选路的有关信息。这些分组以"存储转发"的方式在网内传输,即每个交换节点首先对收到的分组进行暂时存储,分析该分组头中有关选路的信息,进行路由选择,并在选择的路由上进行排队,等到有空闲信道时转发给下一个交换节点或用户终端。

显然,采用分组交换时,同一个报文的多个分组可以同时传输,多个用户的信息也可以共享同一物理链路,因此分组交换可以达到资源共享,并为用户提供可靠、有效的数据服务。它克服了电路交换中独占线路、线路利用率低的缺点。同时,由于分组的长度短,格式统一,便于交换机进行处理,分组经交换机或网络的时间很短,能满足绝大多数数据通信用户对信息传输的实时性要求。

**2. 分组交换的特点**

(1) 传输质量高

分组交换具有差错控制功能,能够分段对交换机之间传送的分组分段进行差错控制,并且可以用重发方法纠正检测出错误。这种有效的检错和纠错功能,可以大大降低分组在网内传送中的出错率,传输质量很高,网络内全程误码率可达到 $10^{-10}$ 以下。

(2) 可靠性高

在电路交换中,当某一段中继电路或交换机发生故障时,通信将产生中断。而在分组交换中,当一段中继电路或交换机发生故障时,分组可经过其他路由到达终点,不致引起通信中断。分组网中所有分组交换机都至少与两个交换机相连接,使报文中的每一个分组都可以自动地避开故障点,迂回路由,这样不会造成通信中断。

(3) 为不同种类的终端相互通信提供方便

由于分组交换采用存储/转发方式且具有统一的标准接口,因此,在分组交换网中,能够实现通信速率、编码方式、同步方式及传输规程不同终端之间的通信。

(4) 可以实现分组多路通信

由于提供线路的分组采用时分多路复用,包括用户线和中继线等信道都可实现多个用户的分组同时在信道上传送,实现多路复用。另外由于是动态复用,即有用户数据传输时才发送分组,占用一定的信道资源,无用户数据传输时则不占用信道资源。这样,一条传输线路上可同时有多个用户终端通信,实现信道资源共享,提高信道的利用率。

(5) 信息传送时延大

由于采用存储/转发方式处理分组,分组在每个节点机内都要经历存储、排队、转发的过程,因此分组穿过网络的平均时延可达几百毫秒。目前各公用分组交换网的平均时延一般都在数百毫秒,而且各个分组的时延具有离散性。

(6) 要求分组交换机有比较高的处理能力

分组交换技术的协议和控制比较复杂,如我们前面提到的逐段链路流量控制,差错控制,还有代码、速率的变换方法和接口,网络的管理和控制智能化等。这些复杂协议使得分组交换具有很高的可靠性,但是它同时也加重了分组交换机处理的负担,要求分组交换机具有比较高的处理能力。

分组交换和电路交换各方面特性的比较如表 2.1 所示。

表 2.1　电路交换与分组交换的比较

| 比较项目 | 电路交换 | 分组交换 |
|---|---|---|
| 信息形式 | 既适用于模拟信号,也适用于数字信号 | 只适用于数字信号 |
| 连接建立时间 | 平均连接建立时间较长 | 没有连接建立时延 |
| 传输时延 | 提供透明的服务,信息的传输时延非常小,数据传输速率恒定 | 在每个节点的调用请求期间都有处理延时,且这种延时随着负载的增加而增加 |
| 传输可靠性 | 完全依赖于线路 | 设置有代码检验和信息重发设施,此外还具有路径选择功能,从而保证了信息传输的可靠性 |
| 阻塞控制 | 没有相关控制机制 | 采用某种流量控制手段将报文分组从其相邻节点通过 |

## 2.2.2　分组交换原理

**1. 分组交换的传输方式**

分组交换的传输方式可分为数据报方式和虚电路方式两种。

（1）数据报方式

在数据报方式中,交换节点将每一个分组独立地进行处理,即每一个数据分组中都含有终点地址信息,当分组到达节点后,节点根据分组中包含的终点地址为每一个分组独立地寻找路由,因此同一用户的不同分组可能沿着不同的路径到达终点,在网络的终点需要重新排队,组合成原来的用户数据信息,其示意图如图 2.12 所示。

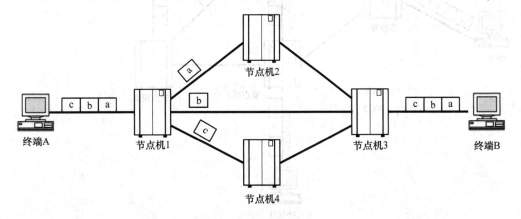

图 2.12　数据报方式示意图

在图 2.12 中,终端 A 有三个分组 a、b、c 要送给终端 B,在网络中,分组 a 通过节点 2 进行转接到达 3,b 通过 1 和 3 之间的直达路由到达 3,c 通过节点 4 进行转接到达 3。由于每条路由上的业务情况(如负荷量、时延等)不尽相同,三个分组的到达不一定按照顺序,因此在节点 3 要将它们重新排序,再送给终端 B。

采用数据报方式传输时,被传输的分组称为数据报。在数据报传输方式中,把每个报文分组都作为独立的信息单位传送,与前后的分组无关,数据报每经过一个中继节点时,都要进行路由选择。数据报的前部增加地址信息的字段,网络中的各个中间节点根据地址信息和一定的路由规则,选择输出端口,暂存和排队数据报,并在传输媒体空闲时,发往媒体乃至最终站点。当一对站点之间需要传输多个数据报时,由于每个数据报均被独立地传输和路由,因此在网络中可能会走不同的路径,具有不同的时间延迟,按序发送的多个数据报可能以不同的顺序达到终点。因此为了支持数据报的传输,站点必须具有存储和重新排序的能力。

数据报方式的特点是:传输协议简单;传送不需要建立连接;分组到达终点的顺序可能不同于发端,需重新排序;各分组的传输时延差别可能较大。

(2) 虚电路方式

两终端用户在相互传送数据之前要通过网络建立一条端到端逻辑上的虚连接,称为虚电路。一旦这种虚电路建立以后,属于同一呼叫的数据均沿着这一虚电路传送。当用户不再发送和接收数据时,清除该虚电路。在这种方式中,用户的通信需要经历连接建立、数据传输、连接拆除三个阶段,也就是说,它是面向连接的方式。

如图 2.13 所示,网中已建立起两条虚电路,分别为 VC1:A-1-2-3-B,VC2:C-1-2-4-5-D。所有 A-B 的分组均沿着 VC1 从 A 到达 B,所有 C-D 的分组均沿着 VC2 从 C 到达 D,在 1-2 之间的物理链路上,VC1、VC2 共享资源。若 VC1 暂时无数据可送时,网络将保持这种连接,但将所有的传送能力和交换机的处理能力交给 VC2,此时 VC1 并不占用带宽资源。

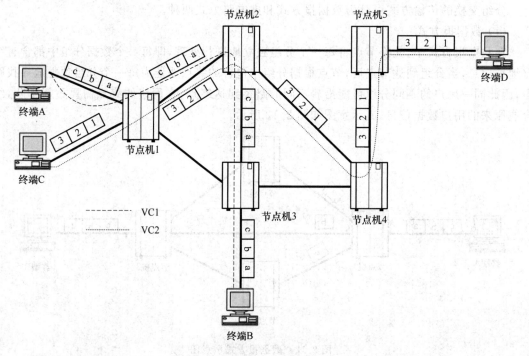

图 2.13  虚电路方式示意图

需要强调的是,分组交换中虚电路和电路交换中建立的电路不同。在分组交换中,以统计时分复用的方式在一条物理线路上可以同时建立多个虚电路,两个用户终端之间建立的是虚连接;而电路交换中,是以同步时分方式进行复用的,两用户终端之间建立的是实连接。在电路交换中,多个用户终端信息在固定时间段内向所复用物理线路上发送信息,若某个时间段某终端无信息发送,其他终端也不能在分配给该用户终端的时间段内向线路上发送信息。而虚电路方式则不然,每个终端发送信息没有固定时间,它们的分组在节点机内部相应端口进行排队,当某终端暂时无信息发送时,线路的全部带宽资源可以由其他用户共享。我们之所以称这种连接为虚电路,正是因为每个连接只有在发送数据时才排队竞争占用带宽资源。

数据报方式与虚电路方式的比较见表 2.2。

**表 2.2 数据报与虚电路比较**

| 比较项目 | 数据报 | 虚电路 |
|---|---|---|
| 连接的建立与释放 | 无须连接建立和释放的过程 | 需要连接建立和释放的过程 |
| 数据报中的地址信息量 | 每个数据报中需带较多的地址信息 | 数据块中仅含少量的地址信息 |
| 数据传输路径 | 用户的连续数据块会无序地到达目的地，接收站点处理复杂 | 用户的连续数据块沿着相同的路径，按序到达目的地，接收站点处理方便 |
| 可靠性 | 使用网状拓扑组建网络时，任一中间节点或者线路的故障不会影响数据报的传输，可靠性较高 | 如果虚电路中的某个节点或者线路出现故障，将导致虚电路传输失效 |
| 适用性 | 较适合站点之间少量数据的传输 | 较适合站点之间大批量的数据传输 |

### 2. 分组交换过程

分组交换工作过程如图 2.14 所示，分组交换网有 3 个交换节点：分组交换机 1、分组交换机 2 和分组交换机 3；图中有 A、B、C、D 共 4 个数据用户终端，其中，B 和 C 为分组型终端，A 和 D 为一般终端。分组型终端以分组的形式发送和接收信息，而一般终端发送和接收的是报文。所以，若发送终端是一般终端，发送的报文要由分组拆装设备 PAD 将其拆成若干个分组，以分组的形式在网络中传输和交换。若接收终端为一般终端，则由 PAD 将若干个分组重新组装成报文后再送给一般终端。

图 2.14 中有两个通信过程，分别是一般终端 A 和分组型终端 C 之间的通信，以及分组型终端 B 和一般终端 D 之间的通信。

一般终端 A 发出带有接收端 C 地址的报文，分组交换机 1 将此报文拆成两个分组 1C 和 2C，存入存储器并进行路由选择，决定将分组 1C 直接传给分组交换机 2，将分组 2C 先传给分组交换机 3，再由分组交换机 3 传给分组交换机 2。最后由分组交换机 2 将两个分组排序后送给接收终端 C。因为 C 是分组型终端，所以在交换机 2 中不必经过 PAD，直接将分组送给终端 C。

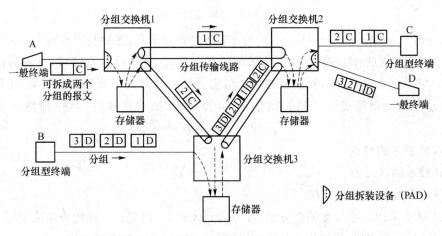

图 2.14 分组交换原理示意图

图中另一个通信过程,分组型终端 B 发送的数据是分组 1D、2D 和 3D,在分组交换机 3 中不必经过 PAD。3 个分组经过相同路由传输,由于接收终端为一般终端,所以在交换机 2 中由 PAD 将 3 个分组组装成报文送给一般终端 C。

# 2.3  ATM 交换的基本原理

## 2.3.1  ATM 概述

### 1. ATM 的基本概念

ATM(Asynchronous Transfer Mode)的具体定义为:ATM 是一种传送模式,在这一模式中用户信息被组织成固定长度信元,信元随机占用信道资源,也就是说,信元不按照一定时间间隔周期性出现。从这个意义上来看,这种传送模式是异步的(统计时分复用也叫异步时分复用)。

ATM 的信元具有固定长度,从传输效率、时延及系统实现复杂性考虑,ITU-T 规定 ATM 的信元长度为 53 B。信元的结构如图 2.15 所示。

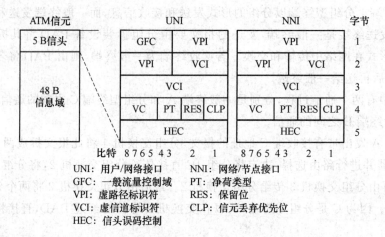

图 2.15  ATM 信元结构

信元的前 5 B 为信头(Cell Header),包含有各种控制信息,主要是表示信元去向的逻辑地址,还有一些维护信息、优先级以及信头的纠错码。后面 48 B 是信息字段,也称为信息净荷(Payload),它承载来自各种不同业务的用户信息。信元的格式与业务类型无关,任何业务的信息都经过分割后封装成统一格式的信元。用户信息透明地穿过网络(即网络对它不进行处理)。

### 2. ATM 技术的特点

ATM 技术的特点如下。

(1) 采用固定长度的短分组

在 ATM 中采用固定长度的短分组,称为信元(Cell)。固定长度的短分组决定了 ATM 系统的处理时间短、响应快,便于用硬件实现,特别适合实时业务和高速应用。

（2）采用统计复用

传统的电路交换中,同步传送模式(STM)将来自各种信道上的数据组成帧格式,每路信号占用固定比特位组,在时间上相当于固定的时隙,任何信道都通过位置进行标识。ATM 是按信元进行统计复用的,在时间上没有固定的复用位置。统计复用是按需分配带宽的,可以满足不同用户传递不同业务的带宽需要。

（3）采用面向连接并预约传输资源的方式工作

电路交换通过预约传输资源保证实时信息的传输,同时端到端的连接使得在信息传输时,在任意交换节点不必作复杂的路由选择(这项工作在呼叫建立时已经完成)。分组交换模式中仿照电路方式提出虚电路工作模式,目的也是为了减少传输过程中交换机为每个分组作路由选择的开销,同时可以保证分组顺序的正确性。但是分组交换取消了资源预定策略,虽然提高了网络传输效率,但却有可能使网络接收超过其传输能力的负载,造成所有信息都无法快速传输到目的地。

ATM 方式采用的是分组交换中虚电路形式,同时在呼叫建立时向网络提出传输所希望使用的资源,网络根据当前的状态决定是否接受这个呼叫。其中资源的约定并不像电路交换那样给出确定电路或 PCM 时隙,只是给出用以表示将来通信过程中可能使用的通信速率。采用预约资源方式,可以保证网络上的信息在一个允许的差错率下传输。另外,考虑到业务具有波动的特点和交换中同时存在连接数量,根据概率论大数定理,网络预分配的通信资源肯定小于信源传输时的峰值速率。可以说 ATM 方式既兼顾了网络运营效率,又能够使接入网络的连接进行快速数据传输。

（4）取消逐段链路的差错控制和流量控制

分组交换协议设计运行的环境是误码率很高的模拟通信线路,所以执行逐段链路的差错控制;同时由于没有预约资源机制,所以任何一段链路上的数据量都有可能超过其传输能力,所以有必要执行逐段链路的流量控制。而 ATM 协议运行在误码率很低的光纤传输网上,同时预约资源机制保证网络中传输负载小于子网络传输能力,所以 ATM 取消了网络内部节点之间链路上差错控制和流量控制。

但是通信过程中必定会出现的差错如何解决呢? ATM 将这些工作推给了网络边缘的终端设备完成。如果信元头部出现差错,会导致信元传输的目的地发生错误,即所谓信元丢失和信元错插,如果网络发现这样的错误,就简单地丢弃信元。至于如何处理由于这些错误而导致信息丢失后情况则由通信终端处理。如果信元净荷部分(用户的信息)出现差错,判断和处理同样由通信终端完成。对于不同传输媒体可以采取不同的处理策略。例如,对于计算机数据通信(文本传输),显然必须使用请求重发技术要求发送端对错误信息重新发送;而对于话音和视频这类实时信息发生的错误,接收端可以采用某种掩盖措施,减少对接收用户的影响。

（5）ATM 信元头部的功能降低

由于 ATM 网络中链路的功能变得非常有限,因此信元头部变得异常简单。其功能包括:①标志虚电路,这个标志在呼叫建立阶段产生,用以表示信元经过网络中传输的路径。依靠这个标志可以很容易地将不同的虚电路信息复用到一条物理通道上。②信元的头部增加纠错和检错机制,防止因为信元头部出现错误导致信元误选路由。③很少的维护开销比特,不再像传统分组交换中那样，包含信息差错控制、分组流量控制以及其他特定开销。

因此 ATM 技术既具有电路交换的"处理简单"、支持实时业务、数据透明传输、采用端到端的通信协议等特点，又具有分组交换的支持变比特率(VBR)业务的特点，并能对链路上传输的业务进行统计复用。

### 2.3.2　ATM 交换原理

**1. 虚信道、虚路径与虚连接**

虚信道(Virtual Channel,VC)表示单向传送 ATM 信元的逻辑通路，用虚信道标识符(Virtual Channel Identifier,VCI)进行标识，表明传送该信元的虚信道。

虚路径(Virtual Path,VP)表示属于一组 VC 子层 ATM 信元的路径，由相应的虚路径标识符(Virtual Path Identifier,VPI)进行标识，表明传送该信元的虚路径。

虚信道、虚路径与传输线路的关系如图 2.16 所示。VC 相当于支流，对 VC 的管理粒度比较细，一般用于网络的接入；VP 相当于干流，将多个 VC 会聚起来形成一个 VP，对 VP 的管理粒度比较粗，一般用于骨干网。与 VC 相比较，对 VP 进行交换、管理容易得多。

图 2.16　虚信道、虚路径与传输线路的关系示意图

虚连接是通过 ATM 网络在端到端用户之间建立一条速率可变的、全双工的、由固定长度的信元流构成的连接。该连接由虚信道、虚通道组成，通过 VCI 和 VPI 进行标识。VCI 标识可动态分配的连接，VPI 标识可静态分配的连接。VCI、VPI 在虚连接的每段链路上具有局部意义。虚连接分为虚信道连接(VCC)和虚路径连接(VPC)两种。VCC 和 VPC 的关系如图 2.17 所示。

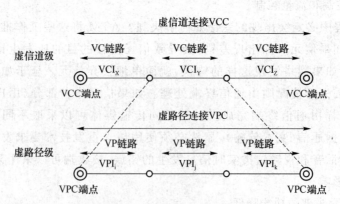

图 2.17　VCC 和 VPC 的关系示意图

**2. VC 交换与 VP 交换**

(1) VP 交换

VP 交换是将一条 VP 上所有的 VC 链路全部转送到另一条 VP 上去，而这些 VC 链路的

VCI 值都不改变,如图 2.18 所示。VP 交换的实现比较简单,往往只是传输通道中某个等级数字复用线的交叉连接。

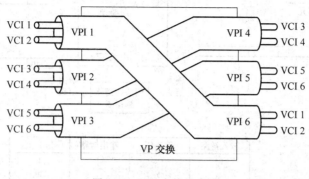

图 2.18　VP 交换示意图

（2）VC 交换

VC 交换要和 VP 交换同时进行。当一条 VC 链路终止时,VPC 也就终止了。这个 VPC 上的 VC 链路可以各奔东西,加入到不同方向的新的 VPC 中去,如图 2.19 所示。VC 交换和 VP 交换合在一起才是真正的 ATM 交换。

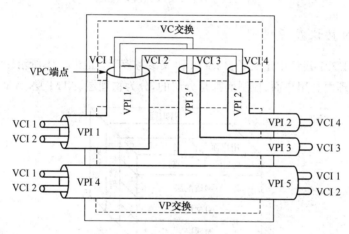

图 2.19　VC 交换示意图

**3. ATM 交换过程**

ATM 交换的工作过程示意图如图 2.20 所示。图中的交换节点有 $N$ 条入线,$N$ 条出线,每条入线和出线上传送的都是 ATM 信元,每个信元的信头值表明该信元所在的逻辑信道。不同的入线或出线上可以采用相同的逻辑信道值。ATM 交换的基本任务是将任一入线上任一逻辑信道中的信元交换到所需的任一出线上的任一逻辑信道上去。

例如,入线 $I_1$ 的逻辑信道 x 被交换到出线 $O_1$ 的逻辑信道 k 上,入线 $I_1$ 的逻辑信道 y 被交换到出线 $O_n$ 的逻辑信道 m 上等。这里的交换包含了两方面的功能:一是空间交换,将信元从一个输入端口改送到另一个编号不同的输出端口上去,这个功能又称为路由选择;另一个功能是逻辑信道的交换,将信元从一个 VPI/VCI 改换到另一个 VPI/VCI。以上交换通过信头、链路翻译表来完成。

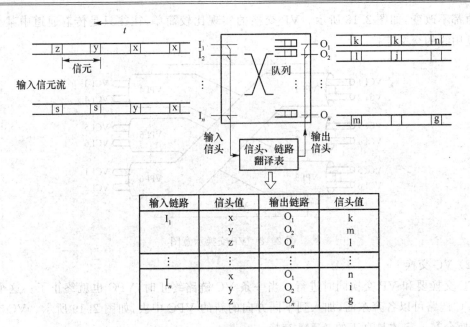

图 2.20　ATM 交换过程示意图

### 2.3.3　B-ISDN 协议参考模型

在 ITU-T 的 I.321 建议中定义了 B-ISDN 协议参考模型,如图 2.21 所示。它包括三个面:用户面、控制面和管理面。用户面、控制面都是分层的,分为物理层、ATM 层、AAL 层和高层。

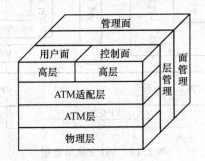

图 2.21　B-ISDN 协议参考模型

用户平面:采用分层结构,提供用户信息流的传送,同时也具有一定的控制功能,如流量控制、差错控制等。

控制平面:采用分层结构,完成呼叫控制和连接控制功能,利用信令进行呼叫和连接的建立、监视和释放。

管理平面:包括层管理和面管理。层管理采用分层结构,完成与各协议层实体的资源和参数相关的管理功能,如元信令;同时层管理还处理与各层相关的 OAM 信息流。面管理不分层,它完成与整个系统相关的管理功能,并对所有平面起协调作用。

**1.　物理层**

物理层利用通信线路的比特流传送功能实现 ATM 的信元传送,并确保传送连续的 ATM 信元时不错序。物理层由两个子层组成,分别是物理媒体子层和传输会聚子层。物理媒体子层支持与物理媒体有关的比特功能。传输会聚子层完成 ATM 信元流与物理媒体传输比特流的转换功能。

**2. ATM 层**

ATM 层和用来传送 ATM 信元的物理媒体完全无关,它利用物理层提供的信元(53 B)传送功能,向上提供 ATM 业务数据单元(48 B)的传送能力。ATM 业务数据单元是任意 48 B 的数据块,它在 ATM 层中被封装到信元的负载区。从原理上说,ATM 层本身处理的协议控制信息是 5 B 长的信头,但是实际上为了提高协议处理速度和降低协议开销,在物理层和 AAL 层都使用了信元头部的某些域。ATM 层的传输和物理层传输一样是不可靠的,传送的业务数据单元可能丢失,也可能发生错误。但在传送多个业务数据单元时,传送过程能够确保数据单元的顺序不会紊乱。下面介绍 ATM 层完成的主要功能。

(1)一般流量控制(GFC)

用于控制用户/网络接口处信元速率。当 ATM 层使用该操作时,产生携带流量控制功能的信元。分配和未分配信元用于携带流量控制信息。

(2)信头的产生和提取

在 ATM 层和上层交互位置完成。在发送方向,ATM 层从上一层接收信元负载信息,产生一个相应的 ATM 信头,这里的信头还不包括信头差错控制(HEC)。在接收方向,信头提取操作去掉 ATM 信元头部,并将信元负载区内容提交给上一层。

(3)信元虚通路标识/虚信道标识(VPI/VCI)翻译

在 ATM 交换机或 ATM 交叉连接节点,完成对输入 ATM 信元的 VPI 和 VCI 值的翻译(可以单独对 VPI 或 VCI 进行,也可以二者同时进行),这里的翻译是变换的意思。

(4)信元复用和解复用

在发送方向,信元复用功能将各虚通路 VP 和虚信道 VC 送来的信元合并成一串非连续(对各应用业务来说)的信元流。在接收方向,信元解复用功能将非连续的复合信元流的各个信元分别送往相应的 VP 或 VC 中去。

**3. ATM 适配层及高层**

由于 ATM 层提供的只是一种基本的数据传送能力,ATM 适配层(ATM Adaptation Layer,AAL)在此基础上提供适应各种不同业务的通信能力。如果一种电信业务的通信需求无法在 ATM 层得到支持,它可以利用 ATM 适配层得到实现,它是为使 ATM 层能适应不同业务类型而设置的,故 ATM 对各种业务承载能力集中体现在 ATM 适配层。AAL 层增强了 ATM 层提供的业务以适应高层应用的需要。AAL 层可以分成两个子层:分段/重装子层(Segment And Reassemble Sub-layer,SAR)和会聚子层(Convergence Sub-layer,CS)。

(1)分段和重装子层

SAR 完成 CS 协议数据单元与信元负载格式之间的适配。上层应用交付的信息格式与具体应用相关,信息长度不定;而下层(ATM 层)处理的是统一的、长度固定的 ATM 信元。所以 SAR 完成的是两种数据格式的适配。

(2)会聚子层

CS 层的基本功能是进行端到端的差错控制和时钟恢复(如实时业务的同步)。CS 层和具体的应用有关,对某些 AAL 类型,会聚子层 CS 又分为两个子层:公共部分会聚子层和业务特定会聚子层。如果 ATM 层提供的信元传输能够满足用户业务的需求,可以直接利用 ATM 层的传送能力。在这种情况下 AAL 协议层是空的,这样的业务称为信元中继。AAL 用户通过选择一个满足传送要求的业务接入点,将 AAL 业务数据单元从一个 AAL 业务接入点通过 ATM 网络传送到另一个或多个 AAL 业务接入点上。

**4. 用户平面**

利用 AAL 层提供的通信能力向用户提供服务的协议属于用户平面高层完成的功能。尽管 AAL 层提供 4 种不同类型的业务,但是这样的业务绝大部分情况下并不能直接被用户使用,位于 AAL 之上的用户平面高层协议完成目前网络上的通信业务。用户平面的物理层,随着 ITU-T 协议进一步完善,几乎所有的传输资源都可以成为 ATM 信道,从而便于形成统一的 ATM 网络。因此 ATM 网络向上可以提供对各种业务的支持,向下可以利用各种传输资源。因此网络资源可以通过统一调度、合理使用,效率得到极大提高。

**5. 控制平面和管理平面**

利用 AAL 层提供的通信能力进行信令传送进而控制网络的协议,属于控制平面高层必须完成的功能。控制平面高层和用户平面高层协议均位于 AAL 层之上。控制平面的 ATM 层和物理层和用户平面完全相同。管理平面和控制平面不同,它完成的是对物理层、ATM 层、AAL 层及用户平面和控制平面的控制、监视、故障报告和管理。因此,管理平面必须和这些层面都有相应的接口。管理平面的控制命令来自网络管理中心或控制平面。网络管理人员通过网络管理中心施行对 ATM 通信实体的控制,用户则通过控制平面实施对 ATM 网络通信实体的控制。管理平面产生的消息送到网络管理中心或网络管理终端。

# 2.4 多协议标签交换的基本原理

## 2.4.1 多协议标签交换概述

**1. 多协议标签交换的一些基本概念**

多协议标签交换简称 MPLS。

(1) 标记

标记是一个短小、定长且只有局部意义的连接标识符,它对应于一个转发等价类 FEC (Forwarding Equivalence Class)。一个分组上增加的标记代表该分组隶属的 FEC。标记可以使用标记分配协议(Label Distributed Protocol,LDP)、RSVP 或通过 OSPF、BGP 等路由协议搭载来分配。每一个分组在从源端到目的端的传送过程中,都会携带一个标记。由于标记是固定长的,并且封装在分组的最开始部分,因此硬件利用标记就可以实现高速的分组交换。

标记起局部连接标识符的作用。对于那些没有内在标记结构的介质封装,则采用一个特殊的数值填充。图 2.22 给出 4 字节填充标记的格式,它包含一个 20 bit 的标记数值、一个 3 bit 的 COS 数值、一个 1 bit 的堆栈指示符和一个 8 bit 的 TTL 数值。

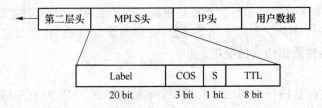

图 2.22  MPLS 的标记结构

(2) 标记边缘路由器(LER)

它位于接入网和 MPLS 网的边界的标记交换路由器中,其中入口 LER 负责基于 FEC 对 IP 分组进行分类,并为 IP 分组加上相应标记,执行第三层功能,决定相应的服务级别和发起标记交换路径的建立请求,并在建立 LSP 后将业务流转发到 MPLS 网上。而出口 LER 则执行标记的删除,并将除去标记后的 IP 分组转发至相应的目的地。通常 LER 都提供多个端口以连接不同的网络(ATM、FR、Ethernet 等),LER 在标记的加入和删除,业务进入和离开 MPLS 网等方面扮演了重要的角色。

（3）标记交换路由器(LSR)

LSR 是一个通用 IP 交换机,它位于 MPLS 核心网中,具有第三层转发分组和第二层交换分组的功能。它负责使用合适的信令协议(如 LDP/CR-LDP 或 RSVP)与邻接 LSR 协调 FEC/标记绑定信息,建立 LSP。对加上标记的分组,LSR 将不再进行任何第三层处理,只是依据分组上的标记,利用硬件电路在预先建立的 LSP 上执行高速的分组转发。

（4）标记分发协议(LDP)

它是 MPLS 中 LSP 的连接建立协议,用于在 LSR 之间交换 FEC/标记关联信息。LSR 使用 LDP 协议交换 FEC/标记绑定信息,建立从入口 LER 到出口 LER 的一条 LSP。但是 MPLS 并不限制已有的控制协议的使用,如 RSVP、BGP 等。

（5）标记交换路径(LSP)

一个从入口到出口的交换式路径,在功能上它等效于一个虚电路。在 MPLS 网络中,分组传输在 LSP(Label-Switched Path)上进行。一个 LSP 由一个标记序列标识,它由从源端到目的端的路径上的所有节点上的相应标记组成。LSP 可以在数据传输前建立(control-driven),也可以在检测到一个数据流后建立(data-driven)。

（6）标记信息库(LIB)

保存在一个 LSR(LER)中的标记映射表,在 LSR 中包含有 FEC/标记关联信息和关联端口以及介质的封装信息。

（7）转发等价类(FEC)

FEC 代表了有相同服务需求的分组的子集。对于子集中所有的分组,路由器采用同样的处理方式转发。例如,最常见的一种是 LER,它可根据分组的网络层地址确定其所属的 FEC,根据 FEC 为分组加上标记。

**2. MPLS 的体系结构**

MPLS 网络进行交换的核心思想是在网络边缘进行路由并打上标记,在网络核心进行标记交换。图 2.23 所示是一个 MPLS 网络的示意图。

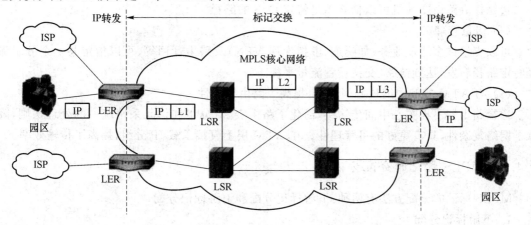

图 2.23　MPLS 网络结构示意图

由图 2.23 可见,组成 MPLS 网络的设备分为两类,即位于网络核心的 LSR 和位于网络边缘的 LER。构成 MPLS 网络的其他核心成分包括标记封装结构以及相关的信令协议,如 IP 路由协议和标记分配协议等。通过上述核心技术,MPLS 将面向连接的网络服务引入了 IP 骨干网中。

MPLS 属于多层交换技术,它主要由两部分组成:控制面和数据面。其主要特点如下:

(1) 控制面负责交换第三层的路由信息和分配标记。它的主要内容包括:采用标准的 IP 路由协议。例如,OSPF、IS-IS 和 BGP 等交换路由信息,创建和维护路由表 FIB(Forwarding Information Base);采用新定义的 LDP 协议或已有的 BGP、RSVP 等交换、创建并维护标记转发表 LIB(Label Information Base)和 LSP。

(2) 数据面负责基于 LIB 进行分组转发,其主要特点是采纳 ATM 的固定长标记交换技术进行分组转发,从而极大地简化了核心网络分组转发的处理过程,提高了传输效率。

**3. MPLS 网络执行标记交换步骤**

MPLS 网络执行标记交换需经历以下步骤:

(1) LSR 使用现有的 IP 路由协议获取到目的网络的可达性信息,维护并建立标准 IP 转发路由表 FIB。

(2) LSR 使用 LDP 协议建立 LIB。

(3) 入口 LER 接收分组,执行第三层的增值服务,并为分组标上标记。

(4) 核心 LSR 基于标记执行交换。

(5) 出口 LER 删除标记,转发分组到目的网络。

**4. MPLS 的特点**

MPLS 的特点如下。

(1) 简单转发

标记交换基于一个准确匹配的标记(4 B),小于传统 IP 头(20 B),有利于基于硬件高速转发。

(2) 采用等价转发类 FEC 增强可扩展性

FEC 具有会聚性,可以实现标签及路径的复用。路由决策更灵活,不需要 32 位 IP 地址比较,路由查找的速度加快,可以适应用户数量快速增长的需求。

(3) 基于 QoS 的路由

边缘标签路由交换机可以估算满足特定 QoS 的路径。

(4) 流量管理

可以支撑许多增值业务(如隧道、虚拟专网 VPN)及路由迂回等,可以指定某一个分组流经特定路径转发,达到链路、交换设备流量平衡。

(5) 与 ATM 或帧中继核心网结合,提高了路由扩展性

边缘路由器不再关心中间传输层,简化了路由表,对分组和信元采用统一的处理法则,降低了网络复杂性,具有更好的可管理性。在 ATM 层上直接承载 IP 分组,提高了传输效率。

## 2.4.2 MPLS 标记的分配方法

MPLS 标记的分配方法有两种:下游标记分配和上游标记分配。

**1. 下游标记分配**

下游分配的策略是指标记的分发沿着数据流传输的逆行方向进行。下游 LSR 为某个

FEC 分配一个标记,该 LSR 用所分配的标记作为本地交换表的索引。可以证明,这是单播通信量最自然的标记分发方式。以数据流驱动分配为例,当 LSR 构造自己的路由表时,它可以为每个路由表目的地自由地分配任意的标记,实现也很容易。然后,它将所指定的标记传递给上游邻节点,告诉上游 LSR 对以它为下一跳路由的流分配该标记为输出标记。这样当携带该标记的数据分组从上游传递过来时,就可以用该标记作为交换表索引指针,查到相应的输出标记和输出接口。大多数网络采用下游分配标签的方法。

下游分发的过程示意图如图 2.24 所示,对于某个到达的数据流,LSR1、LSR2、LSR3 均需要分配一个标记与之绑定,但该绑定信息的传递是由 LSR3 发起的,具体过程如下:首先 LSR3 分配一个标记与该 FEC 绑定,然后它把该绑定信息沿着分组转发的逆向路径分发给 LSR2;LSR2 接收到 LSR3 的绑定信息后,同样根据本地策略分配一个标记与该 FEC 绑定,并把该信息传输给上游的 LSR1,依此类推。

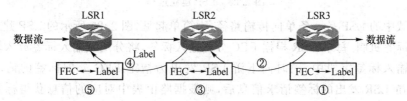

图 2.24　下游标记分发过程示意图

下游标记分发又可分为下游标记请求分发和标记主动分发。下游标记请求分发是指下游 LSR 在接收到上游 LSR 发出的“标记与 FEC 绑定请求”信息后,检查本地的标记映射表,如果已有标记与该 FEC 绑定,则把该标记绑定信息作为应答反馈给上游 LSR,否则在本地分配一个标记与该 FEC 绑定,并作为应答返回给上游 LSR。

下游标记主动分发是指在上游 LSR 未提出任何标记绑定请求的情况下,下游 LSR 把本地的标记绑定信息分发给上游 LSR。

**2. 上游标记分发**

上游标记分配是指标记的分发沿着数据流传输的方向进行。这时,上游 LSR 为下游 LSR 选择一个标记,下游 LSR 将用该标记解释分组的转发。在产生标记的 LSR 上,该标记不是本地交换表的索引,而是交换表的查找结果,即本地的输出标记。这种分发机制适合于多播情况,因为它允许对所有输出端口使用同样的标记。

## 2.4.3　报文在 MPLS 的转发

**1. 标签交换路径 LSP 的建立**

标签交换路径 LSP 是由 MPLS 内各个 LSR 使用传统的路由协议生成的路由表内容所确定的。对于一个 MPLS 报文,根据标签在 MPLS 网络中经过转发到达目的端所经过的路径与根据路由表内容进行第三层转发到达目的端所经过的路径是完全一致的。这两种方法的最大区别在于确定转发路径所进行的检索方法不同。标签交换转发是通过精确匹配标签来检索转发表,检索速度快,操作简单,适合硬件实现;路由转发则采用最长匹配报文目的 IP 地址来检索路由表,检索速度慢,准确性差。

标签交换路径 LSP 的建立首先是根据目的端地址信息通过路由协议生成路由表,这个过程称为选路。选路过程完毕后就建立了从源端到目的端的各个 LSR 的路由表,下一步是根据路由表在每个 LSR 中建立转发表的过程,这时使用前面讨论过的标签分发协议 LDP,MPLS

网络通过在各个 LSR 建立转发表构建了用于报文标签交换转发所经过的路径，即标签交换路径 LSP。图 2.25 说明了 LSP 的建立过程。

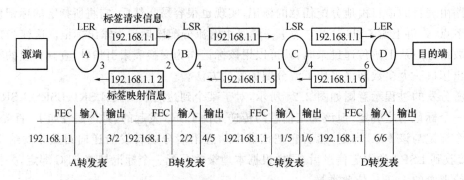

图 2.25  LSP 建立过程

MPLS 域中的 LSP 是一条单向传输路径，为简单起见，图 2.25 所示的 LSP 建立采用了下游按需分配标签机制，每个 LSR 根据 FEC 分配输入标签，将分配域输入标签放入转发表中对应数据项的输入标签字段中，同时向下游 LSR 发出为指定 FEC 分配标签的请求。当下游 LSR 收到上游 LSR 发出的标签请求信息后，则根据路由表中对应的信息获得标签信息并发送给上游 LSR。上游 LSR 收到标签信息后将标签放入转发表中对应于数据项的输入标签字段中，经过以上步骤，完成了转发表的建立。

需要注意的是，标签请求信息中发送了目的端地址 192.168.1.1，也就是采用了目的 IP 地址信息作为转发等价类 FEC，但在 MPLS 网络中，划分 FEC 的属性很多，可以是源端 IP 地址、服务优先级、TCP/UDP 端口号等。标签映射信息中包含了与指定的 FEC（目的端地址 192.168.1.1）绑定的标签信息。

在转发表中，对应每个 FEC，都有输入路径和输出路径两项内容，输入和输出路径又包含有物理端口号和标签值两项内容，在图中采用 $m/n$ 的表示方法，其中 $m$ 表示物理端口号，$n$ 表示标签值。

### 2. MPLS 报文在 MPLS 网络中的转发过程

MPLS 报文在 MPLS 网络中的转发过程如图 2.26 所示。

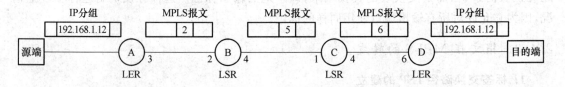

图 2.26  MPLS 转发过程示意图

图 2.26 中，IP 分组经路由器转发至 LSP 入口 LSR。在入口 LSR 处，根据 IP 分组的目的端地址，确定 IP 分组的转发等价类 FEC，再根据路由表得到标签和输出端口号。在此例中，IP 分组的标签是 2，输出端口号是 3。此时，LER A 将 IP 分组封装为 MPLS 报文格式，从指定端口输出。当 MPLS 报文到达下一个 LSR B 时，LSR 根据接收报文的标签查找转接表。在找到匹配项之后，在此例中可以得到输出端口为 4，标签是 5。将 MPLS 报文的标签 2 替换为输出标签 5，并将 MPLS 报文进行转发。在每个节点都完成相同的工作直到连接目的端的 LER D。LER D 将接收到的 MPLS 报文解封装，分离出 IP 分组，并将 IP 分组发送给目的终

端,从而完成 MPLS 网络对 IP 分组的传输过程。

# 2.5 软交换的基本原理

## 2.5.1 软交换的概述

### 1. 软交换技术产生的背景

20 世纪 90 年代中期,已有话音和数据两种不同类型的通信网络投入运营。即使是同一类型的网络也逐步打破了一个运营商独家经营的局面。不同运营商为了不断扩大自己的业务地盘,纷纷参与市场竞争,传统的通信网络框架已分崩离析。电信企业力图发展图像和计算机业务;有线电视企业积极发展计算机和电话业务;计算机企业则试图把活动图像和电话业务纳入自己的业务范围。这样,三网合一发展综合业务已成为必然。

在众多的业务中,传统电话业务的年增长率为 5%～10%,而数据业务的年增长率高达 25%～40%,且呈指数增长,特别是 WWW 业务的成功应用,Internet 由单纯的教育科研型网络转为公众信息网络,数据业务量不仅将超过电话,而且已进入包括声音和图像在内的多媒体通信领域。这种情况对传统 PSTN/ISDN 带来了直接影响,大量拨号上网用户长时间占用电路,造成网络资源紧张,正常电话接通率下降。

如何保持传统电信网的无处不在和高质量、高可靠性,同时又可以将用户转移到其他网络,实现异构网络的无缝连接和更广泛的业务和应用,是业务提供者和网络运营商致力的目标。

首先,实现上述思想的成功方案是 IP 电话。由于 IP 网传输时延不定,QoS 无法保证,为了支持实时电话业务,IETF 定义了实时协议(Real-Time Protocol,RTP)支持 QoS,定义了资源预留协议(Resource Reservation Protocol,RSVP)为呼叫保留网络资源。此外,IP 网是开放式的网络,为了保证网络安全,必须验证电话用户身份(即鉴权),对重要电话信息必须加密。此外还必须对电话用户通话进行计费。

目前,IP 电话的体系结构大体可分为两种,一种是基于 H.323 的 IP 电话体系结构,另一种是基于 SIP 的 IP 电话体系结构。基于 H.323 的 IP 电话网络由 IP 电话网关(GateWay,GW)和网守(GateKeeper,GK)组成,如图 2.27 所示。

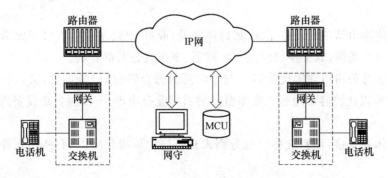

图 2.27　IP 电话系统的组成

图 2.27 中,GW 完成媒体信息编码转换和信令转换(No.7 至 H.323 或用户线信令到 H.323 的转换),GK 实现电话号码到 IP 地址的翻译、带宽管理、鉴权、网关定位等服务。多

点控制单元(Multipoint Control Unit,MCU)执行多点会议呼叫信息流的处理和控制。

在最初的 IP 电话网关设计中,信令处理、IP 网传输层地址交换、编码语音流的传送都在同一设备中实现。因此从表面看上去,最初的 IP 电话设备与传统电话一样,其交换都是由硬件来实现的,都是公认的"硬交换"。

后来,人们发现 IP 电话的用户语音流传输和 IP 电话的呼叫接续控制二者之间并没有必然的物理上的联系和依存关系,因此无须将媒体流的传输与呼叫的控制在物理上放在一起,可以将 IP 电话网关进行功能分解。分解后网关只负责不同网络的媒体格式的适配转换,故称之为媒体网关(MGW)。所有控制功能,包括呼叫控制、连接控制、接入控制和资源控制等功能由另外设置的独立的媒体网关控制器(MGC)负责。MGC 是与传统硬交换不同的"软交换"设备,这就是最初软交换(Soft Switch)概念的由来。这种思路实际上是回归了传统电信网集中控制的机制,即网关相当于终端设备,数量大而功能简单,MGC 相当于交换机,数量少而功能复杂。一个 MGC 可以控制多个网关。业务更新时只需要更新 MGC 软件,无须更改网关,这有利于快速引入新业务。

经过数年的探索,各电信设备制造厂商逐步认同上述分离控制的思想,积极开发各自的产品系列。不同制造商对 MGC 赋予不同的名称,如呼叫服务器(Call Server)、呼叫性能服务器(Call Feature Server)、呼叫代理(Call Agent)等。美国前贝尔通信研究所首先将此概念在 IETF 提出,并提出 MGW-MGC 之间的控制协议草案。其后,ITU-T 和 IETF 合作研究,制定了统一的控制协议标准,这就是著名的 H.248 协议。

由于 MGC 的基础功能是呼叫控制,其地位相当于电话网中的交换机,但是和普通交换机不同的是,MGC 并不具体负责话音信号的传送,只是向 MGW 发出指令,由后者完成话音信号的传送和格式转换,相当于 MGC 中只包含交换机的控制软件,而交换网络则位于 MGW 之中。因此,人们把 MGC 统称为"软交换机",以屏蔽不同厂商的名称差异,并由制造厂商和运营商联合发起成立了全球性的"国际软交换联盟"(ISC)论坛性组织,积极推行软交换技术及其应用。

**2. 软交换的特点**

软交换的特点如下:

(1) 智能化的软交换设备能方便地实现不同信令的转换,并具有开放接口和 API,方便新业务的产生。

(2) 呼叫传输由简单的设备完成,如媒体网关,或由 IP 终端设备直接完成端到端传输。

(3) 从运营方面讲,软交换的组网方案对新、老运营公司都有利。

(4) 传统运营公司用它实现 PSTN 与分组网的融合,保护传统投资,又具有创新能力;而新公司利用它可以比较容易地进入竞争激烈的通信业务市场,不需对传统设备进行巨大投资,没有资金压力。

(5) 协议体系众多,而且这些协议分别来自不同的标准化组织,有些相互补充,有些则相互竞争。

(6) 不同协议之间和不同厂家设备之间的互操作有问题。

(7) 实时业务的 QoS 保障问题、网络的有效集中管理问题尚待进一步解决。

总体上看,软交换作为发展方向已经获得业界的认同,获得普遍应用还需要一段时间。

## 2.5.2　软交换系统的网络结构和功能

**1. 软交换系统的网络结构**

软交换是为下一代网络中具有实时性要求的业务提供呼叫控制盒连接控制功能的实体，是下一代网络呼叫控制的核心，也是目前电路交换网向分组交换网演进的主要设备之一。基于软交换的网络分层模型如图 2.28 所示。

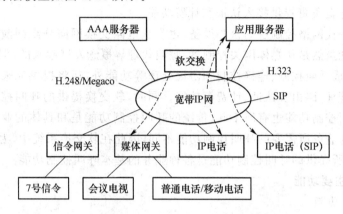

图 2.28　基于软交换的网络分层模型

在该体系结构中，网络从底向上划分成 4 层：边缘接入层、核心传送层、网络控制层和业务层。

（1）边缘接入层

边缘接入层负责将各种不同的网络和终端设备接入软交换体系结构，将各种业务量进行集中，并利用公共的传送平台传送到目的地。接入层的设备包括各种不同的网络、终端设备以及各种网关设备。这些网络或终端设备可以是公众交换电话网、ATM 网络、帧中继网络、移动网络、各种 IP 电话终端及模拟终端等，它们通过不同的网关或接入设备接入核心网络。

媒体网关负责将各种终端和接入网络接入核心分组网络，主要用于将一种网络中的媒体格式转换成另一种网络所要求的媒体格式，如在电路交换网络业务和分组网络（如 IP、ATM）媒体流之间进行转换。

信令网关提供 No.7 信令网和分组网之间信令的转换，其中包括综合业务用户部分、事物处理应用部分等协议的转换。信令网关通常和软交换设备合设在一处，也可单独设置。

（2）核心传送层

核心传送层对各种不同的业务和媒体流提供公共的传送平台。多采用分组的传送方式，目前比较公认的核心传送网为 IP 骨干网。其他各层如业务层、控制层、接入层都是直接挂接在 IP 骨干网上，在物理上都是 IP 骨干网的终端设备。这些设备之间的业务流和信令流都是通过 IP 传输的。

（3）网络控制层

网络控制层完成呼叫控制、路由、认证、资源管理等功能。其主要实体为软交换设备。软交换与媒体网关间的信令，可以使用 H.248/Megaco（Media Gateway Control Protocol），用于软交换对媒体网关的承载控制、资源控制及管理。软交换与 IP 电话设备间信令，可以使用 SIP 或 H.323。

（4）业务层

业务层/应用层在呼叫控制的基础上向最终用户提供各种增值业务,同时提供业务和网络的管理功能,该层的主要功能实体包括应用服务器、特征服务器、策略服务器、AAA(Authentication Authorization Accounting)服务器、目录服务器、数据库服务器、SCP(业务控制点)、网管及安全系统(提供安全保障)。其中,应用服务器(Application Server)负责各种增值业务的逻辑产生和管理,并提供开放的应用编程接口(API),为第三方业务的开发提供统一公共的创作平台;AAA服务器负责提供接入认证和计费功能。

软变换是下一代网络控制层的核心设备,也是从电路交换网向分组网演进的关键设备之一。软交换的概念虽然是从媒体网关控制器、呼叫代理等概念发展起来的,但它在功能上又进行了扩充,除了完成呼叫控制、连接控制和协议处理等功能外,还将提供原来由会议电话网守设备提供的资源管理、路由及认证、计费等功能。同时,软交换提供的呼叫控制功能与传统交换机所提供的呼叫控制功能也有所不同,传统的呼叫控制功能是和具体的业务紧密结合在一起的。由于不同的业务所需要的呼叫控制功能不同,因此在软交换系统中,为了便于各类新业务的引入,软变换所提供的呼叫控制功能是各种业务的基本呼叫控制功能。

**2. 软交换的主要功能**

（1）媒体接入功能

软交换可以通过H.248协议将各种媒体网关接入软交换系统,如中继媒体网关、ATM媒体网关综合接入媒体网关、无线媒体网关和数据媒体网关等。同时,软交换设备还可以利用H.323协议和回话启动协议(SIP)将H.323终端和SIP客户端终端接入软交换系统,以提供相应的服务。

（2）呼叫控制功能

呼叫控制功能是软交换的重要功能之一,它为基本呼叫的建立、维持和释放提供控制功能,包括呼叫处理、连接控制、智能呼叫出发检出和资源控制等。可以说呼叫控制功能是整个网络的灵魂。

（3）业务提供功能

由于软交换系统既要兼顾现有网络业务的互通,又要兼顾下一代网络业务的发展,因此软交换能实现现有PSTN/ISDN交换机所提供的全部业务;同时,还可以与现有智能网配合提供现有智能网的业务。

（4）互连互通功能

目前,在IP网上提供实时多媒体业务可以基于H.323协议和SIP协议两种体系结构,两者均可完成呼叫建立、呼叫释放、业务提供和能力协商等功能。软交换能够同时支持这两种协议体系结构,并实现两种体系结构网络和业务的互通。另外,为了沿用已有的智能业务和PSTN业务,软交换还应该提供与智能网及PSTN的互通。

（5）资源管理功能

软交换可以对网络资源进行分配和管理。

（6）认证和计费功能

软交换可以对接入软交换系统的设备进行认证、授权和地址解析,同时还可以向计费服务器提供呼叫详细话单。

# 第3章　计算机互联网技术

## 3.1　计算机网络分类

常见的计算机网络分类方法有如下几种。

- 按网络的覆盖范围与规模,可以将计算机互联网分为:局域网、城域网和广域网。
- 按传输介质划分,可以将计算机互联网分为:有线网(指采用双绞线来连接的计算机网络)、光纤网(采用光导纤维作为传输介质)和无线网(采用一种电磁波作为载体来实现数据传输的网络类型)。
- 按数据交换方式划分,可以将计算机互联网分为:电路交换网、报文交换网和分组交换网。
- 按通信方式划分,可以将计算机互联网分为:广播式传输网络和点到点式传输网络。
- 按服务方式划分,可以将计算机互联网分为:客户机/服务器网络和对等网。

目前局域网主要是以双绞线为代表传输介质的以太网,在网络发展的早期或在其他各行各业中,因其行业特点各不相同所采用的局域网也不尽相同。在这些局域网中常见的有:以太网(Ethernet)、令牌网(Token Ring)、FDDI网、异步传输模式网(ATM)等几类,下面分别做一些简要介绍。

### 3.1.1　以太网

以太网最早是由Xerox(施乐)公司创建的,在1980年由DEC、Intel和Xerox三家公司联合开发为一个标准。以太网是应用最为广泛的局域网,包括标准以太网(10 Mbit/s)、快速以太网(100 Mbit/s)、千兆以太网(1 000 Mbit/s)和10 G以太网,它们都符合IEEE 802.3系列标准规范。

**1. 标准以太网**

最开始以太网只有10 Mbit/s的吞吐量,它所使用的是CSMA/CD(带有冲突检测的载波侦听多路访问)的访问控制方法,通常把这种最早期的10 Mbit/s以太网称为标准以太网。以太网主要有两种传输介质:双绞线和同轴电缆。所有的以太网都遵循IEEE 802.3标准,下面列出是IEEE 802.3的一些以太网络标准,在这些标准中前面的数字表示传输速度,单位是"Mbit/s",最后的一个数字表示单段网线长度(基准单位是100 m),Base表示"基带"的意思,Broad代表"宽带"。

(1) 10Base-5使用粗同轴电缆,最大网段长度为500 m,基带传输方法。

(2) 10Base-2使用细同轴电缆,最大网段长度为185 m,基带传输方法。

(3) 10Base-T使用双绞线电缆,最大网段长度为100 m。

(4) 1Base-5使用双绞线电缆,最大网段长度为500 m,传输速度为1 Mbit/s。

(5) 10Broad-36使用同轴电缆(RG-59/U CATV),最大网段长度为3 600 m,是一种宽带传输方式。

(6) 10Base-F 使用光纤传输介质,传输速率为 10 Mbit/s。

**2. 快速以太网**

随着网络的发展,传统标准的以太网技术已难以满足日益增长的网络数据流量速度需求。在 1993 年 10 月以前,对于要求 10 Mbit/s 以上数据流量的 LAN 应用,只有光纤分布式数据接口(FDDI)可供选择,但它是一种价格非常昂贵的、基于 100 Mbit/s 光缆的 LAN。1993 年 10 月,Grand Junction 公司推出了世界上第一台快速以太网集线器 FastSwitch10/100 和网络接口卡 FastNIC100,快速以太网技术正式得以应用。随后,Intel、SynOptics、3COM、BayNet-works 等公司亦相继推出自己的快速以太网装置。与此同时,IEEE 802 工程组亦对 100 Mbit/s 以太网的各种标准,如 100BASE-TX、100BASE-T4、MII、中继器、全双工等标准进行了研究。1995 年 3 月 IEEE 宣布了 IEEE 802.3u 100BASE-T 快速以太网标准(Fast Ethernet),就这样开始了快速以太网的时代。

与原来在 100 Mbit/s 带宽下工作的 FDDI 相比,快速以太网具有许多的优点。最主要体现在快速以太网技术可以有效地保障用户在布线基础实施上的投资,它支持 3、4、5 类双绞线以及光纤的连接,能有效地利用现有的设施。

快速以太网的不足其实也是以太网技术的不足,那就是快速以太网仍是基于载波侦听多路访问和冲突检测(CSMA/CD)技术,当网络负载较重时,会造成效率的降低,当然这可以使用交换技术来弥补。

100 Mbit/s 快速以太网标准又分为:100BASE-TX 、100BASE-FX、100BASE-T4 三个子类。

(1) 100BASE-TX:这是一种使用 5 类数据级无屏蔽双绞线或屏蔽双绞线的快速以太网技术。它使用两对双绞线,一对用于发送,一对用于接收数据。在传输中使用 4B/5B 编码方式,信号频率为 125MHz。符合 EIA586 的 5 类布线标准和 IBM 的 SPT 1 类布线标准。使用同 10BASE-T 相同的 RJ-45 连接器。它的最大网段长度为 100 m。它支持全双工的数据传输。

(2) 100BASE-FX:这是一种使用光缆的快速以太网技术,可使用单模和多模光纤(62.5 $\mu$m 和 125 $\mu$m) 多模光纤连接的最大距离为 550 m。单模光纤连接的最大距离为 3 000 m。在传输中使用 4B/5B 编码方式,信号频率为 125 MHz。它使用 MIC/FDDI 连接器、ST 连接器或 SC 连接器。它的最大网段长度为 150 m、412 m、2 000 m 或更长至 10 km,这与所使用的光纤类型和工作模式有关,它支持全双工的数据传输。100BASE-FX 特别适合于有电气干扰的环境,较大距离的连接,高保密的环境等情况。

(3) 100BASE-T4:这是一种可使用 3、4、5 类无屏蔽双绞线或屏蔽双绞线的快速以太网技术。它使用 4 对双绞线,3 对用于传送数据,1 对用于检测冲突信号。在传输中使用 8B/6T 编码方式,信号频率为 25 MHz,符合 EIA586 结构化布线标准。它使用与 10BASE-T 相同的 RJ-45 连接器,最大网段长度为 100 m。

**3. 千兆以太网**

随着以太网技术的深入应用和发展,企业用户对网络连接速度的要求越来越高,1995 年 11 月,IEEE 802.3 工作组委任了一个高速研究组(Higher Speed Study Group),研究将快速以太网速度增至更高。该研究组研究了将快速以太网速度增至 1 000 Mbit/s 的可行性和方法。1996 年 6 月,IEEE 标准委员会批准了千兆位以太网方案授权申请(Gigabit Ethernet Project Authorization Request)。随后 IEEE 802.3 工作组成立了 802.3z 工作委员会。IEEE

802.3z 委员会的目的是建立千兆位以太网标准,包括:在 1 000 Mbit/s 通信速率的情况下的全双工和半双工操作;802.3 以太网帧格式;载波侦听多路访问和冲突检测(CSMA/CD)技术;在一个冲突域中支持一个中继器(Repeater);10BASE-T 和 100BASE-T 向下兼容技术千兆位以太网具有以太网的易移植、易管理特性。千兆以太网在处理新应用和新数据类型方面具有灵活性,它是在赢得了巨大成功的 10 Mbit/s 和 100 Mbit/s IEEE 802.3 以太网标准的基础上的延伸,提供了 1 000 Mbit/s 的数据带宽。这使千兆位以太网成为高速、宽带网络应用的战略性选择。

　　1 000 Mbit/s 千兆以太网主要有以下三种技术版本:1000BASE-SX,1000BASE-LX 和 1000BASE-CX 版本。1000BASE-SX 系列采用低成本短波的 CD(Compact Disc,光盘激光器)或者 VCSEL(Vertical Cavity Surface Emitting Laser,垂直腔体表面发光激光器)发送器;而 1000BASE-LX 系列则使用相对昂贵的长波激光器;1000BASE-CX 系列则打算在配线间使用短跳线电缆把高性能服务器和高速外围设备连接起来。

**4. 10 G 以太网**

　　10 G 的以太网标准已经由 IEEE 802.3 工作组于 2000 年正式制定,10 G 以太网仍使用与以往 10 Mbit/s 和 100 Mbit/s 以太网相同的形式,它允许直接升级到高速网络。同样使用 IEEE 802.3 标准的帧格式、全双工业务和流量控制方式。在半双工方式下,10 G 以太网使用基本的 CSMA/CD 访问方式来解决共享介质的冲突问题。此外,10 G 以太网使用由 IEEE 802.3 小组定义了和以太网相同的管理对象。总之,10 G 以太网仍然是以太网,只不过更快。但由于 10 G 以太网技术的复杂性及原来传输介质的兼容性问题(只能在光纤上传输,与原来企业常用的双绞线不兼容了),还有这类设备造价太高(一般为 2 万~9 万美元),所以这类以太网技术还处于研发的初级阶段,还没有得到实质应用。

## 3.1.2　令牌环网

　　令牌环网是 IBM 公司于 20 世纪 70 年代发展的,这种网络比较少见。在老式的令牌环网中,数据传输速度为 4 Mbit/s 或 16 Mbit/s,新型的快速令牌环网速度可达 100 Mbit/s。令牌环网的传输方法在物理上采用了星形拓扑结构,但逻辑上仍是环形拓扑结构。节点间采用多站访问部件(Multistation Access Unit,MAU)连接在一起。MAU 是一种专业化集线器,它是用来围绕工作站计算机的环路进行传输。由于数据包看起来像在环中传输,所以在工作站和 MAU 中没有终结器。

　　在这种网络中,有一种专门的帧称为"令牌",在环路上持续地传输来确定一个节点何时可以发送包。令牌为 24 位长,有 3 个 8 位的域,分别是首定界符(Start Delimiter,SD)、访问控制(Access Control,AC)和终定界符(End Delimiter,ED)。首定界符是一种与众不同的信号模式,作为一种非数据信号表现出来,用途是防止它被解释成其他东西。这种独特的 8 位组合只能被识别为帧首标识符(SOF)。由于以太网技术发展迅速,令牌网存在固有缺点,令牌在整个计算机局域网已不多见,原来提供令牌网设备的厂商多数也退出了市场,所以在局域网市场中令牌网可以说是"明日黄花"了。

## 3.1.3　FDDI 网

　　FDDI 的英文全称为"Fiber Distributed Data Interface",中文名为"光纤分布式数据接口",它是 20 世纪 80 年代中期发展起来一项局域网技术,它提供的高速数据通信能力要高于当时的以太网(10 Mbit/s)和令牌网(4 Mbit/s 或 16 Mbit/s)的能力。FDDI 标准由 ANSI X3T9.5 标准委员会制定,为繁忙网络上的高容量输入输出提供了一种访问方法。FDDI 技术同 IBM 的 Token Ring 技术相似,并具有 LAN 和 Token Ring 所缺乏的管理、控制和可靠性措施,FDDI 支持长达 2 km 的多模光纤。FDDI 网络的主要缺点是价格同前面所介绍的"快速以太网"相比贵许多,且因为它只支持光缆和 5 类电缆,所以使用环境受到限制,从以太网升级更是面临大量移植问题。

当数据以 100 Mbit/s 的速度输入输出时,FDDI 与 10 Mbit/s 的以太网和令牌环网相比性能有相当大的改进。但是随着快速以太网和千兆以太网技术的发展,用 FDDI 的人越来越少了。因为 FDDI 使用的通信介质是光纤,这一点它比快速以太网及 100 Mbit/s 令牌网传输介质要贵许多,然而 FDDI 最常见的应用只是提供对网络服务器的快速访问,所以在 FDDI 技术并没有得到充分的认可和广泛的应用。

FDDI 的访问方法与令牌环网的访问方法类似,在网络通信中均采用"令牌"传递。它与标准的令牌环又有所不同,主要在于 FDDI 使用定时的令牌访问方法。FDDI 令牌沿网络环路从一个节点向另一个节点移动,如果某节点不需要传输数据,FDDI 将获取令牌并将其发送到下一个节点中。如果处理令牌的节点需要传输,那么在指定的称为"目标令牌循环时间"(Target Token Rotation Time,TTRT)的时间内,它可以按照用户的需求来发送尽可能多的帧。因为 FDDI 采用的是定时的令牌方法,所以在给定时间中,来自多个节点的多个帧可能都在网络上,以为用户提供高容量的通信。

FDDI 可以发送两种类型的包:同步的和异步的。同步通信用于要求连续进行且对时间敏感的传输(如音频、视频和多媒体通信);异步通信用于不要求连续脉冲串的普通的数据传输。在给定的网络中,TTRT 等于某节点同步传输需要的总时间加上最大的帧在网络上沿环路进行传输的时间。FDDI 使用两条环路,所以当其中一条出现故障时,数据可以从另一条环路上到达目的地。连接到 FDDI 的节点主要有两类,即 A 类和 B 类。A 类节点与两个环路都有连接,由网络设备如集线器等组成,并具备重新配置环路结构以在网络崩溃时使用单个环路的能力;B 类节点通过 A 类节点的设备连接在 FDDI 网络上,B 类节点包括服务器或工作站等。

### 3.1.4 ATM 网

ATM 的英文全称为"Asynchronous Transfer Mode",中文名为"异步传输模式",它的开发始于 20 世纪 70 年代后期。ATM 是一种较新型的单元交换技术,同以太网、令牌环网、FDDI 网络等使用可变长度包技术不同,ATM 使用 53 B 固定长度的单元进行交换。它是一种交换技术,它没有共享介质或包传递带来的延时,非常适合音频和视频数据的传输。ATM 主要具有以下优点:

(1) ATM 使用相同的数据单元,可实现广域网和局域网的无缝连接。

(2) ATM 支持 VLAN(虚拟局域网)功能,可以对网络进行灵活的管理和配置。

(3) ATM 具有不同的速率,分别为 25 Mbit/s、51 Mbit/s、155 Mbit/s、622 Mbit/s,从而为不同的应用提供不同的速率。

ATM 是采用"信元交换"来替代"包交换"进行实验,发现信元交换的速度是非常快的。信元交换将一个简短的指示器称为虚拟通道标识符,并将其放在 TDM 时间片的开始。这使得设备能够将它的比特流异步地放在一个 ATM 通信通道上,使得通信变得能够预知且持续,这样就为时间敏感的通信提供了一个预 QoS,这种方式主要用在视频和音频上。通信可以预知的另一个原因是 ATM 采用的是固定的信元尺寸。ATM 通道是虚拟的电路,并且 MAN 传输速度能够达到 10 Gbit/s。由于在前面章节已经详细介绍,这里就不再赘述。

### 3.1.5　无线局域网

无线局域网(Wireless Local Area Network,WLAN)是目前最新,也是最为热门的一种局域网,特别是自 Intel 推出首款自带无线网络模块的迅驰笔记本处理器以来。无线局域网与传统的局域网主要不同之处就是传输介质不同,传统局域网都是通过有形的传输介质进行连接的,如同轴电缆、双绞线和光纤等,而无线局域网则是采用空气作为传输介质的。正因为它摆脱了有形传输介质的束缚,所以这种局域网的最大特点就是自由,只要在网络的覆盖范围内,可以在任何一个地方与服务器及其他工作站连接,而不需要重新铺设电缆。这一特点非常适合那些移动办公一簇,有时在机场、宾馆、酒店等(通常把这些地方称为"热点"),只要无线网络能够覆盖到,它都可以随时随地连接上无线网络,甚至 Internet。

无线局域网所采用的是 802.11 系列标准,它也是由 IEEE 802 标准委员会制定的。这一系列主要有 4 个标准,分别为:802.11b(ISM 2.4 GHz)、802.11a(5 GHz)、802.11g(ISM 2.4 GHz)和 802.11z,前三个标准都是针对传输速度进行的改进,最开始推出的是 802.11b,它的传输速度为 11 Mbit/s,因为它的连接速度比较低,随后推出了 802.11a 标准,它的连接速度可达 54 Mbit/s。但由于两者不互相兼容,致使一些早已购买 802.11b 标准的无线网络设备在新的 802.11a 网络中不能用,所以在正式推出了兼容 802.11b 与 802.11a 两种标准的 802.11g,这样原有的 802.11b 和 802.11a 两种标准的设备都可以在同一网络中使用。802.11z 是一种专门为了加强无线局域网安全的标准。因为无线局域网的"无线"特点,致使任何进入此网络覆盖区的用户都可以轻松以临时用户身份进入网络,给网络带来了极大的不安全因素(常见的安全漏洞有:SSID 广播、数据以明文传输及未采取任何认证或加密措施等)。为此 802.11z 标准专门就无线网络的安全性方面做了明确规定,加强了用户身份认证制度,并对传输的数据进行加密。所使用的方法/算法有:WEP(RC4-128 预共享密钥),WPA/WPA2(802.11 RADIUS 集中式身份认证,使用 TKIP 与/或 AES 加密算法)与 WPA(预共享密钥)。

## 3.2　计算机网络发展

计算机网络发展经历了如下几个阶段:

(1) 第一代计算机网络——远程终端联机阶段。

(2) 第二代计算机——计算机网络阶段。

(3) 第三代计算机网络——计算机网络互联阶段。

(4) 第四代计算机网络——国际互联网与信息高速公路阶段。

计算机网络发展的早期,人们开始将彼此独立发展的计算机技术与通信技术结合起来,完成了数据通信与计算机通信网络的研究,为计算机网络的出现做好了技术准备,奠定了理论基础。20 世纪 60 年代,美苏"冷战"期间,美国国防部领导的远景研究规划局 ARPA 提出要研制一种崭新的网络对付来自苏联的核攻击威胁。因为当时,传统的电路交换的电信网虽已经四通八达,但战争期间,一旦正在通信的电路有一个交换机或链路被炸,则整个通信电路就要中断,如要立即改用其他迂回电路,还必须重新拨号建立连接,这将要延误一些时间。这个新型

网络必须满足一些基本要求:

(1) 不是为了打电话,而是用于计算机之间的数据传送。

(2) 能连接不同类型的计算机。

(3) 所有的网络节点都同等重要,这就大大提高了网络的生存性。

(4) 计算机在通信时,必须有迂回路由。当链路或节点被破坏时,迂回路由能使正在进行的通信自动地找到合适的路由。

(5) 网络结构要尽可能地简单,但要非常可靠地传送数据。

根据这些要求,一批专家设计出了使用分组交换的新型计算机网络。而且,用电路交换来传送计算机数据,其线路的传输速率往往很低。因为计算机数据是突发式地出现在传输线路上的,比如,当用户阅读终端屏幕上的信息或用键盘输入和编辑一份文件时或计算机正在进行处理而结果尚未返回时,宝贵的通信线路资源就被浪费了。

分组交换是采用存储转发技术把欲发送的报文分成一个个的"分组",在网络中传送。分组的首部是重要的控制信息,因此分组交换的特征是基于标记的。分组交换网由若干个节点交换机和连接这些交换机的链路组成。从概念上讲,一个节点交换机就是一个小型的计算机,但主机是为用户进行信息处理的,节点交换机是进行分组交换的。每个节点交换机都有两组端口,一组是与计算机相连,链路的速率较低。一组是与高速链路和网络中的其他节点交换机相连。注意,既然节点交换机是计算机,那输入和输出端口之间是没有直接连线的,它的处理过程是:将收到的分组先放入缓存,节点交换机暂存的是短分组,而不是整个长报文,短分组暂存在交换机的存储器(即内存)中而不是存储在磁盘中,这就保证了较高的交换速率。再查找转发表,找出到某个目的地址应从哪个端口转发,然后由交换机构将该分组递给适当的端口转发出去。各节点交换机之间也要经常交换路由信息,但这是为了进行路由选择,当某段链路的通信量太大或中断时,节点交换机中运行的路由选择协议能自动找到其他路径转发分组。当分组在某链路时,其他段的通信链路并不被通信的双方所占用,即使是这段链路,只有当分组在此链路传送时才被占用,在各分组传送之间的空闲时间,该链路仍可为其他主机发送分组。这大大提高了通信线路资源利用率。可见采用存储转发的分组交换实质上是采用了在数据通信的过程中动态分配传输带宽的策略。Internet的基础结构大体经历了三个阶段的演进,这三个阶段在时间上有部分重叠。

(1) 从单个网络 ARPAnet 向互联网发展:1969 年美国国防部创建了第一个分组交换网。ARPAnet 只是一个单个的分组交换网,所有想连接在它上的主机都直接与就近的节点交换机相连,它规模增长很快,到 20 世纪 70 年代中期,人们认识到仅使用一个单独的网络无法满足所有的通信问题。于是 ARPA 开始研究很多网络互联的技术,这就导致后来的互联网的出现。1983 年 TCP/IP 协议称为 ARPAnet 的标准协议。同年,ARPAnet 分解成两个网络:一个是进行试验研究用的科研网 ARPAnet,另一个是军用的计算机网络 MILnet。1990 年,ARPAnet 因试验任务完成正式宣布关闭。

(2) 建立三级结构的因特网:1985 年起,美国国家科学基金会 NSF 就认识到计算机网络对科学研究的重要性,1986 年,NSF 围绕六个大型计算机中心建设计算机网络 NSFnet,它是个三级网络,分主干网、地区网、校园网。它代替 ARPAnet 成为 Internet 的主要部分。1991年,NSF 和美国政府认识到因特网不会限于大学和研究机构,于是支持地方网络接入,许多公司的纷纷加入,使网络的信息量急剧增加,美国政府就决定将因特网的主干网转交给私人公司经营,并开始对接入因特网的单位收费。

（3）多级结构因特网的形成：1993 年开始，美国政府资助的 NSFnet 就逐渐被若干个商用的因特网主干网替代，这种主干网也叫因特网辅助提供者 ISP，考虑到因特网商用化后可能出现很多的 ISP，为了使不同 ISP 经营的网络能够互通，在 1994 创建了 4 个网络接入点 NAP 分别由 4 个电信公司经营，21 世纪初，美国的 NAP 达到了十几个。NAP 是最高级的接入点，它主要是向不同的 ISP 提供交换设备，使它们相互通信。因特网已经很难对其网络结构给出很精细的描述，但大致可分为五个接入级：网络接入点 NAP，多个公司经营的国家主干网，地区 ISP，本地 ISP，校园、企业或家庭 PC 上网用户。

为什么会建立这么多的计算机网络，主要还是因为计算机网络的运用受到个人和公司的青睐。

（1）商业运用
- 主要是实现资源共享（Resource Sharing）最终打破地理位置束缚（Tyranny of Geography），主要运用客户-服务器模型（Client-server Model）。
- 提供强大的通信媒介（Communication Medium），如电子邮件（E-mail）、视频会议。
- 电子商务活动。例如，各种不同供应商购买子系统，然后再将这些部件组装起来。
- 通过 Internet 与客户做各种交易。例如，在家里购买商品或者服务。

（2）家庭运用
- 访问远程信息。例如，浏览 Web 页面获得艺术、商务、烹饪、政府、健康、历史、爱好、娱乐、科学、运动、旅游等信息。
- 个人之间的通信。例如，即时消息（Instant Messaging）运用 QQ、MSN、YY、聊天室、对等通信（Peer-to-Communication）（通过中心数据库共享各大网盘，但是容易造成侵犯版权）。
- 交互式娱乐。例如，视频点播、即时评论及参加活动（电视直播网络互动）、网络游戏。
- 广义的电子商务。例如，电子方式支付账单、管理银行账户、处理投资。

（3）移动用户
以无线网络为基础的移动用户包括如下几个方面。
- 可移动的计算机：笔记本电脑、PDA、3G 手机。
- 军事：一场战争不可能靠局域网设备通信。
- 运货车队、出租车、快递专车等应用。

（4）社会问题
网络的广泛运用已经导致了新的社会、伦理和政治问题。

# 3.3 OSI 参考模型

## 3.3.1 OSI 模型的组成

OSI（Open Source Initiative，开放源代码促进会或开放原始码组织）是一个旨在推动开源软件发展的非营利组织。OSI 参考模型（OSI/RM）的全称是开放系统互连参考模型（Open System Interconnection Reference Model，OSI/RM），它是由国际标准化组织 ISO 提出的一个网络系统互连模型。它是网络技术的基础，也是分析、评判各种网络技术的依据，它揭开了网络的神秘面纱，让其有理可依，有据可循。

模型把网络通信的工作分为 7 层。1～4 层被认为是低层,这些层与数据移动密切相关。5～7 层是高层,包含应用程序级的数据。每一层负责一项具体的工作,然后把数据传送到下一层。如图 3.1 所示,网络通信由低到高具体分为:物理层、数据链路层、网络层、传输层、会话层、表示层和应用层。

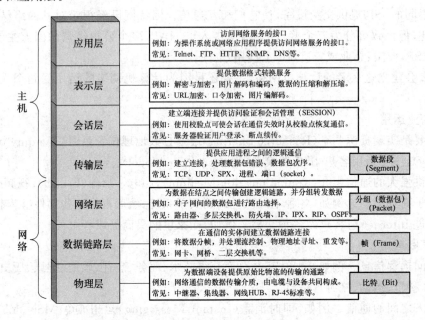

图 3.1　OSI 模型基础知识速览

- 第 7 层(应用层)——直接对应用程序提供服务,应用程序可以变化,但要包括电子消息传输。
- 第 6 层(表示层)——格式化数据,以便为应用程序提供通用接口。这可以包括加密服务。
- 第 5 层(会话层)——在两个节点之间建立端连接。此服务包括建立连接是以全双工还是以半双工的方式进行设置,尽管可以在层 4 中处理双工方式。
- 第 4 层(传输层)——常规数据递送,面向连接或无连接,包括全双工或半双工、流控制和错误恢复服务。
- 第 3 层(网络层)——本层通过寻址来建立两个节点之间的连接,它包括通过互联网络来传输数据。
- 第 2 层(数据链路层)——在此层将数据分帧,并处理流控制。本层指定拓扑结构并提供硬件寻址。
- 第 1 层物理层——原始比特流的传输。

电子信号传输和硬件接口数据发送时,从第七层传到第一层,接收方则相反。

各层对应的典型设备如下:

- 应用层——计算机:应用程序,如 FTP、SMTP、HTTP。
- 表示层——计算机:编码方式、图像编解码、URL 字段传输编码。
- 会话层——计算机:建立会话、SESSION 认证、断点续传。
- 传输层——计算机:进程和端口。
- 网络层——网络:路由器、防火墙、多层交换机。

- 数据链路层——网络：网卡、网桥、交换机。
- 物理层——网络：中继器、集线器、网线、HUB。

世界上第一个网络体系结构由 IBM 公司提出（1974 年，SNA），以后其他公司也相继提出自己的网络体系结构，如 Digital 公司的 DNA，美国国防部的 TCP/IP 等。多种网络体系结构并存，其结果是若采用 IBM 的结构，只能选用 IBM 的产品，只能与同种结构的网络互连。

为了促进计算机网络的发展，国际标准化组织 ISO 于 1977 年成立了一个委员会，在现有网络的基础上，提出了不基于具体机型、操作系统或公司的网络体系结构，称为开放系统互联模型（Open System Interconnection，OSI）

## 3.3.2 OSI 的设计目的

OSI 模型的设计目的是成为一个所有销售商都能实现的开放网络模型，来克服使用众多私有网络模型所带来的困难和低效性。OSI 是在一个备受尊敬的国际标准团体的参与下完成的，这个组织就是 ISO（国际标准化组织）。什么是 OSI，OSI 是 Open System Interconnection 的缩写，意为开放式系统互联参考模型。在 OSI 出现之前，计算机网络中存在众多的体系结构，其中以 IBM 公司的 SNA（系统网络体系结构）和 DEC 公司的 DNA（Digital Network Architecture）数字网络体系结构最为著名。为了解决不同体系结构的网络的互联问题，国际标准化组织 ISO（注意不要与 OSI 搞混）于 1981 年制定了开放系统互连参考模型（Open System Interconnection Reference Model，OSI/RM）。这个模型把网络通信的工作分为 7 层，它们由低到高分别是物理层（Physical Layer）、数据链路层（Data Link Layer）、网络层（Network Layer）、传输层（Transport Layer）、会话层（Session Layer）、表示层（Presentation Layer）和应用层（Application Layer）。第一层到第三层属于 OSI 参考模型的低三层，负责创建网络通信连接的链路；第四层到第七层为 OSI 参考模型的高四层，具体负责端到端的数据通信。每层完成一定的功能，每层都直接为其上层提供服务，并且所有层次都互相支持，而网络通信则可以自上而下（在发送端）或者自下而上（在接收端）双向进行。当然并不是每一通信都需要经过 OSI 的全部七层，有的甚至只需要双方对应的某一层即可。物理接口之间的转接，以及中继器与中继器之间的连接就只需在物理层中进行即可；而路由器与路由器之间的连接则只需经过网络层以下的三层即可。总的来说，双方的通信是在对等层次上进行的，不能在不对称层次上进行通信。

OSI 标准制定过程中采用的方法是将整个庞大而复杂的问题划分为若干个容易处理的小问题，这就是分层的体系结构办法。在 OSI 中，采用了三级抽象，即体系结构、服务定义、协议规格说明。

（1）OSI 划分层次的原则
- 网络中各节点都有相同的层次；
- 不同节点相同层次具有相同的功能；
- 同一节点相邻层间通过接口通信；
- 每一层可以使用下层提供的服务，并向上层提供服务；
- 不同节点的同等层间通过协议来实现对等层间的通信。

（2）协议数据单元 PDU

SI 参考模型中，对等层协议之间交换的信息单元统称为协议数据单元（Protocol Data Unit，PDU）。

而传输层及以下各层的 PDU 另外还有各自特定的名称:

- 传输层——数据段(Segment)。
- 网络层——分组(数据包)(Packet)。
- 数据链路层——数据帧(Frame)。
- 物理层——比特(Bit)。

### 3.3.3 OSI 的七层结构的具体功能

OSI 的七层结构的具体功能如下。

(1) 第一层:物理层(Physical Layer)

规定通信设备的机械的、电气的、功能的和过程的特性,用以建立、维护和拆除物理链路连接。具体地讲,机械特性规定了网络连接时所需接插件的规格尺寸、引脚数量和排列情况等;电气特性规定了在物理连接上传输比特流时线路上信号电平的大小、阻抗匹配、传输速率距离限制等;功能特性是指对各个信号先分配确切的信号含义,即定义了 DTE 和 DCE 之间各个线路的功能;过程特性定义了利用信号线进行比特流传输的一组操作规程,是指在物理连接的建立、维护、交换信息时,DTE 和 DCE 双方在各电路上的动作系列。在这一层,数据的单位称为比特(bit)。属于物理层定义的典型规范代表包括:EIA/TIA RS-232、EIA/TIA RS-449、V.35、RJ-45 等。

物理层的主要功能:

- 为数据端设备提供传送数据的通路。数据通路可以是一个物理媒体,也可以是多个物理媒体连接而成。一次完整的数据传输,包括激活物理连接,传送数据,终止物理连接。所谓激活,就是不管有多少物理媒体参与,都要在通信的两个数据终端设备间连接起来,形成一条通路。

- 传输数据。物理层要形成适合数据传输需要的实体,为数据传送服务。一是要保证数据能在其上正确通过,二是要提供足够的带宽(带宽是指每秒钟内能通过的比特数),以减少信道上的拥塞。传输数据的方式能满足点到点,一点到多点,串行或并行,半双工或全双工,同步或异步传输的需要,完成物理层的一些管理工作。

物理层的主要设备有:中继器、集线器。产品代表如图 3.2 所示。

图 3.2　TP-LINK TL-HP8MU 集线器

(2) 第二层:数据链路层(Data Link Layer)

在物理层提供比特流服务的基础上,建立相邻节点之间的数据链路,通过差错控制提供数据帧在信道上无差错的传输。数据链路层在不可靠的物理介质上提供可靠的传输。该层的作用包括:物理地址寻址、数据的成帧、流量控制、数据的检错、重发等。在这一层,数据的单位称为帧(Frame)。数据链路层协议的代表包括 SDLC、HDLC、PPP、STP、帧中继等。链路层的主

要功能:链路层是为网络层提供数据传送服务的,这种服务要依靠本层具备的功能来实现。链路层应具备如下功能:

- 链路连接的建立,拆除,分离。
- 帧定界和帧同步。链路层的数据传输单元是帧,协议不同,帧的长短和界面也有差别,但无论如何必须对帧进行定界。
- 顺序控制,指对帧的收发顺序的控制。
- 差错检测和恢复,还有链路标识,流量控制等。差错检测多用方阵码校验和循环码校验来检测信道上数据的误码,而帧丢失等用序号检测。各种错误的恢复则常靠反馈重发技术来完成。

数据链路层的主要设备有:二层交换机、网桥。产品代表如图 3.3 所示。

图 3.3　D-Link DES-1024D

(3) 第三层:网络层(Network Layer)

在计算机网络中进行通信的两个计算机之间可能会经过很多个数据链路,也可能还要经过很多通信子网。网络层的任务就是选择合适的网间路由和交换节点,确保数据及时传送。网络层将数据链路层提供的帧组成数据包,包中封装有网络层包头,其中含有逻辑地址信息——源站点和目的站点地址的网络地址。

谈论一个 IP 地址时,通常是在处理第三层的问题,这是“数据包”问题,而不是第二层的“帧”。IP 是第三层问题的一部分,此外还有一些路由协议和地址解析协议(ARP)。有关路由的一切事情都在第三层处理。地址解析和路由是第三层的重要目的。网络层还可以实现拥塞控制、网际互联等功能。在这一层,数据的单位称为数据包(packet)。网络层协议的代表包括:IP、IPX、RIP、OSPF 等。

网络层为建立网络连接和为上层提供服务,应具备以下主要功能:

- 路由选择和中继;
- 激活,终止网络连接;
- 在一条数据链路上复用多条网络连接,多采取分时复用技术;
- 差错检测与恢复;
- 排序,流量控制;
- 服务选择;
- 网络管理。

网络层的主要设备有:路由器。产品代表如图 3.4 所示。

图 3.4　TP-LINK TL-R414

（4）第四层:处理信息的传输层(Transport Layer)

第四层的数据单元也称作数据包(packets)。但是,当谈论 TCP 等具体的协议时又有特殊的叫法,TCP 的数据单元称为段(segments)而 UDP 协议的数据单元称为"数据报(datagrams)"。这个层负责获取全部信息,因此,它必须跟踪数据单元碎片、乱序到达的数据包和其他在传输过程中可能发生的危险。第四层为上层提供端到端(最终用户到最终用户)的透明的、可靠的数据传输服务。所谓透明的传输是指在通信过程中传输层对上层屏蔽了通信传输系统的具体细节。

传输层协议的代表包括:TCP、UDP、SPX 等。

传输层是两台计算机经过网络进行数据通信时,第一个端到端的层次,具有缓冲作用。当网络层服务质量不能满足要求时,它将服务加以提高,以满足高层的要求;当网络层服务质量较好时,它只用很少的工作。传输层还可进行复用,即在一个网络连接上创建多个逻辑连接。传输层也称为运输层,传输层只存在于端开放系统中,是介于低 3 层通信子网系统和高 3 层之间的一层,是很重要的一层。因为它是源端到目的端对数据传送进行控制从低到高的最后一层。

有一个既存事实,即世界上各种通信子网在性能上存在着很大差异。例如,电话交换网、分组交换网、公用数据交换网、局域网等通信子网都可互连,但它们提供的吞吐量、传输速率、数据延迟通信费用各不相同。对于会话层来说,却要求有性能恒定的界面。传输层就承担了这一功能。它采用分流/合流,复用/介复用技术来调节上述通信子网的差异,使会话层感受不到这些差异。

此外传输层还要具备差错恢复、流量控制等功能,以此对会话层屏蔽通信子网在这些方面的细节与差异。传输层面对的数据对象已不是网络地址和主机地址,而是会话层的界面端口。上述功能的最终目的是为会话提供可靠的、无误的数据传输。传输层的服务一般要经历传输连接建立阶段、数据传送阶段和传输连接释放阶段三个阶段才算完成一个完整的服务过程。而在数据传送阶段又分为一般数据传送和加速数据传送两种。传输层服务分成 5 种类型,基本可以满足对传送质量、传送速度和传送费用的各种不同需要。产品代表如图 3.5 所示。

图 3.5　NETGEAR GS748TS

（5）第五层：会话层（Session Layer）

这一层也可以称为会晤层或对话层，在会话层及以上的高层次中，数据传送的单位不再另外命名，统称为报文。会话层不参与具体的传输，它提供包括访问验证和会话管理在内的建立和维护应用之间通信的机制。例如，服务器验证用户登录便是由会话层完成的。

会话层提供的服务可使应用建立和维持会话，并能使会话获得同步。会话层使用校验点可使通信会话在通信失效时从校验点继续恢复通信。这种能力对于传送大的文件极为重要。会话层、表示层和应用层构成开放系统的高 3 层，面对应用进程提供分布处理、对话管理、信息表示、恢复最后的差错等。会话层同样要担负应用进程服务要求，而运输层不能完成的那部分工作，给运输层功能差距以弥补。主要的功能是对话管理，数据流同步和重新同步。要完成这些功能，需要有大量的服务单元功能组合，已经制订的功能单元已有几十种。

为会话实体间建立连接。为给两个对等会话服务用户建立一个会话连接，应该做如下几项工作：

- 将会话地址映射为运输地址；
- 选择需要的运输服务质量参数（QOS）；
- 对会话参数进行协商；
- 识别各个会话连接；
- 传送有限的透明用户数据；
- 数据传输阶段。

这个阶段是在两个会话用户之间实现有组织的、同步的数据传输。用户数据单元为SSDU，而协议数据单元为 SPDU。会话用户之间的数据传送过程是将 SSDU 转变成 SPDU进行的。

连接释放是通过"有序释放""废弃""有限量透明用户数据传送"等功能单元来释放会话连接的。会话层标准为了使会话连接建立阶段能进行功能协商，也为了便于其他国际标准参考和引用，定义了 12 种功能单元。各个系统可根据自身情况和需要，以核心功能服务单元为基础，选配其他功能单元组成合理的会话服务子集。会话层的主要标准有"DIS8236：会话服务定义"和"DIS8237：会话协议规范"。

（6）第六层：表示层（Presentation Layer）

这一层主要解决用户信息的语法表示问题。它将欲交换的数据从适合于某一用户的抽象语法，转换为适合于 OSI 系统内部使用的传送语法。即提供格式化的表示和转换数据服务。数据的压缩和解压缩、加密和解密等工作都由表示层负责。例如，图像格式的显示，就是由位于表示层的协议来支持。

（7）第七层：应用层（Application Layer）

应用层为操作系统或网络应用程序提供访问网络服务的接口。应用层协议的代表包括：Telnet、FTP、HTTP、SNMP 等。

通过 OSI 层，信息可以从一台计算机的软件应用程序传输到另一台的应用程序上。例如，计算机 A 上的应用程序要将信息发送到计算机 B 的应用程序，则计算机 A 中的应用程序需要将信息先发送到其应用层（第七层），然后此层将信息发送到表示层（第六层），表示层将数据转送到会话层（第五层），如此继续，直至物理层（第一层）。在物理层，数据被放置在物理网络媒介中并被发送至计算机 B。计算机 B 的物理层接收来自物理媒介的数据，然后将信息向上发送至数据链路层（第二层），数据链路层再转送给网络层，依次继续直到信息到达计算机 B

的应用层。最后,计算机 B 的应用层再将信息传送给应用程序接收端,从而完成通信过程。

OSI 的七层运用各种各样的控制信息来和其他计算机系统的对应层进行通信。这些控制信息包含特殊的请求和说明,它们在对应的 OSI 层间进行交换。每一层数据的头和尾是两个携带控制信息的基本形式。

对于从上一层传送下来的数据,附加在前面的控制信息称为头,附加在后面的控制信息称为尾。然而,在对来自上一层数据增加协议头和协议尾,对一个 OSI 层来说并不是必需的。

当数据在各层间传送时,每一层都可以在数据上增加头和尾,而这些数据已经包含了上一层增加的头和尾。协议头包含了有关层与层间的通信信息。头、尾以及数据是相关联的概念,它们取决于分析信息单元的协议层。例如,传输层头包含了只有传输层可以看到的信息,传输层下面的其他层只将此头作为数据的一部分传递。对于网络层,一个信息单元由第三层的头和数据组成。对于数据链路层,经网络层向下传递的所有信息即第三层头和数据都被看作是数据。换句话说,在给定的某一 OSI 层,信息单元的数据部分包含来自于所有上层的头和尾以及数据,这称为封装。

例如,如果计算机 A 要将应用程序中的某数据发送至计算机 B,数据首先传送至应用层。计算机 A 的应用层通过在数据上添加协议头来和计算机 B 的应用层通信。所形成的信息单元包含协议头、数据(可能还有协议尾)被发送至表示层,表示层再添加为计算机 B 的表示层所理解的控制信息的协议头。信息单元的大小随着每一层协议头和协议尾的添加而增加,这些协议头和协议尾包含了计算机 B 的对应层要使用的控制信息。在物理层,整个信息单元通过网络介质传输。

计算机 B 中的物理层收到信息单元并将其传送至数据链路层;然后 B 中的数据链路层读取计算机 A 的数据链路层添加的协议头中的控制信息;然后去除协议头和协议尾,剩余部分被传送至网络层。每一层执行相同的动作:从对应层读取协议头和协议尾,并去除,再将剩余信息发送至上一层。应用层执行完这些动作后,数据就被传送至计算机 B 中的应用程序,这些数据和计算机 A 的应用程序所发送的完全相同。

一个 OSI 层与另一层之间的通信是利用第二层提供的服务完成的。相邻层提供的服务帮助一 OSI 层与另一计算机系统的对应层进行通信。一个 OSI 模型的特定层通常是与另外三个 OSI 层联系:与之直接相邻的上一层和下一层,还有目标联网计算机系统的对应层。例如,计算机 A 的数据链路层应与其网络层,物理层以及计算机 B 的数据链路层进行通信。

### 3.3.4 OSI 分层的优点

(1) 人们可以很容易地讨论和学习协议的规范细节。

(2) 层间的标准接口方便了工程模块化。

(3) 创建了一个更好的互连环境。

(4) 降低了复杂度,使程序更容易修改,产品开发的速度更快。

(5) 每层利用紧邻的下层服务,更容易记住个层的功能。

OSI 是一个定义良好的协议规范集,并有许多可选部分完成类似的任务。

它定义了开放系统的层次结构、层次之间的相互关系以及各层所包括的可能的任务,是作为一个框架来协调和组织各层所提供的服务。

OSI 参考模型并没有提供一个可以实现的方法,而是描述了一些概念,用来协调进程间的通信标准的制定。即 OSI 参考模型并不是一个标准,而是一个在制定标准时所使用的概念性框架。

TCP/IP 模型实际上是 OSI 模型的一个浓缩版本,它只有四个层次:

(1) 应用层;

(2) 运输层;

(3) 网际层;

(4) 网络接口层。

TCP/IP 与 OSI 功能对应关系如下:

(1) 应用层对应着 OSI 的应用层、表示层和会话层。

(2) 运输层对应着 OSI 的传输层。

(3) 网际层对应着 OSI 的网络层。

(4) 网络接口层对应着 OSI 的数据链路层和物理层。

# 3.4　IPv6 技术

IPv6 是"Internet Protocol version 6"的缩写,它是 IETF(Internet Engineering Task Force,互联网工程任务组)设计的用于替代现行版本 IP 协议 IPv4 的下一代 IP 协议,它由 128 位二进制数码表示。全球因特网所采用的协议族是 TCP/IP 协议族。IP 是 TCP/IP 协议族中网络层的协议,是 TCP/IP 协议族的核心协议。

我们使用的第二代互联网 IPv4 技术,核心技术属于美国。它的最大问题是网络地址资源有限,从理论上讲,编址 1 600 万个网络、40 亿台主机。但采用 A、B、C 三类编址方式后,可用的网络地址和主机地址的数目大打折扣,以至 IP 地址已于 2011 年 2 月 3 日分配完毕。其中北美占有 3/4,约 30 亿个,而人口最多的亚洲只有不到 4 亿个,中国截至 2010 年 6 月 IPv4 地址数量达到 2.5 亿个,落后于 4.2 亿网民的需求。地址不足,严重地制约了中国及其他国家互联网的应用和发展。

一方面是地址资源数量的限制,另一方面是随着电子技术及网络技术的发展,计算机网络将进入人们的日常生活,可能身边的每一样东西都需要连入全球因特网。在这样的环境下,IPv6 应运而生。单从数量级上来说,IPv6 所拥有的地址容量是 IPv4 的约 $8 \times 10^{28}$ 倍,达到 $2^{128}$(算上全零的)个。这不但解决了网络地址资源数量的问题,而且也为除电脑外的设备连入互联网在数量限制上扫清了障碍。

但是与 IPv4 一样,IPv6 也会造成大量的 IP 地址浪费。准确地说,使用 IPv6 的网络并没有 $2^{128}$ 个能充分利用的地址。首先,要实现 IP 地址的自动配置,局域网所使用的子网的前缀必须等于 64,但是很少有一个局域网能容纳 $2^{64}$ 个网络终端;其次,由于 IPv6 的地址分配必须遵循聚类的原则,地址的浪费在所难免。

但是,如果说 IPv4 实现的只是人机对话,而 IPv6 则扩展到任意事物之间的对话,它不仅可以为人类服务,还将服务于众多硬件设备,如家用电器、传感器、远程照相机、汽车等。它将是无时不在,无处不在地深入社会每个角落的真正的宽带网。而且它所带来的经济效益将非常巨大。

当然,IPv6 并非十全十美、一劳永逸,不可能解决所有问题。IPv6 只能在发展中不断完善,过渡需要时间和成本,但从长远看,IPv6 有利于互联网的持续和长久发展。国际互联网组织已经决定成立两个专门工作组,制定相应的国际标准。

### 3.4.1　IPv6 特点和应用

(1) IPv6 地址长度为 128 位,地址空间是原来的 $2^{96}$ 倍。

(2) 灵活的 IP 报文头部格式。使用一系列固定格式的扩展头部取代了 IPv4 中可变长度的选项字段。IPv6 中选项部分的出现方式也有所变化,使路由器可以简单路过选项而不做任何处理,加快了报文处理速度。

(3) IPv6 简化了报文头部格式,字段只有 8 个,加快了报文转发,提高了吞吐量。

(4) 提高安全性。身份认证和隐私权是 IPv6 的关键特性。

(5) 支持更多的服务类型。

(6) 允许协议继续演变,增加新的功能,使之适应未来技术的发展。

IPv6 的普及一个重要的应用是网络实名制下的互联网身份证/VIEID,基于 IPv4 的网络之所以难以实现网络实名制,一个重要原因就是因为 IP 资源的共用,因为 IP 资源不够,所以不同的人在不同的时间段共用一个 IP,IP 和上网用户无法实现一一对应。

在 IPv4 下,根据 IP 查人也比较麻烦,电信局要保留一段时间的上网日志才行,通常因为数据量很大,运营商只保留三个月左右的上网日志,比如查前年某个 IP 发帖子的用户就不能实现。

IPv6 的出现可以从技术上一劳永逸地解决实名制这个问题,因为那时 IP 资源将不再紧张,运营商有足够多的 IP 资源,那时候,运营商在受理入网申请的时候,可以直接给该用户分配一个固定 IP 地址,这样实际就实现了实名制,也就是一个真实用户和一个 IP 地址的一一对应。

当一个上网用户的 IP 固定了之后,任何时间做的任何事情都和一个唯一 IP 绑定,在网络上做的任何事情在任何时间段内都有据可查,并且无法否认。

在多种 IPv6 应用中,物联网应用覆盖了智慧农业、智能环保、智能建筑、智能交通等广泛领域,提供"无所不在的连接和在线服务",包括在线监测、定位追溯、报警联动、指挥调度、远程维保等服务。

### 3.4.2　IPv6 的优势

与 IPv4 相比,IPv6 具有以下几个优势:

(1) IPv6 具有更大的地址空间。IPv4 中规定 IP 地址长度为 32,最大地址个数为 $2^{32}$;而 IPv6 中 IP 地址的长度为 128,即最大地址个数为 $2^{128}$。与 32 位地址空间相比,其地址空间增加了 $2^{32} \sim 2^{128}$ 个。

现在,IPv4 采用 32 位地址长度,约有 43 亿个地址,而 IPv6 采用 128 位地址长度可以忽略不计无限制的地址,有足够的地址资源。地址的丰富将完全删除在 IPv4 互联网应用上的很多限制。例如,IP 地址,每一个电话,每一个带电的东西可以有一个 IP 地址,与真正形成一个数字家庭的家庭。IPv6 的技术优势,目前在一定程度上解决了 IPv4 互联网存在的问题,这使得 IPv4 向 IPv6 演进的重要动力之一。

(2) IPv6 使用更小的路由表。IPv6 的地址分配一开始就遵循聚类(Aggregation)的原则,这使得路由器能在路由表中用一条记录(Entry)表示一片子网,大大减小了路由器中路由表的长度,提高了路由器转发数据包的速度。

(3) IPv6 增加了增强的组播(Multicast)支持以及对流的控制(Flow Control),这使网络上的多媒体应用有了长足发展的机会,为服务质量(QoS,Quality of Service)控制提供了良好的网络平台。

(4) IPv6 加入了对自动配置(Auto Configuration)的支持。这是对 DHCP 协议的改进和扩展,使得网络(尤其是局域网)的管理更加方便和快捷。

(5) IPv6 具有更高的安全性。在使用 IPv6 网络中用户可以对网络层的数据进行加密并对 IP 报文进行校验,在 IPv6 中的加密与鉴别选项提供了分组的保密性与完整性,极大地增强了网络的安全性。

(6) 允许扩充。如果新的技术或应用需要时,IPv6 允许协议进行扩充。

(7) 更好的头部格式。IPv6 使用新的头部格式,其选项与基本头部分开,如果需要,可将选项插入到基本头部与上层数据之间。这就简化和加速了路由选择过程,因为大多数的选项不需要由路由选择。

(8) 新的选项。IPv6 有一些新的选项来实现附加的功能。

### 3.4.3　IPv6 的关键技术

(1) DNS 技术。DNS 是 IPv6 网络与 IPv4 DNS 的体系结构,是统一树型结构的域名空间的共同拥有者。在从 IPv4 到 IPv6 的演进阶段,正在访问的域名可以对应于多个 IPv4 和 IPv6 地址,未来的 IPv6 网络的普及阶段,IPv6 地址将逐渐取代 IPv4 地址。

(2) 路由技术。IPv6 路由查找与 IPv4 的原理一样,是最长的地址匹配原则,选择最优路由还允许地址过滤、聚合、注射操作。原来的 IPv4 IGP 和 BGP 的路由技术,如 RIP、ISIS、OSPFv2 和 BGP-4 动态路由协议一直延续到 IPv6 网络中,使用新的 IPv6 协议,新的版本分别是 RIPng、ISISv6、OSPFv3、BGP4+。

(3) 安全技术。相比 IPv4,IPv6 没新的安全技术,但更多的 IPv6 协议通过 128 字节的、IPsec 报文头包的 ICMP 地址解析和其他安全机制来提高网络的安全性。IPv6 的关键技术的角度来看,IPv6 和 IPv4 的互联网体系改革,重点是修正 IPv4 的缺点。过去,在处理的过程中,在不同的数据流的 IPv4 大规模地更新浪潮的咨询服务。IPv6 将进一步改善互联网的结构和性能,因此它能够满足现代社会的需要。

由于 Internet 的规模以及网络中数量庞大的 IPv4 用户和设备,IPv4 到 v6 的过渡不可能一次性实现。而且,许多企业和用户的日常工作越来越依赖于 Internet,它们无法容忍在协议过渡过程中出现的问题。所以 IPv4 到 IPv6 的过渡必须是一个循序渐进的过程,在体验 IPv6 带来好处的同时仍能与网络中其余的 IPv4 用户通信。能否顺利地实现从 IPv4 到 IPv6 的过渡也是 IPv6 能否取得成功的一个重要因素。

实际上,IPv6 在设计过程中就已经考虑了 IPv4 到 IPv6 的过渡问题,并提供了一些特性使过渡过程简化。例如,IPv6 地址可以使用 IPv4 兼容地址,自动由 IPv4 地址产生;也可以在 IPv4 的网络上构建隧道,连接 IPv6 孤岛。到 2012 年年底,针对 IPv4 到 IPv6 过渡问题已经提出了许多机制,它们的实现原理和应用环境各有侧重,这一部分里将对 IPv4 到 IPv6 过渡的基本策略和机制做一个系统性的介绍。

在 IPv4 到 IPv6 过渡的过程中,必须遵循如下的原则和目标:

(1) 保证 IPv4 和 IPv6 主机之间的互通。从单向互通到双向互通,从物理互通到应用互通。

(2) 在更新过程中避免设备之间的依赖性(即某个设备的更新不依赖于其他设备的更新)。

(3) 对于网络管理者和终端用户来说,过渡过程易于理解和实现。

(4) 过渡可以逐个进行。

(5) 用户、运营商可以自己决定何时过渡以及如何过渡。

对于 IPv4 向 IPv6 技术的演进策略,业界提出了许多解决方案。特别是 IETF 组织专门成立了一个研究此演变的研究小组 NGTRANS,已提交了各种演进策略草案,并力图使之成为标准。纵观各种演进策略,主流技术大致可分如下几类。

**1. 双栈策略**

实现 IPv6 节点与 IPv4 节点互通的最直接的方式是在 IPv6 节点中加入 IPv4 协议栈。具有双协议栈的节点称作"IPv6/IPv4 节点",这些节点既可以收发 IPv4 分组,也可以收发 IPv6 分组。它们可以使用 IPv4 与 IPv4 节点互通,也可以直接使用 IPv6 与 IPv6 节点互通。双栈技术不需要构造隧道,但下文介绍的隧道技术中要用到双栈。IPv6/IPv4 节点可以只支持手工配置隧道,也可以既支持手工配置又支持自动隧道。

**2. 隧道技术**

在 IPv6 发展初期,必然有许多局部的纯 IPv6 网络,这些 IPv6 网络被 IPv4 骨干网络隔离开来,为了使这些孤立的"IPv6 岛"互通,就采取隧道技术的方式来解决。利用穿越现存 IPv4 因特网的隧道技术将许多个"IPv6 孤岛"连接起来,逐步扩大 IPv6 的实现范围,这就是国际 IPv6 试验床 6Bone 的计划。

工作机理:在 IPv6 网络与 IPv4 网络间的隧道入口处,路由器将 IPv6 的数据分组封装入 IPv4 中,IPv4 分组的源地址和目的地址分别是隧道入口和出口的 IPv4 地址。在隧道的出口处再将 IPv6 分组取出转发给目的节点。隧道技术在实践中有 4 种具体形式:构造隧道、自动配置隧道、组播隧道和 6to4。

(1) TB(Tunnel Broker,隧道代理)

对于独立的 IPv6 用户,要通过现有的 IPv4 网络连接 IPv6 网络上,必须使用隧道技术。但是手工配置隧道的扩展性很差,TB 的主要目的是简化隧道的配置,提供自动的配置手段。对于已经建立起 IPv6 的 ISP 来说,使用 TB 技术为网络用户的扩展提供了一个方便的手段。从这个意义上说,TB 可以看作是一个虚拟的 IPv6 ISP,它为已经连接到 IPv4 网络上的用户提供连接到 IPv6 网络的手段,而连接到 IPv4 网络上的用户就是 TB 的客户。

(2) 双栈转换机制(DSTM)

DSTM 的目标是实现新的 IPv6 网络与现有的 IPv4 网络之间的互通。使用 DSTM,IPv6 网络中的双栈节点与一个 IPv4 网络中的 IPv4 主机可以互相通信。DSTM 的基本组成部分包括:

- DHCPv6 服务器。为 IPv6 网络中的双栈主机分配一个临时的 IPv4 全网唯一地址,同时保留这个临时分配的 IPv4 地址与主机 IPv6 永久地址之间的映射关系,此外提供 IPv6 隧道的隧道末端(TEP)信息。
- 动态隧道端口 DTI。每个 DSTM 主机上都有一个 IPv4 端口,用于将 IPv4 报文打包到 IPv6 报文里。
- DSTM Deamon。与 DHCPv6 客户端协同工作,实现 IPv6 地址与 IPv4 地址之间的解析。

**3. 协议转换技术**

其主要思想是在 IPv6 节点与 IPv4 节点通信时借助于中间的协议转换服务器,此协议转换服务器的主要功能是把网络层协议头进行 IPv6/IPv4 间的转换,以适应对端的协议类型。

优点:能有效解决 IPv4 节点与 IPv6 节点互通的问题。

缺点:不能支持所有的应用。这些应用层程序包括:①应用层协议中包含有 IP 地址、端口等信息的应用程序,如果不将高层报文中的 IP 地址进行变换,则这些应用程序就无法工作,如 FTP、STMP 等。②含有在应用层进行认证、加密的应用程序无法在此协议转换中工作。

(1) SOCKS64

一个是在客户端里引入 SOCKS 库,这个过程称为"SOCKS 化"(socksifying),它处在应用层和 SOCKET 之间,对应用层的 SOCKET API 和 DNS 名字解析 API 进行替换。

另一个是 SOCKS 网关,它安装在 IPv6/IPv4 双栈节点上,是一个增强型的 SOCKS 服务器,能实现客户端 C 和目的端 D 之间任何协议组合的中继。当 C 上的 SOCKS 库发起一个请求后,由网关产生一个相应的线程负责对连接进行中继。SOCKS 库与网关之间通过 SOCKS (SOCKSv5)协议通信,因此它们之间的连接是"SOCKS 化"的连接,不仅包括业务数据也包括控制信息;而 G 和 D 之间的连接未做改动,属于正常连接。D 上的应用程序并不知道 C 的存在,它认为通信对端是 G。

(2) 传输层中继(Transport Relay)

与 SOCKS64 的工作机理相似,只不过是在传输层中继器进行传输层的"协议翻译",而 SOCKS64 是在网络层进行协议翻译。它相对于 SOCKS64,可以避免"IP 分组分片"和"ICMP 报文转换"带来的问题,因为每个连接都是真正的 IPv4 或 IPv6 连接。但同样无法解决网络应用程序数据中含有网络地址信息所带来的地址无法转换的问题。

(3) 应用层代理网关(ALG)

ALG 是 Application Level Gateway 的简称,与 SOCKS64、传输层中继等技术一样,都是在 IPv4 与 IPv6 间提供一个双栈网关,提供"协议翻译"的功能,只不过 ALG 是在应用层级进行协议翻译。这样可以有效解决应用程序中带有网络地址的问题,但 ALG 必须针对每个业务编写单独的 ALG 代理,同时还需要客户端应用也在不同程序上支持 ALG 代理,灵活性很差。显然,此技术必须与其他过渡技术综合使用,才有推广意义(比较全面,且具有代表性的双向应用互通系统是由北京网能开发的 VENO)。

由不同的组织或个人提出的 IPv4 向 IPv6 平滑过渡策略技术很多,它们都各有自己的优势和缺陷。因此,最好的解决方案是综合其中的几种过渡技术,取长补短,同时,兼顾各运营商具体的网络设施情况,并考虑成本的因素,为运营商设计一套适合于他自己发展的平滑过渡解决方案。

### 3.4.4　安全问题

原来的 Internet 安全机制只建立于应用程序级,如 E-mail 加密、SNMPv2 网络管理安全、接入安全( HTTP、SSL) 等,无法从 IP 层来保证 Internet 的安全。IP 级的安全保证分组的鉴权和私密特性,其具体实现主要由 IP 的 AH 和 ESP 标记来实现。IPv6 实现了 IP 级的安全.具体有如下内容。

**1. 安全协议套**

安全协议套是发送者和接收者的双向约定,安全协议套只由目标地址和安全参数索引

(SPI)确定。

**2. 包头认证**

包头认证提供了数据完整性和分组的鉴权。

**3. 安全包头封装**

ESP 根据用户的不同需求,支持 IP 分组的私密和数据完整性。它既可用于传送层( 如 TCP、UDP、ICMP) 的加密,称为传送层模式 ESP,同时又可用于整个分组的加密,称为隧道模式 ESP。

**4. ESP DES-CBC 方式**

ESP 处理一般必须执行 DES-CBC 加密算法,数据分为以 64 位为单位的块进行处理,解密逻辑的输入是现行数据和先前加密数据块的与或。

**5. 鉴权加私密方式**

根据不同的业务模式,两种 IP 安全机制可以按一定的顺序结合,从而达到分组传送加密的目的。按顺序的不同,该方式有:

(1) 鉴权之前加密;

(2) 加密之前鉴权。

现实 Internet 上的各种攻击、黑客、网络蠕虫病毒弄得网民人人自危,每天上网开了实时防病毒程序还不够,还要继续使用个人防火墙,打开实时防木马程序才敢上网冲浪。诸多人把这些都归咎于 IPv4 网络。IPv6 来了,它设计的时候充分研究了以前 IPv4 的各种问题,在安全性上得到大大的提高。但是不是 IPv6 就没有安全问题了? 答案是否定的。

病毒和互联网蠕虫是最让人头疼的网络攻击行为。但这种传播方式在 IPv6 的网络中就不再适用了,因为 IPv6 的地址空间实在是太大了,如果这些病毒或者蠕虫还想通过扫描地址段的方式来找到有可乘之机的其他主机,就犹如大海捞针。在 IPv6 的世界中,对 IPv6 网络进行类似 IPv4 的按照 IP 地址段进行网络侦察是不可能了。

所以,在 IPv6 的世界里,病毒、互联网蠕虫的传播将变得非常困难。但是,基于应用层的病毒和互联网蠕虫是一定会存在的,电子邮件的病毒还是会继续传播。此外,还需要注意 IPv6 网络中的关键主机的安全。IPv6 中的组发地址定义方式给攻击者带来了一些机会。例如,IPv6 地址 FF05::3 是所有的 DHCP 服务器,就是说,如果向这个地址发布一个 IPv6 报文,这个报文可以到达网络中所有的 DHCP 服务器,所以可能会出现一些专门攻击这些服务器的拒绝服务攻击。

另外,不管是 IPv4 还是 IPv6,都需要使用 DNS,IPv6 网络中的 DNS 服务器就是一个容易被黑客看中的关键主机。也就是说,虽然无法对整个网络进行系统的网络侦察,但在每个 IPv6 的网络中,总有那么几台主机是大家都知道网络名字的,也可以对这些主机进行攻击。而且,因为 IPv6 的地址空间实在是太大了,很多 IPv6 的网络都会使用动态的 DNS 服务。而如果攻击者可以攻占这台动态 DNS 服务器,就可以得到大量的在线 IPv6 的主机地址。另外,因为 IPv6 的地址是 128 位,很不好记,网络管理员可能会常常使用一下好记的 IPv6 地址,这些好记的 IPv6 地址可能会被编辑成一个类似字典的东西,病毒找到 IPv6 主机的可能性小,但猜到 IPv6 主机的可能性会大一些。而且由于 IPv6 和 IPv4 要共存相当长一段时间,很多网络管理员会把 IPv4 的地址放到 IPv6 地址的后 32 位中,黑客也可能按照这个方法来猜测可能的在线 IPv6 地址。所以,对于关键主机的安全需要特别重视,不然黑客就会从这里入手从而进入整个网络。所以,网络管理员在对主机赋予 IPv6 地址时,不仅应该使用好记的地址,还要尽量对自己网络中的 IPv6 地址进行随机化,这样会在很大程度上减少这些主机被黑客发现的机会。

以下这些网络攻击技术,不管是在 IPv4 还是在 IPv6 的网络中都存在,需要引起高度的重视:

(1) 报文侦听。虽然 IPv6 提供了 IPSEC 最为保护报文的工具,但由于公匙和密匙的问题,在没有配置 IPsec 的情况下,偷看 IPv6 的报文仍然是可能的。

(2) 应用层的攻击。显而易见,任何针对应用层,如 Web 服务器,数据库服务器等的攻击都将仍然有效。

(3) 中间人攻击。虽然 IPv6 提供了 IPsec,还是有可能会遭到中间人的攻击,所以应尽量使用正常的模式来交换密匙。

(4) 洪水攻击。不论在 IPv4 还是在 IPv6 的网络中,向被攻击的主机发布大量的网络流量的攻击将是会一直存在的,虽然在 IPv6 中,追溯攻击的源头要比在 IPv4 中容易一些。

美国信息安全公司 Arbor Networks 发布的年度研究报告显示,IPv6 技术仍不成熟,而这一技术在抵御 DDoS 攻击方面也存在缺陷。IPv6 互联网相对于当前的 IPv4 互联网更易受到分布式拒绝服务(DDoS)攻击。

### 3.4.5　IPv6 在中国的使用

据 IANA(The Internet Assigned Numbers Authority,互联网数字分配机构)测算,以当前 IP 地址的消耗速度,IPv4 地址将于 2011 年春季彻底耗尽。

据了解,IPv4 协议的全部地址是 $2^{32}$,即 43 亿个地址,全球每人分不到一个地址,而 IPv6 协议可以提供 $2^{128}$ 的海量地址空间,有人甚至称使用 IPv6 后地球上的每一粒沙子都可以拥有一个 IP 地址。

据了解,中国电信已经提出了向 IPv6 过渡的计划,计划共分三步走:

(1) 试商用阶段。启动网络和平台支持 IPv6 的改造,确定网络及业务过渡方案、现网商业化试点,基本具备引入 IPv6 业务的网络条件。

(2) 规模商用阶段。IPv4/IPv6 网络和业务共存,网络和平台规模改造,业务逐步迁移,新型应用和用户规模持续扩大。

(3) 全面商用阶段。新型应用占据主导,IPv4 网络和业务平台逐步退出。

多年来,在中国 IPv6 网络发展缓慢,"商业应用匮乏"一直被业界认为是主要原因。但随着国家层面希望在下一代互联网上争取更多的技术话语权,以及物联网的加速应用,IPv6 网络尽快落地成为可能。

# 第4章 光纤通信

## 4.1 光纤通信基本原理

### 4.1.1 光纤通信概述

**1. 光纤通信的定义**

光纤通信是以光波作为传输信息的载波、以光纤作为传输介质的一种通信。图 4.1 给出了光纤通信的简单示意图。其中,用户通过电缆或双绞线与发送端和接收端相连,发送端将用户输入的信息(语音、文字、图形、图像等)经过处理后调制在光波上,然后入射到光纤内传送到接收端,接收端对收到的光波进行处理,还原出发送用户的信息输送给接收用户。

图 4.1 光纤通信示意图

根据光纤通信的以上特点,光纤通信属于光通信和有线通信的范畴。

**2. 光纤通信特点**

光纤通信之所以受到人们的极大重视,这是因为和其他通信手段相比,具有无以伦比的优越性。

(1) 传输频带宽,通信容量大

可见光波长范围在 390～780 nm,而用于光纤通信的近红外区段的光波波长为 800～2 000 nm,具有非常宽的传输频带。

在光纤的三个可用传输窗口中,0.85 μm 窗口只用于多模传输,1.31 μm 和 1.55 μm 多用于单模传输。每个窗口的可用频带一般在几十到几百 GHz 之间。近些年来随着技术进步和新材料的应用,又相继开发出了第四窗口(L 波段)、第五窗口(全波光纤)和 S 波段窗口,具备了宽带大容量的特点。

(2) 传输损耗小,中继距离长

由于光纤具有极低的衰耗系数(目前商用化石英光纤已达 0.19 dB/km 以下),若配以适当的光发送与光接收设备,可使其中继距离达几十上百千米,这是传统的电缆、微波等根本无法与之相比拟的。

光纤的这种低损耗的特点支持长距离无中继传输。中继距离的延长可以大大减少系统的维护费用。

(3) 保密性能好

光波在光纤中传输时只在其芯区进行,基本上没有光"泄漏"出去,因此其保密性能极好。

（4）适应能力强

光纤不怕外界强电磁场的干扰,耐腐蚀,可挠性强(弯曲半径大于 25 cm 时其性能不受影响)。

（5）体积小、重量轻、便于施工维护

一根光纤外径不超过 125 $\mu m$,经过表面涂敷后尺寸也不大于 1 mm。制成光缆后直径一般为十几毫米,比金属制作的电缆线径细、重量轻,光缆的敷设方式方便灵活。

（6）原材料来源丰富,潜在价格低廉

制造石英光纤的最基本原材料是二氧化硅即砂子,而砂子在大自然界中几乎是取之不尽、用之不竭的。因此其潜在价格是十分低廉的。

## 4.1.2　光纤通信的发展过程

大体说来,光纤通信的发展经历了以下三个阶段。

**1. 20 世纪 70 年代的起步阶段**

这个阶段是光纤通信能否问世的决定性阶段,这个阶段的主要工作是:

(1) 研制出低损耗光纤

1970 年,美国 Corning 公司率先制成 20 dB/km 损耗的光纤。

1972 年,美国 Corning 公司制成 4 dB/km 损耗的光纤。

1973 年,美国贝尔(Bell)实验室制成 1 dB/km 损耗的光纤。

1976 年,日本电报电话公司和富士通公司制成 0.5 dB/km 低损耗的光纤。

1979 年,日本电报电话公司和富士通公司制成 0.2 dB/km 低损耗的光纤。

现在,光纤损耗已低于 0.4 dB/km(1.31 $\mu m$ 波长窗口)和 0.2 dB/km (1.55 $\mu m$ 波长窗口)。

(2) 研制出小型高效的光源和低噪声的光检测器件

这一时期,各种新型长寿命的半导体激光器件(LD)和光检测器件(PD)陆续研制成功。

(3) 研制出光纤通信实验系统

1976—1979 年,美国、日本相继进行了 0.85 $\mu m$ 波长、速率为几十 Mbit/s 的多模光纤通信系统的现场试验。

**2. 20 世纪 80 年代进入商用阶段**

这一阶段,发达国家已在长途通信网中广泛采用光纤通信方式,并大力发展洲际海底光缆通信,如横跨太平洋的海底光缆,横跨大西洋的海底光缆等。在此阶段,光纤从多模发展到单模,工作波长从 0.85 $\mu m$ 发展到 1.31 $\mu m$ 和 1.55 $\mu m$,通信速率达到几百 Mbit/s。

我国于 1987 年前在市话中继线路上应用光纤通信,1987 年开始在长途干线上应用光纤通信。铺设了多条省内二级光缆干线,连通省内一些城市。从 1988 年起,我国的光纤通信系统由多模向单模发展。

**3. 20 世纪 90 年代进入提高阶段**

这一阶段,许多国家为满足迅速增长的带宽需求,一方面继续铺设更多的光缆。例如,1994 年 10 月世界最长的海底光缆(全长 $1.89 \times 10^4$ km,连接东南亚、中东和西欧的 13 个国家)在新加坡正式启用。另一方面,一些国家还不断努力研究开发新器件、新技术,用来提高光纤的信息运载量。1993 年和 1995 年先后实现 2.5 Gbit/s 和 10 Gbit/s 的单波长光纤通信系统,随后推出的密集波分复用技术可使光纤传输速率提高到几百 Gbit/s。

20 世纪 90 年代也是我国光纤通信大发展的时期。1998 年 12 月,贯穿全国的"八纵八横"

光纤干线骨干通信网建成,网络覆盖全国省会以上城市和 70% 的地市,全国长途光缆达到 $2 \times 10^5$ km。至此,我国初步形成以光缆为主、卫星和数字微波为辅的长途骨干网络,我国电信网的技术装备水平进入世界先进行列,综合通信能力发生了质的飞跃,为国家的信息化建设提供了坚实的网络基础。

从 20 世纪 70 年代至今,光纤通信给整个通信领域带来了一场革命。通信系统的传输容量成万倍地增加,传输速度成千倍地提高。目前,国际国内长途通信传输网的光纤化比例已经超过 90%,国内各大城市之间都已经铺通了 20GB 以上的大容量光纤通信网络。

用带宽极宽的光波作为传送信息的载体以实现通信,这几百年来人们梦寐以求的幻想在今天已成为活生生的现实。然而就目前的光纤通信而言,其实际应用仅是其潜在能力的 2% 左右,尚有巨大的潜力等待人们去开发利用。因此,光纤通信技术并未停滞不前,而是向更高水平、更高阶段方向发展。

## 4.2 光纤通信系统的组成

按照传输信号划分,光纤通信系统可以分为光纤模拟通信系统和光纤数字通信系统,其中光纤数字通信系统是目前广泛采用的光纤通信系统。

光纤数字通信系统主要由光发射、光传输和光接收 3 部分组成。要使光波成为携带信息的载体,必须对它进行调制,在接收端再把信息从光波中检测出来。然而,由于目前技术水平所限,对光波进行频率调制和相位调制等仍局限在实验室内,尚未达到实用化水平,因此大都采用强度调制与直接检波方式(IM-DD)。所谓强度调制,是指用被传输的电信号去直接调制光源,使之随信号电流呈线性变化;直接检波是指信号直接在接收机的光频上用检测器把调制的光波检测变成电信号。又由于目前的光源器件与光接收器件的非线性比较严重,所以对光器件的线性度要求比较低的数字光纤通信在光纤通信中占据主要位置。

典型的数字光纤通信系统框图如图 4.2 所示。

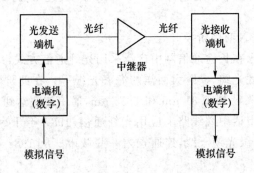

图 4.2 数字光纤通信系统框图

数字光纤通信系统基本上由光发送机、光纤与光接收机组成。在发送端,电发送端机把信息(如话音)进行 A/D 转换,用转换后的数字信号去调制发送机中的光源器件(如 LD),则光源器件就会发出携带信息的光波。即当数字信号为"1"时,光源器件发送一个"传号"光脉冲;当数字信号为"0"时,光源器件发送一个"空号"(不发光)。光波经低损耗光纤传输后到达接收端。在接收端,光接收机中的光检测器件(如 APD)把数字信号从光波中检测出来,由电端机将数字信号转换为模拟信号,恢复成原来的信息。这样就完成了一次通信的全过程。图中的中继器起到放大信号、增大传输距离的作用。

### 4.2.1　光纤的结构与分类

**1. 光纤的结构**

光纤呈圆柱形,由纤芯、包层与涂敷层三大部分组成,如图 4.3 所示。

图 4.3　光纤的结构

(1) 纤芯

纤芯位于光纤的中心部位,其成分是高纯度的二氧化硅,此外还掺有极少量的掺杂剂,如二氧化锗、五氧化二磷等,掺有少量掺杂剂的目的是适当提高纤芯的光折射率。

(2) 包层

包层位于纤芯的周围,其成分也是含有极少量掺杂剂的高纯度二氧化硅。而掺杂剂(如三氧化二硼)的作用则是适当降低包层的光折射率 $n_2$,使之略低于纤芯的折射率 $n_1$。

(3) 涂敷层

光纤的最外层是由丙烯酸酯、硅橡胶和尼龙组成的涂敷层,其作用是增加光纤的机械强度与可弯曲性。一般涂敷后的光纤外径约 1.5 cm。

普通光纤的典型尺寸,对于单模光纤,其纤芯直径为 $5 \sim 10\ \mu m$,多模光纤的纤芯直径为 $50 \sim 70\ \mu m$,包层直径一般均为 $125\ \mu m$ 左右。

**2. 光纤的分类**

目前光纤的种类繁多,就其分类方法而言大致有四种,即按光纤剖面折射率分布分类,按传播模式分类,按工作波长分类和按套塑类型分类等。

(1) 按折射率分布分类

① 阶跃光纤:在纤芯与包层区域,折射率的分布分别是均匀的,但在纤芯与包层的分界处,其折射率的变化是阶跃的,其值分别为 $n_1$ 与 $n_2$,如图 4.4 所示。

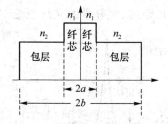

图 4.4　阶跃光纤的折射率分布

② 渐变光纤:光纤轴心处的折射率最大,沿剖面径向逐渐变小,其变化规律一般符合抛物线规律,到了纤芯与包层的分界处,正好降到与包层区域的折射率 $n_2$ 相等的数值;在包层区域中其折射率的分布是均匀的,如图 4.5 所示。

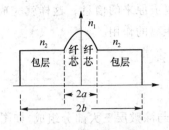

图 4.5  渐变光纤的折射率分布

### (2) 按传播模式分类

从几何光学的角度来理解光纤的传输模式,可以认为每一根以不同角度入射到光纤中的光射线都有其不同于其他光射线的模式。能够在光纤中传输的光射线,称为可传输模式,沿着光纤轴向传输的模式称为基模,其他模式称为高次模。按照光纤传输模式的不同分为多模光纤和单模光纤两种。

① 多模光纤:当光纤的几何尺寸(主要是纤芯直径)远远大于光波波长时,光纤中会存在着几十种乃至几百种传播模式,这种光纤称为多模光纤。

不同的传播模式会具有不同的传播速度与相位,因此经过长距离的传输之后会产生时延,导致光脉冲变宽。这种现象称为光纤的模式色散。模式色散会使多模光纤的带宽变窄,降低了其传输容量,因此多模光纤仅适用于较小容量的光纤通信。多模光纤的折射率分布大都为抛物线分布即渐变折射率分布,其纤芯直径大约在 $50~\mu m$。

② 单模光纤:根据电磁场理论与求解麦氏方程组发现,当光纤的几何尺寸可以与光波长相比拟时,如芯径在 $5\sim10~\mu m$,光纤只允许一种模式(基模)在其中传播,其余的高次模全部截止,这样的光纤称为单模光纤。由于它只允许一种模式在其中传播,从而避免了模式色散的问题,故单模光纤具有极宽的带宽,特别适用于大容量的光纤通信。

### (3) 按工作波长分类

① 短波长光纤:在光纤通信发展的初期,人们使用的光波的波长在 $0.6\sim0.9~\mu m$(典型值为 $0.85~\mu m$),习惯上把在此波长范围内呈现低衰耗的光纤称为短波长光纤。

短波长光纤属早期产品,目前很少采用。

② 长波长光纤:随着研究工作的不断深入,人们发现在波长 $1.31~\mu m$ 和 $1.55~\mu m$ 附近,石英光纤的衰耗急剧下降,如图 4.6 所示。不仅如此,而且在此波长范围内石英光纤的材料色散也大大减小。因此人们的研究工作又迅速转移,并研制出在此波长范围衰耗更低,带宽更宽的光纤,习惯上把工作在 $1.0\sim2.0~\mu m$ 波长范围的光纤称为长波长光纤。长波长光纤因具有衰耗低、带宽宽等优点,特别适用于长距离、大容量的光纤通信。

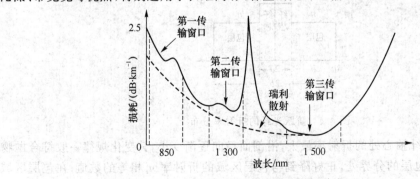

图 4.6  石英光纤的衰耗谱线

（4）按套塑类型分类

① 紧套光纤：二次、三次涂敷层与预涂敷层及光纤的纤芯、包层等紧密地结合在一起的光纤。目前此类光纤居多。

② 松套光纤：经过预涂敷后的光纤松散地放置在塑料管内，不再进行二次、三次涂敷。松套光纤的制造工艺简单，其衰耗——温度特性与机械性能也比紧套光纤好，因此越来越受到人们的重视。

**3. 光缆**

光纤在经过涂覆和套塑等表面层处理后已具有一定的抗拉强度，但一般还经不起实用场合的弯曲、扭曲和侧压力的作用。为构成实用的传输线路，同时，便于工程上的施工安装，常常将多根光纤借用传统的绞合、套塑、金属带铠装等成缆工艺组合成像通信用的各种铜线电缆那样的光缆。这样既保持了光纤原有的传输特性，又具备了满足实际工程使用要求的力学性能。为工程应用打下了基础。

具体的光纤光缆的最主要的技术要求是保证在制造成缆、敷设以及在各种使用环境下光纤的传输性能不受影响并具有长期的稳定性。其主要性能如下。

（1）力学性能：包括抗拉强度、抗压、抗冲击和抗弯曲性能。

（2）温度特性：包括高温和低温温度特性。

（3）质量和尺寸：每千米质量（kg/km）及外径尺寸。

其中最重要的是力学性能，它是保持光缆在各种敷设条件下都能为纤芯提供足够的抗拉、抗压、抗冲击、抗弯曲等机械强度的关键指标。必须采用加强纤芯和光缆的防护层（简称护层），根据敷设方式的不同，护层要求也有所不同。

### 4.2.2　光纤的导光原理和传输特性

光是一种频率极高的电磁波，而光纤本身是一种介质波导，因此光在光纤中的传输理论是十分复杂的。为了便于理解，我们从几何光学的角度来讨论光纤的导光原理，这样会更加直观、形象、易懂。更何况对于多模光纤而言，由于其几何尺寸远远大于光波波长，所以可把光波看成一条光线来处理。

**1. 全反射原理**

当光线在均匀介质中传播时是以直线方向进行的，但在到达两种不同介质的分界面时，会发生反射与折射现象，如图 4.7 所示。

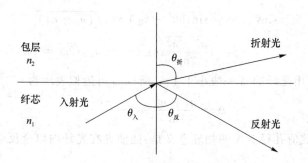

图 4.7　光的反射与折射

根据光的反射定律，反射角等于入射角：

$$\theta_入 = \theta_反$$

（4.1）

根据光的折射定律:

$$\frac{\sin\theta_入}{\sin\theta_折}=\frac{n_2}{n_1} \tag{4.2}$$

其中,$n_1$ 为纤芯的折射率,$n_2$ 为包层的折射率。

显然,若 $n_l>n_2$,则会有 $\theta_折>\theta_入$。如果 $n_1$ 与 $n_2$ 的比值增大到一定程度,则会使 $\theta_折\geqslant90°$,此时的折射光线不再进入包层,而会在纤芯与包层的分界面上掠过($\theta_折=90°$时),或者重返回到纤芯中进行传播($\theta_折>90°$时)。这种现象称为光的全反射现象。

人们把对应于 $\theta_折=90°$ 的入射角称为临界角。很容易可以得到临界角

$$\theta_临=\arcsin(n_2/n_1) \tag{4.3}$$

不难理解,当光在光纤中发生全反射现象时,由于光线基本上全部在纤芯区进行传播,没有光跑到包层中去,所以可以大大降低光纤的衰耗。早期的阶跃光纤就是按这种思路进行设计的。

**2. 光在阶跃光纤中的传播**

了解了光的全反射原理之后,不难画出光在阶跃光纤中的传播轨迹,如图 4.8 所示。

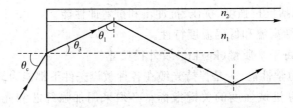

图 4.8  光在阶跃光纤中的传播示意图

通常人们希望用入射光与光纤顶端面的夹角来衡量光纤接收光的能力,于是产生了光纤数值孔径 NA 的概念。当入射光源与光纤纤芯的横截面进行入射光耦合时,入射光线的角度 $\theta$ 不能太大,只有当 $\theta$ 小于某个角度时才可以获得全反射传输的条件,我们称这个角度的正弦值为光纤的数值孔径 NA。

这里首先定义光纤的相对折射率差

$$\Delta=\frac{n_1^2-n_2^2}{2n_1^2} \tag{4.4}$$

因为光在空气中的折射率 $n_0=1$,若想实现全反射,连续应用折射定律,光在纤芯端面的最大入射角应满足:

$$\sin\theta_{max}=n_1\sin(90°-\theta_临)=\sqrt{(n_1^2-n_2^2)}$$

$$=\sqrt{\frac{n_1^2-n_2^2}{2n_1^2}}\cdot\sqrt{2}\,n_1=n_1\sqrt{2\Delta}=NA \tag{4.5}$$

在光纤通信中所用光纤的 $\Delta$ 一般小于 1%,所以 $\Delta$ 可近似表示为

$$\Delta=\frac{n_1^2-n_2^2}{2n_1^2}\approx\frac{n_1-n_2}{n_1} \tag{4.6}$$

因此,阶跃光纤数值孔径 NA 的物理意义是:能使光在光纤内以全反射形式进行传播的接收角的正弦值。

需要注意的是,光纤的 NA 并非越大越好。NA 越大,虽然光纤接收光的能力越强,但光纤的模式色散也越厉害。因为 NA 越大,则其相对折射率差 $\Delta$ 也就越大,$\Delta$ 值较大的光纤的模式色散也越大,从而使光纤的传输容量变小。因此 NA 取值的大小要兼顾光纤接收光的能力

和模式色散。CCITT 建议光纤的 NA＝0.18～0.23。

**3. 光在渐变光纤中的传播**

（1）定性解释

由图 4.5 知道,渐变光纤的折射率分布是在光纤的轴心处最大,而沿剖面径向的增加而折射率逐渐变小。采用这种分布规律是有其理论根据的。假设光纤是由许多同轴的均匀层组成,且其折射率由轴心向外逐渐变小,这样光在邻层的分界面都会产生折射现象。由于外层总比内层的折射率要小一些,所以每经过一个分界面,光线向轴心方向的弯曲就厉害一些,就这样一直到了纤芯与包层的分界面。而在分界面又产生全反射现象,全反射的光线沿纤芯与包层的分界面向前传播,而反射光则又逐层地折射回光纤纤芯。就这样完成了一个传输全过程,使光线基本上局限在纤芯内进行传播,其传播轨迹类似于正弦波,如图 4.9 所示。

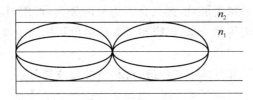

图 4.9　渐变光纤中光的传播轨迹

（2）光在单模光纤中的传播

光在单模光纤中的传播轨迹,简单地讲是以平行于光纤轴线的形式以直线方式传播,如图 4.10 所示。

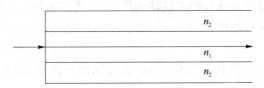

图 4.10　光在单模光纤中的传播轨迹

这是因为在单模光纤中仅以一种模式(基模)进行传播,而高次模全部截止,不存在模式色散。平行于光轴直线传播的光线代表传播中的基模。

**4. 光纤的传输特性**

光纤的传输特性主要包括光纤的损耗特性、色散特性和非线性特性。

（1）光纤的损耗特性

光波在光纤中传输时,随着传输距离的增加,光功率会不断下降。光纤对光波产生的衰减作用称为光纤的损耗。

衡量光纤损耗特性的参数为衰减系数(损耗系数)$\alpha$,定义为:每千米光纤对光功率信号的衰减值。其表达式为

$$\alpha(\lambda) = -10\lg\frac{P_{o}}{P_{i}} \tag{4.7}$$

其中,$\lambda$ 为光波的波长,$P_i$ 为输入光功率,$P_o$ 为输出光功率,$\alpha(\lambda)$ 的单位为 dB/km。如某光纤的衰减系数为 3 dB/km,则经过 1 km 的光纤传输之后,其光功率信号减少了一半。

长度为 $L$ 的光纤的衰耗值为

$$A = \alpha L \tag{4.8}$$

其中,$L$ 的单位为 km。衰减系数是多模光纤最重要的特性参数之一,在很大程度上决定了光纤通信的中继距离,衰减系数越小,光纤质量越好,可无中继传输距离越大。目前,在波长 $1.31\ \mu m$ 和 $1.55\ \mu m$ 处,普通光纤的损耗系数分别在 0.5 dB/km 和 0.2 dB/km 以下。不同波长及不同类型的光纤其损耗系数不一样。

光纤产生损耗的机理很复杂,降低损耗主要依靠于制造工艺的提高和相关材料的研究等措施。

（2）光纤的色散特性

光源信号作为载波,理想情况下应是频率单一的单色光,但现实中难以做到纯粹的单色光,光源信号含有不同的波长成分,这些不同波长成分在折射率为 $n_1$ 的光纤介质中传输速度不同,从而导致光信号分量产生不同延迟,这种现象称为光纤的色散。具体表现为当光脉冲沿着光纤传输一定距离后脉冲宽度展宽,甚至有了明显的失真,严重时前后脉冲相互重叠,难以分辨。光纤的色散不仅影响传输质量,也限制了光纤通信系统的中继距离,它是限制传输速率的主要因素。

光纤的色散可以分为三部分即模式色散、材料色散与波导色散。

① 模式色散

因为光在多模光纤中传输时会存在着许多种传播模式,而每种传播模式具有不同的传播速度与相位,因此虽然在输入端同时输入光脉冲信号,但到达到接收端的时间却不同,于是产生了脉冲展宽,这种现象称为模式色散。

② 材料色散

由于光纤材料的折射率是波长的非线性函数,从而使光的传输速度随波长的变化而变化,由此而引起的色散称为材料色散。

③ 波导色散

同一模式的相位常数随波长而变化,即群速度随波长而变化,从而引起色散,称为波导色散。

描述光纤色散的参数有以下三种。

① 色散系数:定义为单位线宽光源在单位长度光纤上所引起的时延差,即

$$D(\lambda) = \frac{\Delta\tau(\lambda)}{\Delta\lambda} \tag{4.9}$$

其中,$\Delta\lambda$ 是光源的线宽,即输出激光的波长范围,单位是 nm;$\Delta\tau(\lambda)$ 是单位长度光纤上引起的时延差,单位是 ps/km。色散系数越小越好。

② 最大时延差:定义为光纤中传播速度最快和最慢的两种光波频率成分的时延之差,单位是 ns/km。时延差越大说明色散越严重。

③ 光纤的带宽系数:定义为 1 km 长的光纤,其输出光功率信号下降到其最大值的一半时,光功率信号的调制频率就称为光纤的带宽系数。

需要注意的是,由于光信号是以光功率来度量的,所以其带宽又称为 3 dB 光带宽。即光功率信号衰减 3 dB 时意味着输出光功率信号减少一半。而一般的电缆带宽称为 6 dB 电带宽,因为输出电信号是以电压或电流来度量的。

（3）数值孔径 NA

数值孔径是多模光纤的重要参数,它表征了光纤端面接收光的能力,其取值的大小要兼顾光纤接收光的能力和对模式色散的影响。CCITT 建议多模光纤的数值孔径取值范围为 0.18～0.23。

此外,式(4.5)的表达式是在阶跃光纤的条件下推导出来的,但多模光纤目前大多数是渐变光纤。所以对应于式(4.5)的数值孔径称为最大理论数值孔径 $NA_t$,而在实际中最常使用强度有效值数值孔径 $NA_e$,它们二者的关系为

$$NA_t = 1.05 NA_e \tag{4.10}$$

(4)归一化频率

归一化频率是光纤的最重要的结构参数,它能表征光纤中传输模式的数量,其表达式为

$$V = \frac{2\pi}{\lambda} n_1 a_1 \sqrt{2\Delta} \tag{4.11}$$

其中,$\lambda$ 为光波的波长;$n_1$ 为纤芯区域中最大折射率,对阶跃光纤而言为常数,对渐变光纤为轴心处的折射率;$a_1$ 为纤芯的半径($\mu m$);$\Delta$ 为光纤的相对折射率差。

$V$ 是一个无量纲的参数,它的大小能决定光纤中传播模式的数量。理论上可以证明,对于阶跃光纤而言其传播模式的数量为 $N = 0.5 V^2$,对于渐变光纤而言则为 $N = 0.25 V^2$。

### 4.2.3 光发送端机和光接收端机

**1. 光端机的基本概念**

光端机是位于电端机和光纤之间不可缺少的设备。如前所述,光端机包含发送和接收两大单元。光端机的功能是:其发送单元将电端机发出的电信号转换成符合一定要求的光信号后,送至光纤传输;其接收单元将光纤传送过来的光信号转换成电信号后,送至电端机处理。可见,光端机的发送单元是完成电/光转换,光端机的接收单元是完成光/电转换。通常,一套光纤通信设备含有两个光端机、两个电端机。

**2. 光发送端机的组成框图**

光发送机原理框图如图 4.11 所示,其各部分的功能如下。

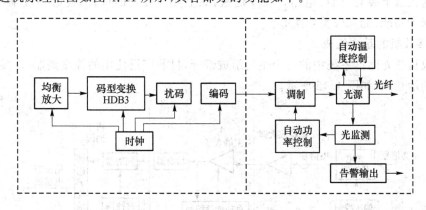

图 4.11 光发送机原理图

(1)均衡放大

ITU-T 规定了不同速率的光发送机接口速率和接口码型。由 PCM 端机送来的 HDB3 或 CMI 码流,经过电缆的传输产生了衰减和畸变,首先要进行均衡放大,用以补偿由电缆传输所产生的衰减或畸变,以便正确译码。

(2)码型变换

在数字电路中,为了处理方便,由均衡器输出的 HDB3 码或 CMI 码,需通过码型变换电路,将其变换为二进制单极性码。

（3）扰码

若信码流中出现长连"0"或长连"1"的情况，将会给时钟信号的提取带来困难，为了避免出现这种情况，需加一扰码电路。它可有规律地破坏长连"0"或长连"1"的码流，从而达到"0""1"等概率出现。相应地，接收机需要加一个解扰电路，以恢复原来的信号流。

（4）时钟提取

由于码型变换和扰码过程都需要以时钟信号作为依据，因此，在均衡放大电路之后，由时钟提取出时钟信号，供给均衡放大、码型变换、扰码电路和编码电路使用。

（5）编码

如上所述，经过扰码后的码流，尽量使"1"和"0"的个数均等，这样便于接收端提取时钟信号。而且在实用上，为了便于不间断业务的误码监测，区间通信联络、监控及克服直流分量的波动，在实际的光纤通信系统中，都要对经过扰码以后的信码流进行编码，以满足上述要求。经过编码以后，线路码型已适合在光纤线路中传送。

（6）驱动（调制）

光源驱动电路用经过编码以后的数字信号来调制发光器件的发光强度，完成电/光转换。光源发出的光强随经过编码后的信号源变化，形成相应的光脉冲送入光导纤维。

（7）自动光功率控制

光源经一段使用时间将出现老化，如果光源采用 LD 管，必须设有自动光功率控制（Automatic Power Control，APC）和自动温度控制（Automatic Temperature Control，ATC）电路，达到稳定输出光功率的目的。采用 LED 管时，可不设置。

（8）自动温度控制

由于半导体光源的调制特性曲线对环境温度变化的反应很灵敏，使输出光功率出现变化，一般在发送机盘上装有 ATC 电路。在发送盘，除上述主要功能以外，还有一些辅助功能，如光源过流保护功能、无光告警功能等。

**3. 光接收机的基本组成**

光接收机是光通信系统中的一个主要组成部分，目前广泛使用的强度调制-直接检波系统中接收机的示意图，如图 4.12 所示。

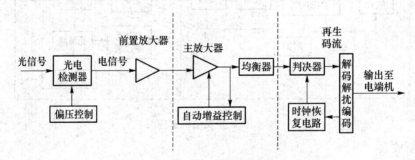

图 4.12　光接收机结构框图

（1）光电检测器

由光纤传输过来的光信号，送到光接收机，光信号进入光电检测器，将光信号转变为电信号。光电检测器是利用材料的光电效应来实现光电转换的。

在光纤通信中，由于光纤的芯径很细，因此要求器件的体积小，重量轻，故多采用半导体光电检测器。它是利用半导体材料的光电效应来实现光电转换的。

在光纤通信中常用的半导体光电检测器是光电二极管 PIN 和雪崩光电二极管 APD。这两种光电管的主要区别是 APD 管需外加高反偏电压,使其内部产生雪崩增益效应,因此,它不但具有光电转换作用,而且具有内部放大作用。PIN 管比较简单,只需 10～20 V 的电压即可工作,且不需要偏压控制,但没有增益。

(2) 前置放大器

在一般的光纤通信系统中光信号经光电检测器的光电变换后,输出的电流是十分微弱的,为了使光接收机判决电路正常工作,必须将这种微弱的电信号进行若干级放大。

大家知道,放大器在将信号放大的过程中,放大器本身的电阻将引入热噪声;放大器中的晶体管将引入散弹噪声。不仅如此,在一个多级放大器中,后一级放大器还会把前一级放大器输出的信号和噪声同时放大。

因此,对多级放大器的前级就有特别要求,前主放大器的性能对接收机的性能有十分重要的影响,要求它是低噪声、高增益的放大器。这样才能得到较大的信噪比 SNR。前置放大器一般采用 APD,它的输出为毫伏数量级。

(3) 主放大器

主放大器的作用是将前置放大器输出的信号,放大到几伏数量级,使后面判决电路能正常工作。主放大器一般是一个多级增益可调节放大器。当光电检测器输出的信号出现起伏时,通过光接收机的自动增益控制电路 AGC 用反馈环路来控制放大器,对主放大器的增益进行调整,以使主放大器的输出信号幅度在一定范围内保持恒定,主放大器和 AGC 决定着光接收机的动态范围,使判决器的信号稳定。

(4) 均衡器

在数字光纤通信系统中,送到光发送机进行调制的数字信号是一系列矩形脉冲。由信号分析知道,理想的矩形脉冲具有无穷的带宽。这种矩形脉冲从发送光端机输出后,要经过光纤、光电检测器、放大器等部件,而这些部件的带宽却是有限的。这样,矩形脉冲频谱中只有有限的频率分量可以通过,使从接收机主放大器输出的脉冲形状不再是矩形的了,可能出现很长的拖尾。这种拖尾现象将会使前、后码元的波形重叠,产生码间干扰,严重时造成判决电路误判,产生误码。

因此,均衡器的主要作用是使经过均衡器以后的波形成为有利于判决的波形,即对已产生畸变的波形进行补偿,并使邻码判决时使本码的拖尾接近 0 值,消除码间干扰,减小误码率。

(5) 判决器和时钟恢复电路

判决器由判决电路和码形成电路构成。判决器和时钟恢复电路合起来构成脉冲再生电路。脉冲再生电路的作用,是将均衡器输出的信号,恢复为"0"或"1"的数字信号。判决器中需用的时钟信号也是从均衡器输出的信号中取得,时钟恢复电路是由箝位、整形、非线形处理调谐放大、限幅、整形、移相电路组合而成。

(6) 解码、解扰、编码电路

为了使信码流能够高质量地在光纤中传输,光发射机送入光纤的信号是经过扰码、编码处理的。这种信号经过光纤传到接收机后,还需要将上述经过扰码、编码处理过的信号进行一系列的"复原"工作。这些将由接收机中的解码、解扰及码型反变换来完成。

首先要通过解码电路,将在光纤中传输的光线路码型恢复为发端编码之前的码型。然后再经解扰电路,将发送端"扰乱"的码恢复为被扰之前的状况。最后再进行码型反变换,将解扰后的码变换为原来适于在 PCM 系统中传输的 HDB3 或 CMI 码,它是发端码型变换部分的逆过程,最后送至电端机中。

### 4.2.4　光中继器

光脉冲信号从光发射机输出,经光纤传输若干距离以后,由于光纤损耗和色散的影响,将使光脉冲信号的幅度受到衰减,波形出现失真。这样,就限制了光脉冲信号在光纤中作长距离的传输。为此,就需在光波信号经过一定距离传输以后,要加一个光中继器,以放大衰减的信号,恢复失真的波形,使光脉冲得到再生,从而克服光信号在光纤传输中产生的衰减和色散失真,实现光纤通信系统的长途传输。

光中继器一般可分为光-光中继器和光-电-光中继器两种,前者就是光放大器,后者是由能够完成光-电变换的光接收端机、电放大器和能够完成电-光变换的光发送端机组成。

光放大器省去了光-电转换过程,可以对光信号直接进行放大。因此结构比较简单,有较高的效率,在 DWDM 系统中广泛应用。当前实用的 PDH 光纤通信系统,一般采用光-电-光中继器。

显然,一个幅度受到衰减、波形发生畸变的信号,经过中继器的均衡放大、再生之后,即可补偿了光纤的衰减,消除了失真和噪声的影响,恢复为原发送端的光脉冲信号继续向前传输。

# 4.3　自动交换光网络

### 4.3.1　ASON 概述

#### 1. ASON 的提出

20 世纪 90 年代以来,全球互联网数据业务一直以超摩尔定律(每 6～12 个月翻一番)的速度发展,导致网络对于带宽的需求越发无止境。这就使语音业务和专线业务与指数增长的数据业务相比不再占据主导地位。同时,随着互联网正在构成全球性的网络,传统的常识性概念,如业务的增长是缓慢、可预测的业务模式不再适用。以中国电信为例,如今其干线业务量95％以上是数据业务,现有业务承载传送模式受到前所未有的压力和挑战。

为了解决未来业务和现有光网络之间的矛盾,智能控制被引入下一代光网络中来。在2000 年 3 月日本召开的国际电信联盟-电信标准局一次会议上,Q19/Q13 研究组提出了自动交换光网络,并将它形成了 G. astn 和 G. ason 的建议。ASON 网络在 ITU-T 中的定义为:"通过能提供自动发现和动态连接建立功能的分布式(或部分分布式)控制平面,在 OTN 或SDH 网络之上,实现动态的、基于信令和策略驱动控制的一种网络。"

ASON 的提出,使原来复杂的多层网络结构可以变得简单化和扁平化,从光网络层开始直接承载业务,避免了在传统网络中业务升级时受到的多重限制。在这种网络结构中核心的特点就是支持电子交换设备(如 IP 路由器等)动态地向光网络申请带宽资源。电子交换设备可以根据网络中业务分布模式动态变化的需求,通过信令系统或者管理平面自主地去建立或者拆除光通道,不需要人工干预。

ASON 直接在光纤网络之上引入了以 IP 为核心的智能控制技术,可以有效地支持连接的动态建立与拆除,可基于流量工程按需合理分配网络资源,并能提供良好的网络保护/恢复功能。因此,可以说 ASON 代表了光通信网络技术新的发展阶段和未来的前进方向。

**2. ASON 的特点**

与传统的光传输网络相比,ASON 具有以下特点:

(1) 控制为主的工作方式

ASON 最大的特点就是从传统的传输节点设备和管理系统中抽象分离出了控制平面。自动控制取代管理成为 ASON 最主要的工作方式。

(2) 分布式智能

ASON 的重要标志是实现了网络的分布式智能,即网元的智能化,具体体现为依靠网元实现网络拓扑发现、路由计算、链路自动配置、路径的管理和控制、业务的保护和恢复等。

(3) 多层统一与协调

在 ASON 中,网络层次细化,体现了多种粒度,但多层的控制却是统一的,通过公共的控制平面来协调各层的工作。多层控制时涉及层间信令、层间路由和层发现,还有多层生存机制。

(4) 面向业务

ASON 业务提供能力强大,业务种类丰富,能在光层直接实现动态业务分配,提了了网络资源的利用率。

## 4.3.2　ASON 基本原理和体系结构

**1. ASON 的基本原理**

自动交换光网络指的是直接由控制系统下达信令来完成光网络连接自动交换的新型网络,其赋予原本单纯传送业务的底层光网以自动交换的智能,主要体现了两个思路:一是将复杂的多层网络结构简单和扁平化,从光网络层开始直接承载业务,避免了传统网络中业务升级时受到的多重限制;二是利用电子交换设备直接向光网络申请带宽资源,可以根据网络中业务分布模式动态变化的需求,通过信令系统或者管理系统自主地建立或者拆除光通道,不经人工干预,高效而可靠。

ASON 网络结构的核心特点就是支持电子交换设备动态地向光网络申请带宽资源,可以根据网络中业务分布模式动态变化的需求,通过信令系统或者管理平面自主地去建立或者拆除光通道,而不需要人工干预。采用自动交换光网络技术之后,原来复杂的多层网络结构可以变得简单和扁平化,光网络层可以直接承载业务,避免了传统网络中业务升级时受到的多重限制。ASON 的优势集中表现在其组网应用的动态、灵活、高效和智能方面。支持多粒度、多层次的智能,提供多样化、个性化的服务是 ASON 的核心特征。

ASON 网络之所以是自动交换光网络,就在于它本身具备的智能性,即 ASON 网络在不需要人为管理和控制的作用下,可以依据控制面的功能,按用户的请求来建立一条符合用户需求的光信道。这一前所未有的革命性进步为光网络带来了质的飞跃。而 ASON 网络之所以具备这种智能,是因为它首次引入了光网络中的控制面。

在引入了控制平面以后,光网络从逻辑上可分为 3 个平面:控制平面、传送平面和管理平面。ASON 力图将三者有机结合,传送平面负责信息流的传送;控制平面关注于实时动态的连接控制;管理平面面向网络操作者实现全面的管理,并对控制平面的功能进行补充。ASON 参考结构体系如图 4.13 所示。

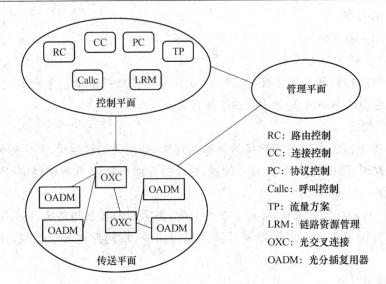

图 4.13　ASON 网络参考结构体系

RC: 路由控制
CC: 连接控制
PC: 协议控制
Callc: 呼叫控制
TP: 流量方案
LRM: 链路资源管理
OXC: 光交叉连接
OADM: 光分插复用器

在 ASON 网络的整体结构中,层次模型关系是一个非常重要的方面。因为从实现目的讲,ASON 网络设计的目的是实现大范围全局性整体网络,因此 ASON 网络在结构上采用了层次性的可划分为多个域的概念性结构。这种结构可以允许设计者根据多种具体条件限制和策略要求来构建一个 ASON 网络。在不同域之间的互作用是通过标准抽象接口来完成的,而把一个抽象接口映射到具体协议中就可以实现物理接口,并且多个抽象接口可以同时复用在一个物理接口上。

**2. ASON 的体系结构**

传统的光传送网络只是由网管层面和传输层面组成的,而自动交换光网络与传统的光传送网络相比,突破性地引入了更加智能化的控制平面,从而使得光网络能够在信令的控制下完成网络连接的自动建立、资源的自动发现等过程。也就是说,ASON 由控制平面、管理平面和传送平面组成,其体系结构如图 4.14 所示。

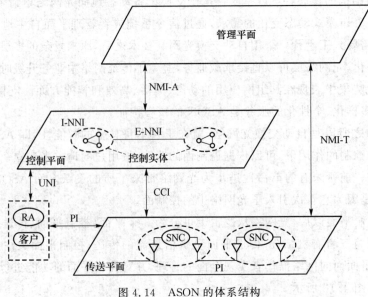

图 4.14　ASON 的体系结构

ASON 的体系结构主要表现在具有 ASON 特色的 3 个平面、3 个接口以及所支持的 3 种连接类型上。

控制平面用于实现对传送平面的灵活控制,完成信令转发、资源管理、呼叫控制、连接控制和传送控制等功能。控制平面提供网络节点接口(I-NNI 和 E-NNI)以及用户网络接口(UNI)。

传送平面由一系列的传送实体组成,它是业务传送的通道,提供用户信息的单向或双向传输。ASON 传输网络基于网状网结构,也支持环网保护,具有如 SDH(STM-N)接口、以太网接口、ATM 接口以及一些特殊的接口,同时也具有与控制平面交互连接的控制接口(CCI)。节点可使用智能化的光交叉连接(OXC)或光分插复用(OADM)等光交换设备。

管理平面可分别通过 NMI-T 和 NMI-A 网络管理接口,同时对传送平面和控制平面进行管理。

3 个平面之间通过 3 个接口实现信息的交互。控制平面和传送平面之间通过 CCI 相连,交互的信息主要为从控制节点到传送平面网元的交换控制命令和从网元到控制节点资源状态信息。管理平面通过 NMI-T 和 NMI-A 分别与控制平面和传送平面相连,实现管理,接口中的信息主要是网络管理信息。控制平面上还有用户与网络间的接口(UNI)、内部网络之间的接口(I-NNI)和外部网络之间的接口(E-NNI)。UNI 是客户网络和光层设备之间的信令接口,客户设备通过这个接口动态地请求获取、撤销、修改具有一定特性的光带宽连接资源。I-NNI 是一个自治域内部或有信任关系的多个自治域中的控制实体间的双向信令接口。E-NNI 是不同自治域中控制实体之间的双向信令接口。

ASON 支持 3 种连接类型,以适应当前复杂结构网络条件下端到端连接管理的需要。这 3 种连接类型分别为永久连接、交换连接和软永久连接。

永久连接是在没有控制平台参与的前提下由管理平面支配的连接类型,它沿袭了传统光网络的连接建立形式。管理平面根据连接要求以及网络资源利用情况预先计算和确定连接路径,然后沿着连接路径通过网络管理向网元发送交叉连接命令,进行统一支配,完成 PC 的创建、调整、释放等操作过程。永久连接如图 4.15 所示。

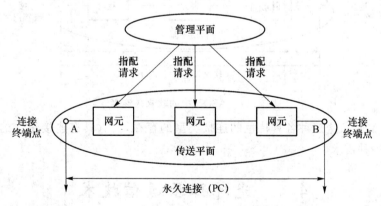

图 4.15　ASON 中的永久连接

交换连接的创立过程由控制平面独立完成,先由端点用户发起呼叫请求,通过控制平面内信令实体间的信令交互建立连接,是一种全新的动态连接类型。管理平面需要对 SC 的发起者进行身份认证,完成对 SC 的资源管理。交换连接实现了连接的自动化,满足快速性、动态性要求,并符合流量工程的要求,也体现了 ASON 的最终实现目标,如图 4.16 所示。

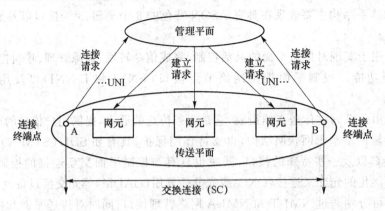

图 4.16　ASON 中的交换连接

　　软永久连接由管理平面和控制平面共同完成,是一种分段的混合连接方式。软永久连接中用户到网络的部分由管理平面直接配置,而网络到网络部分的连接由控制平面完成。其过程为:先由管理平面配置用户到网络的连接,然后向控制平面发送请求(该请求信息中包含管理平面中已配置完成的用户到网络连接的有关信息等),控制平面根据该请求信息建立网络到网络之间的连接,并将连接建立的结果报告给管理平面。SPC 可以看成是从永久连接到交换连接的过渡类型的连接方式,如图 4.17 所示。

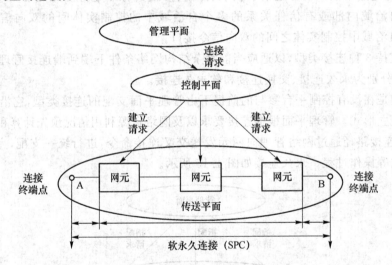

图 4.17　ASON 中的软永久连接

　　正是由于 ASON 这三种各具特色的连接类型的存在,使它具有连接建立的灵活性,能满足用户连接的各种需求。

# 4.4　光纤孤子通信技术

### 4.4.1　光孤子通信系统概述

**1. 光孤子概念**

　　光纤的损耗和色散是限制系统传输距离的两个主要因素,尤其是在 Gbit/s 以上的高速光纤通信系统中,由于光纤固有色散的影响,使所接收的光信号中存在脉冲展宽现象,严重限制了系统的传输距离。由此可见,在高速光纤数字通信系统中,色散是影响传输距离的主要问题。那么能否采取某种新技术,使光信号在传输过程中设法保持脉冲形状,不使其展宽,从而提高传输距离呢? 这就需要通过光孤子通信技术来实现。

光孤子的概念可以概括为:某一相干光脉冲在通过光纤时,脉冲前沿部分作用于光纤,使之激活,而脉冲后沿部分则受到光纤的作用得到增益。这样,波前沿失去的能量和后沿得到的能量相抵,光脉冲就好像在完全透明的介质中传播一样,没有任何损耗,形成一个传播中稳定、不变形的光脉冲。光孤子的这种能在光纤传播中长时间保持形态、幅度和速度不变的特性使得实现超长距离、超大容量的光通信成为可能。

1973 年,光孤子的观点开始引入光纤传输中。在频移时,由于折射率的非线性变化与群色散效应相平衡,光脉冲会形成一种基本孤子,在反常色散区稳定传输。由此,逐渐产生了新的电磁理论——光孤子理论,从而把通信引向非线性光纤孤子传输系统这一新领域。光孤子就是这种能在光纤中传播的长时间保持形态、幅度和速度不变的光脉冲。利用光孤子特性可以实现超长距离、超大容量的光通信。

**2. 基本工作原理**

光纤通信中,限制传输距离和传输容量的主要原因是损耗和色散。损耗使信号在传输时能量不断减弱;而色散会使光脉冲在传输中逐渐展宽。所谓光脉冲,其实是一系列不同频率的光波振荡组成的电磁波的集合。光纤的色散使不同频率的光波以不同的速度传播,这样,同时出发的光脉冲,由于频率不同,传输速度就不同,到达终点的时间也就不同,这便形成脉冲展宽,使得信号畸变失真。随着光纤制造技术的发展,光纤的损耗已经降低到接近理论极限值的程度,色散问题就成为实现超长距离和超大容量光纤通信的主要问题。

光纤的色散会使光脉冲展宽,而光纤还有一种非线性的特性,这种特性会使光信号的脉冲产生压缩效应。如果能够将光脉冲变宽和变窄这两种效应互相抵消,光脉冲就会像一个一个孤立的粒子那样形成光孤子,能在光纤传输中保持不变,实现超长距离、超大容量的通信。

光孤子通信是一种全光非线性通信方案,其基本原理是光纤折射率的非线性效应导致对光脉冲的压缩,可以与群速色散引起的光脉冲展宽相平衡,在一定条件下,光孤子能够长距离不变形地在光纤中传输。它完全摆脱了光纤色散对传输速率和通信容量的限制,其传输容量比当今最好的通信系统高出一两个数量级,中继距离可达几百千米。它被认为是下一代最有发展前途的传输方式之一。

从光孤子传输理论分析,光孤子是理想的光脉冲,因为它很窄,其脉冲宽度在皮秒级。这样,就可使邻近光脉冲间隔很小而不至于发生脉冲重叠,产生干扰。利用光孤子进行通信,其传输容量极大,在理论上几乎没有限制,传输速率将可能高达 Mbit/s 级。

**3. 光孤子通信系统的基本组成**

光孤子通信系统的基本组成结构如图 4.18 所示。

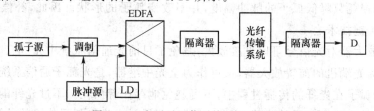

图 4.18　光孤子通信系统的基本组成

　　光孤子通信系统的主要组成部分包括:发射光孤子的光孤子激光器,即光孤子源;对光孤子进行编码,使之承载信息的编码器或调制器;孤子传输光纤与孤子能量补偿放大器;对光孤子进行探测的光孤子检测接收装置以及各种相关的辅助设置等。为抑制各种噪声和扰动因素对孤子传输距离和通信容量的限制,系统中尚需接入某种控制元件或装置。

　　由光孤子源产生一个孤子序列,即超短光脉冲系列,作为信息的载体进入光调制器。光调制器由信号驱动,使孤子承载。承载的光孤子流经放大耦合进入传输光纤进行传输。为克服光纤损耗引起的光孤子减弱,沿途需按规定要求周期地插入光放大器,向光孤子注入能量,以补偿其能量耗损,确保光孤子稳定的传输。同时需平衡非线性效应与色散效应,最终保证脉冲的幅度与形状稳定不变。在接收端通过光探测器和解调装置使孤子承载的信号得以重现。

## 4.4.2　光孤子通信中的关键技术

　　对于光纤通信来说,使用基态光孤子作为信息的载体,显然是一个理想的选择,它的波形稳定,原则上不随传输距离而改变,而且易于控制。近年来,光孤子通信取得了突破性进展。光纤放大器的应用对孤子放大和传输非常有利,它使孤子通信的梦想推进到实际开发阶段。光孤子在光纤中的传输过程需要解决如下问题:光纤损耗对光孤子传输的影响,光孤子通信涉及的关键技术如下。

**1. 适合光孤子传输的光纤技术**

　　研究光孤子通信系统的一项重要任务就是评价光孤子沿光纤传输的演化情况。研究特定光纤参数条件下光孤子传输的有效距离,由此确定能量补充的中继距离,这样的研究不但为光孤子通信系统的设计提供数据,而且通常导致新型光纤的产生。

**2. 光孤子源技术**

　　光孤子源是实现超高速光孤子通信的关键。根据理论分析,只有当输出的光脉冲为严格的双曲正割形,且振幅满足一定条件时,光孤子才能在光纤中稳定地传输,目前,研究和开发的光孤子源种类繁多,有拉曼孤子激光器、参量孤子激光器、掺饵光纤孤子激光器、增益开关半导体孤子激光器等。现在的光孤子通信试验系统大多采用体积小、重复频率高的增益开关 DFB 半导体激光器作光孤子源。理论和实验均已证明光孤子传输对波形要求并不严格,高斯光脉冲在色散光纤中传输时,由于非线性自相位调制与色散效应共同作用,光脉冲中心部分可逐渐演化为双曲正割形。

**3. 光纤损耗与光孤子能量补偿放大**

　　利用提高输入光脉冲功率产生的非线性压缩效应,补偿光纤色散导致的脉冲展宽,维持光脉冲的幅度和形状不变是光纤孤子通信的基础。然而,只有当光纤损耗可以忽略时,这种特性才能保持。当存在光纤耗损时,孤子能量被不断吸收,峰值功率减小,减弱了补偿光纤色散的非线性效应,导致孤子脉冲展宽。实际上,光孤子在光纤的传播过程中,不可避免地存在着损耗,不过光纤的损耗只降低孤子的脉冲幅度,并不改变孤子的形状。因此,补偿这些损耗成为光孤子传输的关键技术之一。

　　全光孤子放大器对光信号可以直接放大,避免了目前光通信系统中光/电、电/光的转换模式。它既可作为光端机的前置放大器,又可作为全光中继器,是光孤子通信系统极为重要的器件。实际上,光孤子在光纤的传播过程中,不可避免地存在着损耗。不过光纤的损耗只降低孤子的脉冲幅度,并不改变孤子的形状,因此,补偿这些损耗成为光孤子传输的关键技术之一。

目前有两种补偿孤子能量的方法,一种是采用分布式的光放大器的方法,另一种是集总的光放大器法。

(1) 分布式放大

分布式放大是指光孤子在沿整个光纤的传输过程中得以放大的技术,如图 4.19 所示。通过向普通传输光纤中注入泵浦光,产生喇曼效应,利用受激喇曼增益机制使孤子脉冲得到放大以补偿光纤损耗,当增益系数正好等于光纤损耗系数时,就能实现光孤子脉冲无畸变"透明"传输。

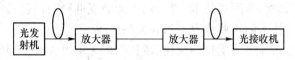

图 4.19 分布式放大示意图

在分布式补偿放大孤子系统中,通过设计泵浦功率、掺铒浓度,使喇曼增益系数或铒光纤放大增益系数与光纤损耗系数处处相等,在理论上,光孤子能够稳定地维持在任意长的距离上。然而在实际系统中,不可能处处实现这种精确补偿,因而只能沿光纤每隔一定距离周期性地注入泵浦光,以对喇曼放大提供能量。泵浦距离的大小决定于光纤对光孤子和泵浦光的损耗以及孤子能量被允许偏离初始值的程度,通常典型泵浦距离为 40~50 km。

利用受激喇曼散射效应的光放大器是一种典型的分布式光放大器。其优点是光纤自身成为放大介质,然而石英光纤中的受激喇曼散射增益系数相当小,这意味着需要高功率的激光器作为光纤中产生受激喇曼散射的泵浦源,此外,这种放大器还存在着一定的噪声。

(2) 集总式放大

集总式放大如图 4.20 所示,与非孤子通信系统的放大方法相同,沿光纤线路周期性地接入集总式光纤放大器(EDFA),通过调整其增益来补偿两个光放大器之间的光纤耗损,从而达到使光纤非线性效应所产生的脉冲压缩恰恰能够补偿光纤群色散所带来的影响,以保持光孤子的宽度不变。集总放大方法是通过掺铒光纤放大器实现的,是当前孤子通信的主要放大方法。

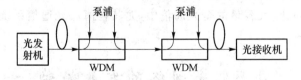

图 4.20 集总式放大示意图

在光孤子通信系统中,中继距离在 10~30 km,与普通光纤通信系统情况下的中继距离 50~100 km 相比要小得多。原因在于集总式 EDFA 长度很短,孤子脉冲几乎是受到突变式放大,而不是逐渐地、动态地调节,恢复基态孤子。由于光放大器只能在很短的距离上对光孤子进行放大,使其能量达到初始值,而被放大的光孤子仍将会在接下去的传输光纤上动态地调整其宽度,加之整个调整过程中还存在色散因素的影响,因此如果放大器的级数过多,便会造成色散的积累,这样只能通过减小放大器之间的距离来减小在这段距离上孤子脉冲所受到的干扰。然而,使用色散位移光纤,可以增大放大器之间的间距,一般为 30~50 km,所以在光孤子通信系统中使用色散位移光纤是必要的。

### 4.4.3  发展前景

全光式光孤子通信,是新一代超长距离、超高码速的光纤通信系统,更被公认为是光纤通信中最有发展前途、最具开拓性的前沿课题。光孤子通信和线性光纤通信比较有一系列显著的优点:一是传输容量比最好的线性通信系统大一两个数量级;二是可以进行全光中继。

由于孤子脉冲的特殊性质使中继过程简化为一个绝热放大过程,大大简化了中继设备,高效、简便、经济。光孤子通信和线性光纤通信比,无论在技术上还是在经济上都具有明显的优势,光孤子通信在高保真度、长距离传输方面,优于光强度调制/直接检测方式和相干光通信。

正因为光孤子通信技术的这些优点和潜在发展前景,国际国内这几年都在大力研究、开发这一技术。迄今为止的研究已为实现超高速、超长距离无中继光孤子通信系统奠定了理论的、技术的和物质的基础:

(1) 孤子脉冲的不变性决定了无须中继。

(2) 光纤放大器,特别是用激光二极管泵浦的掺铒光纤放大器补偿了损耗。

(3) 光孤子碰撞分离后的稳定性为设计波分复用提供了方便。

目前,光孤子研究不断取得了突破。英国 BT 公司演示将 2.54 Mbit/s 信号在光纤上传输了 $1 \times 10^4$ km,美国 AT&T 公司将同等量信号在光纤上成功传输了 $1.2 \times 10^4$ km,而日本 NTT 公司在光纤上,成功演示了将 10 Mbit/s 信号传输了 $1 \times 10^4$ km。光孤子已不再是深奥莫测的领地,而是接近实用化的活动阶段。特别是近年来光纤放大器的研制成功,并成功运用于光孤子通信实验,使光孤子通信的面貌焕然一新,为其实用化走出了关键一步。光孤子通信的这一系列进展使目前的孤子通信系统实验已达到传输速率 10~20 Gbit/s,传输距离 $1.3 \times 10^4 \sim 2 \times 10^4$ km 的水平。

在传输速度方面采用超长距离的高速通信,时域和频域的超短脉冲控制技术以及超短脉冲的产生和应用技术使现行速率 10~20 Gbit/s 提高到 100 Gbit/s 以上;在增大传输距离方面采用重定时、整形、再生技术和减少 ASE,光学滤波使传输距离提高到 $1 \times 10^5$ km 以上;在高性能 EDFA 方面,获得低噪声高输出 EDFA。

当然光孤子通信仍然存在许多技术的难题,但目前已取得的突破性进展使我们相信,光孤子通信在超长距离、高速、大容量的全光通信中,尤其在海底光通信系统中,有着光明的发展前景。

# 4.5  光网络的发展趋势

### 4.5.1  从技术驱动向业务驱动转型

光网络发展乃至电信网发展,其驱动力主要来自 3 个方面:技术、业务和政策。三者相互依赖、相互影响,共同作用于光网络的发展。政策的导向对电信业发展的巨大影响毋庸置疑,这里重点讨论技术和业务对光网络发展的驱动作用。

虽然技术和业务都是光网络发展的驱动力,二者的作用方式是不同的,技术对光网络起支撑作用,而光网络又是业务的支撑者,业务对光网络的驱动力最终还要通过技术起作用。当技术发展适应光网络发展需求的时候,就促进光网络的发展,反之则阻碍光网络的发展。而光网络发展的需求来源于业务发展的需求,业务通过与光网络的矛盾促进技术革新,从而带动光网络的发展。所以如果排除政策对光网络发展的影响,技术、业务和光网络发展形成了一个传动作用的闭环,如图 4.21 所示。

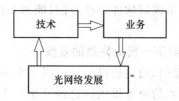

图 4.21　技术、业务和光网络发展关系图

所以,业务对光网络发展的驱动力是一种"拉动"作用,而技术对光网络发展的驱动则是一种"推动"作用。

回顾上世纪光通信的发展史会让我们对这一点体会的更加明显。1966 年,英籍华人高锟发表论文预见利用玻璃可以制成衰减为 20 dB/km 的通信光导纤维,即光纤,并指出玻璃的不纯净是降低光纤衰减的主要因素,而不是玻璃本身。这篇论文引发了世界范围内制造更好的玻璃纤维的竞争,1974 年,每千米光纤的衰减就已经降到了 2 dB。进而在 1976 年,美国亚特兰大出现了第一个光纤通信系统,速率为 44 Mbit/s。正是在技术发展的驱动下,20 世纪 80年代,光纤通信真正进入商用过程。在整个 20 世纪 90 年代之前,技术对光通信发展的作用无疑是最主要的,技术的创新,使光通信和光网络真正进入了人们的生活,相应的业务在技术的推动下,一步步开始展开。在 20 世纪末,技术的快速发展继续推动光通信和光网络进入了发展最为繁荣的一个十年,光通信经历了从低速到高速,从准同步数字序列 PDH 到同步数字序列 SDH/SONET 再到光传送网 OTN 的发展历程。就单波长传输速率而言,已增加到40 Gbit/s,不少实验室正在开发 160 Gbit/s 的系统。光波分复用 WDM 技术的应用更是将传输容量上的潜力开发到了极致。

然而,2001 年因特网泡沫的破灭以及随之而来的全球经济的不景气,直接导致了光纤通信泡沫的破灭,也使人们对光纤通信发展的认识回归了冷静,2001 年成为光网络发展从主要由技术驱动走向主要靠业务驱动的转折点。光网络主要承担着对上层业务网络的支撑任务,目前业务网络才是运营商利润的主要来源,所以光网络应该服务于业务网络,这成为大部分网络运营者的共识。这使得运营商更关心接入网、新业务、IP 网、NGN、移动通信等,目的是开拓市场,降低成本,增加收入。

现在的光网络要想发展,就必须和把自己与市场和业务连接的更加紧密。而如何更好发挥光网络的支撑作用,降低建设和运维成本,适应未来业务的新需求,成为下一代光网络发展的主要驱动力量。

## 4.5.2　未来业务与下一代光网络

### 1. 从业务的特点看下一代光网络的发展

ASON 将自动控制引入光网络可以称得上是光通信网发展中的一场革命。它相比传统的完全基于网络管理系统的光传送网具备以下一些突出优点:

(1) 业务连接基于控制技术快速拆建和修改,更好地满足数据业务的动态性需求。

(2) 实现流量工程要求,将网络资源动态、合理地分配给网络中的连接。

(3) 具有灵活的恢复能力,对业务不仅可以实现保护,而且可以自动快速恢复。

(4) 提供多种新业务,如带宽按需分配、光虚拟专用网(OVPN)等。

ASON 可以说是对传统光网络的重大突破,是从 IP、SONEUSDH、WDM 环境中升华而来,将 IP 的灵活和效率、SONET/SDH 的超强生存能力以及 WDM 的容量,通过创新的分布式控制系统有机地结合在一起,形成以软件为核心的,能感知网络和业务要求,并具有高灵活性和高扩展性的新一代光网络。

**2. 从业务的自适应性需求看下一代光网络的发展**

随着光网络逐渐接近用户层面,通过提供差异化服务来满足用户的应用将变得越来越重要。在美国、日本等发达国家新兴的业务提供商已经开始致力于这个市场的各个方面。但是这些供应商需要业务可以更加灵活,新业务的开发更加容易,光层业务类型更丰富,提供周期更短。

在这个业务和网络发展的环境下,对光网络自适应性的研究变得十分必要。光网络需要能够自动适应业务量增长;能够自动分析业务的多样性需求,根据需求自动建立不同的光连接;能够使得业务的提供更加灵活,对业务需求改变的响应更加快速;能够自动适应未来可能出现的新业务,使得新业务的设计和开展更加容易。

目前的光网络体系并不适应光层业务的上述需求,我国通信网的光层采用的是点到点的 WDM 技术,用 SDH 环进行组网。虽然 ASON 在光传送网中引入控制平面,实现了连接拆建的自动化,但现在部署的 ASON 网络还是基于 SDH 的,信号在光上只做点到点传输。所以网络规划中常常假设光通道的信号质量都是有保障的,所有光纤链路和信道都具有标准的传输特性。目前对这种组网方式来说,WDM 传输技术虽然具备提供带宽的能力,但其静态带宽的提供方式却与数据业务的动态特性背道而驰,其弊端包括:

(1) SDH 天然地具有与下一代网络发展不适应的诸多不足,包括扩展性差、运维费用高、传输效率低、电子瓶颈问题、组网形式单一、资源调度复杂、不适应 IP Over WDM 的发展要求等。

(2) 无光层路由、信令、资源管理功能,无法在光层为数据业务提供端到端按需的带宽分配,光通道提供慢。

(3) 无法提供光层网络功能,也就无法进行光网络资源共享和优化调度,导致资源浪费、重复建设。

(4) 不能在光层提供快速的保护恢复功能。

为了克服上述弊端,必须采用 WDM 技术进行光层组网,提供端到端的光连接,使客户网络可以直接请求光网络带宽资源。对于存在光电光转换的网络,由于网络规模大,器件设备多,其间必然存在诸多差异。信号传输过程中经过的路径不同,信号的衰减、畸变就会不同,而且业务光通道的传输环境会不断发生变化,如温度变化、光纤震动、故障后重路由等。如果不采用自适应技术,网络规划设计和工程施工会变得极其困难,光网络的信号传输质量将无从保证。

所以,应该研究光连接的自适应拆建和自适应传输问题。在物理层应该采用大量的具有自适应调节能力的光器件,包括可调谐激光器、可调谐放大器、均衡器、自动色散补偿器等。使用先进的光域监测技术,对光信道功率、工作频率、色散等的物理参数进行实时监控,光信号的发射、接收、放大、补偿、均衡等都保证在业务到达之前自动调整到最优,根据业务路由变化、温度变化或机械振动引起的光信号质量监测结果的变化自动调整优化,保证业务传输质量处于最优。信令、路由和资源分配算法应该综合考虑业务的 QoS 需求和业务信号在路由中的各种物理损伤,如功率、色散、ASE 等,保证光路的可用性,降低因物理层限制造成的阻塞。

ASON 分层模型在传统的两层结构基础上引入了一个控制面,应该说是光网络发展过程中的一个重大突破。而且 ASON 还提出了业务和连接的分离,但基于这种三个平面的结构,业务的改变将导致控制面软件的改变,使业务相关的操作变得复杂而没有通用性。控制平面分担了传统光传送网管理面的智能控制,业务提供由集中式人工配置演变为分布式自动提供,实现了连接的自动化,但 ASON 对光传输方面并没有进行任何改进。ASON 控制面对传输设备的配置仅仅是对交叉和上下路进行倒换,对光信号的发射、放大、补偿、接收等自适应传输所涉及的问题并没有予以考虑。为了适应业务对光网络自适应性的需求,可在其网络体系中引入业务面和传送控制面,如图 4.22 所示,它包括五个平面,除了传送面和管理面,还将增加业务面和传送控制面。

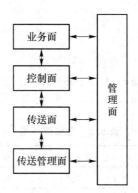

图 4.22　自适应光网络示意图

独立的业务平面可以实现业务与连接分离,业务控制和业务承载分离,业务的创建、生成、控制和管理变得更加简单方便,无须对控制软件进行复杂的改造升级。传送控制面一方面对控制面进行支持,另一方面对传送面进行管理和协调。结合传送面自适应器件,可以实现光信号的自适应传输。

# 第5章 数字微波通信系统

## 5.1 概　　述

### 5.1.1 微波通信的基本概念

#### 1. 微波的频率

频率在 300 MHz～300 GHz(波长为 1 mm～1 m)范围内的电磁波称为微波,如表 5.1 所示。

表 5.1　电磁波频谱

| 波段名称 | | 波长范围 | 频率名称 | 频率范围 | 代号 |
|---|---|---|---|---|---|
| 长波 | | 10～1 km | 低频 | 30～300 kHz | LF |
| 中波 | | 1 000～100 m | 中频 | 300 kHz～3 MHz | MF |
| 短波 | | 100～10 m | 高频 | 3～30 MHz | HF |
| 超短波 | | 10～1 m | 甚高频 | 30～300 MHz | VHF |
| 微波 | 分米波 | 10～1 dm | 特高频 | 300 MHz～3 GHz | UHF |
| | 厘米波 | 10～1 cm | 超高频 | 3～30 GHz | SHF |
| | 毫米波 | 10～1 mm | 极高频 | 30～300 GHz | EHF |

由表 5.1 可见,分米波、厘米波、毫米波统称为微波,微波也是一种电磁波,和光波一样都是由电场和磁场组成的,只是频段不同。微波是指频率为 300 MHz～300 GHz 的电磁波,其所对应的波长为 1 mm～1 m。由于各波段的传播特性不同,因此可用于不同的通信系统。例如中波主要沿地面传播,绕射能力强,适用于广播和海上通信,短波具有较强的电离层反射能力,适用于环球通信;超短波和微波绕射能力差,可用于视距或超视距中继通信,这里主要讨论微波的特性及通信系统。

#### 2. 微波通信

利用微波作为传输媒介的通信方式,称为微波中继通信(Microwave Radio Relay Communication)。由于微波具有与光波相似的沿直线传播的特性,通常只能在两个没有障碍的点间(视线距离内)建立点对点通信,故称为视距通信。如要在超视距的两个点或多点间建立微波通信,必须采用中继方式。为此,可采用多个微波接力站实现中继,或采用对流层的散射实现中继,或采用卫星实现微波中继。

显然,微波通信是指利用微波波段的电磁波作为载波进行通信的一种通信的方式;而数字微波通信则是指利用微波频段的电磁波传输数字信息的一种通信的方式。微波通信只是将微波作为信号的载体,与光纤通信中将光作为信号传输的载体是类似的。简单地说,光纤通信系统中的发射模块和接收用的光电检测模块类似于微波通信中的发射和接收天线。只是微波信道是一种无线信道,相比于光纤,传输特性要复杂一些。

**3. 微波通信的常用频段**

微波既是一个很高的频率,同时也是一个很宽的频段,在微波通信中所使用的频率范围一般在 1～40 GHz,如表 5.2 所示。

表 5.2　微波通信的常用频段

| L 波段 | 1.0～2.0 GHz | C 波段 | 4.0～8.0 GHz |
|---|---|---|---|
| S 波段 | 2.0～4.0 GHz | X 波段 | 8.0～12.4 GHz |
| Ku 波段 | 12.4～18 GHz | K 波段 | 18～26.5 GHz |

**4. 微波通信的起源和发展**

微波技术是第二次世界大战期间围绕着雷达的需要发展起来的,由于具有通信容量大而投资费用省、建设速度快、安装方便和相对成本低、抗灾能力强等优点而得到迅速的发展。20世纪 40 年代到 50 年代产生了传输频带较宽,性能较稳定的模拟微波通信,成为长距离大容量地面干线无线传输的主要手段,其传输容量高达 2 700 路,而后逐步进入中容量乃至大容量数字微波传输。80 年代中期以来,随着同步数字序列(SDH)在传输系统中的推广使用,数字微波通信进入了重要的发展时期。目前,单波道传输速率可达 300 Mbit/s 以上,为了进一步提高数字微波系统的频谱利用率,使用了交叉极化传输、无损伤切换、分集接收、高速多状态的自适应编码调制解调等技术,这些新技术的使用将进一步推动数字微波通信系统的发展。因此,数字微波通信和光纤通信、卫星通信一起被称为现代通信传输的三大支柱。

我国第一条微波中继通信线路是 20 世纪 60 年代初开始建立的。目前已试制成功2 GHz、4 GHz、6 GHz、8 GHz、11 GHz 等多个频段的各种容量的微波通信设备,并正在向数字化、智能化、综合化方向迅速发展。

**5. 微波通信系统的分类**

根据所传基带信号的不同,微波通信系统可以分为如下两大类。

(1) 模拟微波通信系统

模拟微波通信系统采用频分复用(FDM)方式来实现多个话路信号的同时传输,合成的多路信号再对中频进行调频。因此,最典型的微波通信系统的制式为 FDM-FM。模拟微波通信系统主要传输电话和电视信号,石油、电力、铁道等部门,常建立专线,传输本部门内部的遥控、遥测信号和各种业务信号。

(2) 数字微波通信系统

在数字微波通信系统中,模拟的语言和视频信号首先被数字化,然后采用数字制式的方式,通过微波载波进行传输。为了扩大传输容量和提高传输效率,数字微波通信系统通常要将若干个低次群数字信号以时分复用(TDM)的方式合成为一路高速数字信号,然后再通过宽带信号传输。

## 5.1.2　数字微波通信的特点及应用

**1. 微波通信的主要特点**

(1) 微波频段频带宽,传输容量大

微波频段有近 300 GHz 的带宽,占据了分米波、厘米波和毫米波三个波段,通信的容量比较大。

（2）适于传输宽频带信号

与短波、甚短波通信设备相比,在相同的相对同频带下,载频越高,通频带越宽。例如,相对通频带 1%, 当载频为 4 MHz 时,通频带为 40 kHz;而当载频为 4 GHz 时,通频带为 40 MHz。因此,一套短波通信设备一般只能容纳几条话路,而一套微波通信设备可容纳成千上万条线路同时工作。

（3）天线的增益高,方向性强

由于微波的波长很短,因此很容易制成高增益天线。另外,微波频段的电磁波具有近似光波的特性,因而可以利用微波天线把电磁波聚集成很窄的波束,制成方向性很强的天线。

（4）外界干扰小,通信线路稳定

天电干扰、工业噪声和太阳黑子的变化对短波和频率较低的无线电波影响较大,而微波频段频率较高,不易受以上外界干扰的影响,通信的稳定性和可靠性得到了保证。而且,微波通信具有良好的抗灾性能,对水灾、风灾以及地震等自然灾害,微波通信一般都不受影响。

（5）采用中继传输方式

微波波段的电磁波频率很高,波长较短,在自由空间传播时是沿直线传播的,就像视线一样。因此,微波波段的电磁波在视距范围内沿直线传播,其绕射能力很弱,考虑到地球表面的弯曲,其通信距离一般只有 40～50 km。正因为如此,在一定天线高度的情况下,为了克服地球的凸起而实现远距离通信就必须在视距传输的极限距离之内设立一个中继站,中继站会把信号传往下一个中继站,这样信号被一站一站地传输下去,如图 5.1 所示。

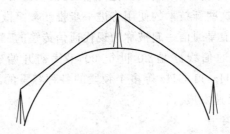

图 5.1　微波中继传输

微波采用中继方式的另一个原因是,电磁波在空间的传播过程中会受到散射、反射、大气吸收等因素的影响,使信号能量受到损耗,且频率越高,站距越长,微波能量损耗就越大。因此,微波每经过一定距离的传播后就要进行能量补充,这样才能将信号传向远方。由此可见,一条上千千米的微波通信线路是由许许多多的微波站连接而成的,信号通过这些微波站由一端传向另一端。例如,葛沪数字微波通信线路,整个干线设立了 38 个微波站。

**2. 数字信号微波传输的主要特点**

数字微波通信既具有数字通信的特点,又具有上述微波通信的特点。由于传输的是数字信号,所以数字微波通信系统具有的特点包括:

（1）抗干扰能力强,线路噪声不会积累。

（2）便于加密,保密性强。

（3）终端设备采用大规模集成电路,所以设备的体积小,重量轻,功率低。

**3. 数字微波通信系统的应用**

与光纤通信和卫星通信这两种传输手段相比,微波通信具有组网灵活,建设周期短,成本低等优点,特别适合于在山区、铁路等铺设光缆不便的地方使用,目前主要应用在四个方面:

（1）干线光纤传输的备份及补充

点对点的 SDH 微波、PDH 微波主要用于干线光纤传输系统在遇到自然灾害时的紧急修复，以及由于种种原因不适合使用光纤的地段和场合。例如，在 1976 年的唐山大地震中，在京津之间的同轴电缆全部断裂的情况下，六个微波通道全部安然无恙；20 世纪 90 年代的长江中下游的特大洪灾中，微波通信又一次显示了它的巨大威力。

（2）农村、海岛等边远地区和专用通信网中为用户提供基本业务的场合这些场合可以使用微波点对点、点对多点系统，微波频段的无线用户环路也属于这一类。

（3）城市内的短距离支线连接

如移动通信基站之间、基站控制器与基站之间的互联、局域网之间的无线联网等，既可使用中小容量点对点微波，也可使用无须申请频率的微波数字扩频系统。

（4）宽带无线接入

宽带无线接入（如 LMDS）技术以投资少、见效快、组网灵活等优势，在接入市场具有较强的竞争力，并能在日趋激烈的高速数据业务竞争中快速占领有效市场。

作为宽带固定无线接入系统的代表，LMDS（本地多点分配业务）技术已日益成熟。LMDS 是 20 世纪 90 年代发展起来的一种宽带无线接入技术，能够在 3～5 km 的范围内，以点对多点的广播信号传送方式，传输话音、视频和图像等多种宽带交互式数据及多媒体业务，速率可达 155 Mbit/s。与光纤等有线接入手段相比，LMDS 具有建设成本低、项目启动快、建设周期短、维护费用低等诸多优势。

# 5.2　微波的传输特性

## 5.2.1　自由空间的电波传播

微波的传输特性如同光波，在传播的路径上没有阻挡时，绕射现象可以忽略不计，因而是一种"视距"传播。与利用电磁波的绕射现象或利用对流层或电离层散射现象进行"超视距"传播相比，视距微波通信的传播特性稳定，外界干扰比较小。

为了简化电波传播的计算，通常假定微波在大气中的传播条件为自由空间。所谓自由空间是指充满理想介质的无限空间。在这个空间里电波不受阻挡、反射、折射、绕射、散射和吸收。电波在自由空间传播时，其能量会因扩散而衰减，这种衰减称为自由空间传输损耗。

假设发射功率为 $P_t$，发射天线各向同性向外辐射。则以发射源为中心、$d$ 为半径的球面上单位面积的功率为

$$S = \frac{P_t}{4\pi d^2} \tag{5.1}$$

实际上，天线都是具有方向性的，其辐射能量向主射束方向集中的程度可以用天线增益 $G_t$ 表示

$$G_t = \frac{S_A}{S_t} \tag{5.2}$$

其中，$S_A$ 是距发射源 $d$ 处，对准定向天线主瓣方向某点得到的功率密度；$S_t$ 是使用全向天线时同一 $d$ 处得到的功率密度。于是可得天线主射束方向该点的功率密度为

$$S = \frac{P_t G_t}{4\pi d^2} \tag{5.3}$$

如果接收天线为一抛物面天线,根据天线理论,天线的有效面积为

$$A = \frac{\lambda^2}{4\pi} G_r \tag{5.4}$$

其中,$\lambda$ 为发射源的自由空间波长;$G_r$ 为接收天线的增益;则接收天线所接收的功率为

$$P_r = SA = \frac{\lambda^2}{4\pi d^2} P_t G_t G_r \tag{5.5}$$

若不考虑天线增益(即假定 $G_t$ 和 $G_r$ 都为 1),定义电波的自由空间损耗为发射功率与接收功率之比:

$$L_s = \frac{P_t}{P_r} = \left(\frac{4\pi d}{\lambda}\right)^2 = \left(\frac{4\pi}{c}\right)^2 d^2 f^2 \tag{5.6}$$

其中,$c$ 为光速;$f$ 为电波频率。

通常用分贝表示自由空间传播损耗:

$$L_s = 92.44 + 20\lg d + 20\lg f \tag{5.7}$$

其中,$L_s$ 的单位为 dB;$d$ 的单位为 km;$f$ 的单位为 GHz。

若考虑天线增益,则将这种有方向性的传播损耗称为系统损耗,通常用 $L$ 表示,其分贝形式为

$$L = L_f - G_t - G_r \tag{5.8}$$

在微波通信系统中,通常采用卡塞格伦天线,其增益为

$$G = \eta \left(\frac{\pi d}{\lambda}\right)^2 \tag{5.9}$$

其中,$\eta$ 为天线效率,定义为天线辐射功率与输入功率之比,一般取值为 0.6~0.7;$D$ 为天线直径;$\lambda$ 为电波波长。

## 5.2.2 微波的视距传播

为了实现视距通信,必须首先考虑地球曲率的影响,如图 5.2 所示。

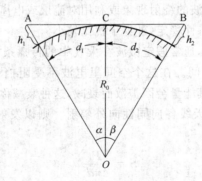

图 5.2 地球曲率的影响

设通信两端 A 和 B 的天线高度分别为 $h_1$ 和 $h_2$。当 AB 和地球相切时的距离 $d$ 就是最大视线距离。相切点 C 相对应的 AC 和 BC 近似等于弧长 $d_1$ 和 $d_2$。因为 $d_1$ 和 $d_2$ 远远小于 $R_0$;$R_0$ 为地球半径,约为 6 370 km。

由图 5.2 几何关系可见:

$$d_1 \approx AC = \sqrt{(R_0 + h_1)^2 - R_0^2} \approx \sqrt{2R_0 h_1}$$

$$d_2 \approx BC = \sqrt{(R_0 + h_2)^2 - R_0^2} \approx \sqrt{2R_0 h_2}$$

由此可得,在给定天线高度 $h_1$ 和 $h_2$ 时,最大视距为

$$d_m = d_1 + d_2 = \sqrt{2R_0}\,(\sqrt{h_1} + \sqrt{h_2})$$

表 5.3 给出了不同天线高度时的最大视距 $d$。

表 5.3　不同天线高度的最大视距

| 天线高度/m | 10 | 20 | 30 | 40 | 50 | 60 |
|---|---|---|---|---|---|---|
| 视距/km | 23 | 32 | 39 | 45 | 50 | 55 |

由表 5.3 可见,天线高度越高,视线距离越大。对于跨距 $d$ 较大的通信线路,必须要有足够高的天线高度以防电波遭受额外的阻挡损耗。因此,对于平原地区,可利用铁塔或高层建筑物来提高天线高度。对于山区,可利用山峰架设天线进行通信。

### 5.2.3　微波天线的主要特性

无线电发射机输出的射频信号功率,通过馈线(电缆)输送到天线,由天线以电磁波形式辐射出去。电磁波到达接收地点后,由天线接收下来(仅仅接收很小一部分功率),并通过馈线送到无线电接收机。可见,天线是发射和接收电磁波的一个重要的无线电设备,没有天线也就没有无线电通信。天线对于无线通信来说,起着举足轻重的作用,如果天线选择(类型、位置)不好,或者天线的参数设置不当,就会直接影响通信质量。

**1. 天线方向性**

发射天线有两种基本功能:

(1) 把从馈线取得的能量向周围空间辐射出去。

(2) 把大部分能量朝所需的方向辐射。

根据天线的方向性可将天线分为全向天线和方向性(或定向)天线。全向天线在水平方向图上表现为 360°均匀辐射,也就是平常所说的无方向性,在垂直方向图上表现为有一定宽度的波束。一般情况下,波瓣宽度越小,增益越大;定向天线在水平方向图上表现为一定角度范围辐射,也就是平常所说的有方向性,在垂直方向图上表现为有一定宽度的波束。与全向天线一样,波瓣宽度越小,增益越大。

**2. 波瓣宽度**

方向图通常都有两个或多个瓣,其中辐射强度最大的瓣称为主瓣,其余的称为副瓣或旁瓣。在主瓣最大方向角两侧,辐射强度降低 3dB 的两点间的夹角定义为波瓣宽度(又称为波束宽度、主瓣宽度或半功率角)。波瓣宽度越窄,方向性越好,作用距离越远,抗干扰能力越强。

**3. 天线增益**

天线增益是指在输入功率相等的条件下,实际天线与理想的球型辐射单元在空间同一点处所产生的信号的功率密度之比。它定量地描述一个天线把输入功率集中辐射的程度。增益显然与天线方向图有密切的关系,方向图主瓣越窄,副瓣越小,增益越高。

可以这样来理解增益的物理含义——为在相同距离上某点产生相同大小信号所需发送信号的功率比。表征天线增益的参数为 dBi。dBi 是相对于在各方向的辐射是均匀的点源天线的增益。

如果用理想的无方向性点源作为发射天线,需要 100 W 的输入功率,而用增益为 $G=$

13 dB＝20 的某定向天线作为发射天线时,输入功率只需 100/20＝5 W。换言之,就其最大辐射方向上的辐射效果来说,某天线的增益,即为与无方向性的理想点源相比把输入功率放大的倍数。

**4. 天线的极化**

所谓天线的极化,就是指天线辐射时形成的电场强度方向。当电场强度方向垂直于地面时,此电波就称为垂直极化波:当电场强度方向平行于地面时,此电波就称为水平极化波。由于电波的特性,决定了水平极化传播的信号在贴近地面时会在大地表面产生极化电流,极化电流因受大地阻抗影响产生热能而使电场信号迅速衰减,而垂直极化方式则不易产生极化电流,从而避免了能量的大幅衰减,保证了信号的有效传播。

# 5.3　数字微波通信系统

## 5.3.1　数字微波中继线路

数字微波中继通信线路的典型组成结构如图 5.3 所示。

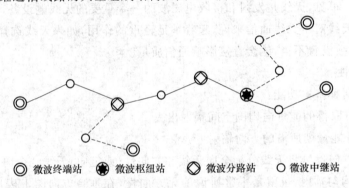

◎ 微波终端站　✷ 微波枢组站　◇ 微波分路站　○ 微波中继站

图 5.3　数字微波中继线路示意图

由图 5.3 可知,一条数字微波中继通信线路由两端的终端站、若干中继站和电波的传播空间构成,中继站的数目取决于线路的传输距离。

终端站是位于微波线路两端的微波站。它的任务是把数据信号调制为中频信号后,再进行变频,使其成为微波信号,通过天线发射出去;另外,终端站还要将接收到的微波信号,经变频后解调出对方送来的数据信号。

终端站设备比较齐全,一般应装有微波收发信机,调制解调设备,分路滤波和波道倒换设备,多路复用设备以及监控系统等。终端站的特点是只对一个方向收发,全上全下话路。

**1. 中继站的类型**

中继站的任务是完成对微波信号的转发和分路。根据它们的不同功能,通常可以分为如下三种类型。

(1) 中间站

中间站只完成微波信号的放大与转发,如图 5.4 所示。具体地说,将 A 方向站传来的微波信号,经变频、放大等处理后,向 B 方向站转发出去。同样,将 B 方向站传来的微波信号,经变频、放大等处理后,向 A 方向站转发出去。这种站的结构比较简单,主要配置天馈系统与微波收发信设备。中间站的特点是对两个方向实现微波转发,一般不能插入或分出信号,即不能上下话路。

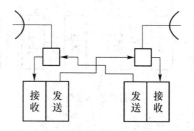

图 5.4　中间站示意图

(2) 再生中继站

再生中继站可以分出和插入一部分话路,如图 5.5 所示。为了不增加信号噪声,在分路站不对整个信号进行调制或解调。在分出话路时,由分路设备把需分出的话路信号滤出,然后对它们进行解调。在插入话路时,先把这些话路调制到载波上,并滤出需要的边带,再加到规定的信号中去。分路站的特点是可以上下话路。

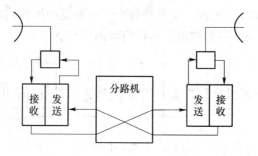

图 5.5　再生中继站示意图

(3) 枢纽站或主站

枢纽站一般处在干线上,需要完成数个方向的通信任务,一般应配备交叉连接设备。就其每一个方向来说,枢纽站都可以看作是一个终端站。在枢纽站中,可以上下全部或部分支路信号,也可以转接全部或部分支路信号,因此,枢纽站上的设备门类很多,可以包括各种站型的设备。在监控系统中,一般作为主站。

**2. 中继站的中继方式**

地面远距离微波通信的一个重要特点是需要一站一站地进行接力,即用中继通信方式。由于微波信号、中频信号和基带信号中都携带着发信者所要传递的信号,所以各微波中继站可以在三个地方进行中继转接,即可以在基带部分、中频部分和高频部分进行转接。因此,微波中继通信系统的中继方式一般有三种,即基带中继、外差中继和直接中继(射频中继)。

(1) 基带中继(再生转接)

如图 5.6 所示,接收信号经天线、馈线和微波低噪声放大器放大后与接收机的本振信号混频,混频输出中频调制信号,然后经中频放大器放大后送往调制器,解调后的信号经判决再生电路还原出信码脉冲序列。该序列对发射机的载频进行数字调制,再经变频和功率放大后由天线发射出去。

基带中继方式是三种中继方式中最复杂的,它不仅需要上、下变频,还需要调制解调电路,因此基带中继可以上、下话路，同时由于数字信号的再生消除了积累的噪声，传输质量得到保证。因此基带中继是数字微波中继通信的主要中继方式。

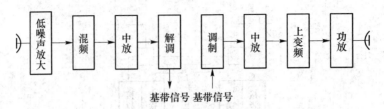

图 5.6　基带中继方式

（2）外差中继（中频转接）

如图 5.7 所示，接收信号经天线、馈线和微波低噪声放大器放大后与接收机的本振信号混频，混频输出为中频调制信号，经中频放大器放大后得到一定的信号电平，再经功率中放放大到上变频所需要的信号电平，然后和发射机本振信号经上变频得到微波调制信号，再经微波功率放大器放大后由天线发射出去。

外差中继方式采用中频接口，是模拟微波中继系统常用的一种中继方式。由于省去了调制解调器，故而设备比较简单，电源功率消耗较少。但外差中继方式不能上、下话路，不能消除累积噪声，因而在实际应用中只起到增加通信距离的作用。

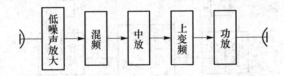

图 5.7　外差中继方式

（3）直接中继（射频转接）

直接中继方式与外差中继方式类似，二者的区别是直接中继方式在微波频率上进行放大，外差中继方式则是在中频上进行放大，如图 5.8 所示。为了使本站发射的信号不干扰本站的接收信号，需要有一个移频振荡器将接收信号的频率进行变换后发射出去，移频振荡器的频率是接收信号与发送信号的两个频率之差。

直接中继最简单，仅仅是将收到的射频信号直接移到其他射频上，无须经过微波-中频-微波的上下变频过程，因而信号传输失真小，这种方式的设备量小、电源功耗低，适于不需上下话路的无人值守中继站。

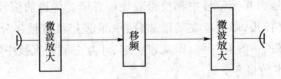

图 5.8　直接中继方式

## 5.3.2　数字微波通信系统的组成

数字微波通信线路的基本组成框图如图 5.9 所示。

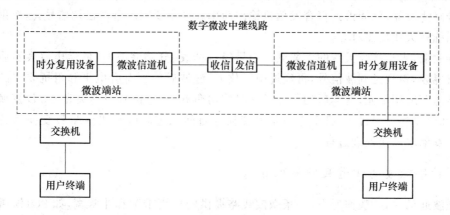

图 5.9　数字微波通信线路组成框图

　　设甲、乙两地的用户终端为电话机,在甲地,人们说话的声音通过电话机送话器的声/电转换后,变成电信号,再经过市内电话局的交换机,将电信号送到甲地的微波端站,在端站经过时分复用设备完成各种编码及复用,并在微波信道机上完成调制、变频和放大后发送出去,该信号经过中继站转发,到达乙地的微波端站,乙地框图和甲地相同,其功能与作用正好相反,乙地用户的电话机受话器完成电/声转换,恢复出原来的话音。

　　在终端站,对用户信号的处理如图 5.10 所示。

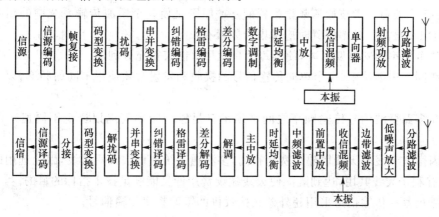

图 5.10　信号的处理流程

　　由信源来的信号经过信源编码、帧复接后变成高次群信号,在帧复接部分,根据所采用的体制的不同,可以把微波分成 SDH 微波和 PDH 微波,然后进入码型变换,码型变换包括线路编码和线路译码。扰码电路将信号数据流变换成伪随机序列,消除数据流中的离散谱分量,使信号功率均匀分布在所分配的带宽内。串并变换将串行码流变换成并行码流,并行的路数取决于所采用的调制方式。纠错编码可以降低系统的误码率。格雷编码完成自然码到格雷码的变换,因为格雷码传输时的误码率较低。差分编码用于解决载波恢复中的相位模糊问题,由于D/A 变换器一般只能进行自然二进制码到多电平的变换,因此在 D/A 变换前,需进行格雷/自然码变换,再经 D/A 变换后把多比特码元变换成多电平信号,网孔均衡器的作用是将多电平信号变换成窄脉冲,以满足传输函数对输入脉冲的要求。然后进入调制器进行调制,中频频率一般为 70 MHz 或 140 MHz,调制后的中频信号经过时延均衡和中频放大后,送到发信混频器,将中频已调信号和发信本振信号进行混频,即可得到微波已调信号。再经过单向器、射频功放和分路滤波器,就能得到符合发信机输出功率和频率要求的微波已调信号,这个射频信号经馈线系统和天线发往对方。

在接收端,来自接收天线的微弱微波信号经过馈线、分路滤波器、低噪声放大器后与本振信号进行混频,得到已调波信号,再经过中频放大、滤波后得到符合电平和阻抗要求的中频已调波信号送至解调单元,解调后的信号进入时域均衡器,校正信号波形失真,A/D 变换包括抽样、判决和码变换三个过程,将多电平信号变换为自然二进制电平码。A/D 变换后的信号处理过程为发信端的逆处理过程。

### 5.3.3 数字微波的波道及频率配置

在微波通信中,一般情况下,一条微波线路提供的可用带宽都非常宽,如 2GHz 微波通信系统的可用带宽达 400 MHz。而一般收发信机的通频带小得多,为几十 MHz。因此,如何充分利用微波通信的可用带宽是一个十分重要的问题。

**1. 波道的设置**

为了使一条微波通信线路的可用带宽得到充分利用,人们将微波线路的可用带宽划分成若干频率小段,并在每一个频率小段上设置一套微波收发信机,构成一条微波通信的传输通道。这样,在一条微波线路中可以容纳若干套微波收发信机同时工作,亦即在一条微波线路中构成了若干条微波通信的传输通道,每个微波传输通道称为波道,通常一条微波通信线路可以设置 6、8、12 个波道。微波通信频率配置的基本原则是使整个微波传输系统中的相互干扰最小,频率利用率最高。频率配置时应考虑的因素有:

(1) 整个频率的安排要紧凑,使得每个频段尽可能获得充分利用。

(2) 在同一中继站中,一个单向传输信号的接收和发射必须使用不同的频率,以避免自调干扰。

(3) 在多路微波信号传输频率之间必须留有足够的频率间隔以避免不同信道间的相互干扰。

(4) 因微波天线和天线塔建设费用很高,多波道系统要设法共用天线,因此选用的频率配置方案应有利于天线共用,达到既能使天线建设费用低又能满足技术指标的目的。

(5) 避免某一传输信道采用超外差式接收机的镜像频率传输信号。

**2. 射频波道配置**

由于一条微波线路上允许有多套微波收发信机同时工作,这就必须对各波道的微波频率进行分配。频率的分配应做到:在给定的可用频率范围内尽可能多地安排波道数量,这样,可以在这条微波线路上增加通信容量;尽可能减少各波道间的干扰,以提高通信质量;尽可能地有利于通信设备的标准化、系列化。

(1) 单波道频率配置

目前,单波道的频率配置主要有两种方案:二频制和四频制。

二频制是指一个波道的收发只使用两个不同的微波频率,如图 5.11 所示。图中的 $f_1$、$f_2$ 分别表示收、发对应的频率。它的基本特点是,中继站对两个方向的发信使用同一个微波频率,两个方向的收信用另一个微波频率。二频制的优点是占用频带窄、频谱利用率高;缺点是存在反向干扰,由于在微波线路中,站距一般为 30~50 km,因此反向干扰比较严重。从图 5.11 中可以看到,这种频率配置方案干扰还包括越站干扰。

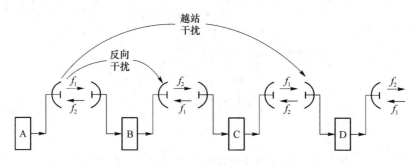

图 5.11　二频制频率分配

四频制是指每个中继站方向收发使用四个不同的频率,间隔一站的频率又重复使用,如图 5.12 所示,四频制的优点是不存在反向接收干扰;缺点是占用频带带宽是二频制带宽的 2 倍。

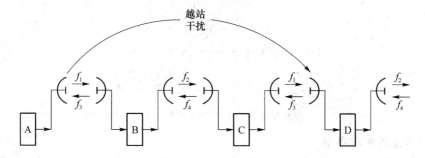

图 5.12　四频制频率分配

无论是二频制还是四频制,它们都存在越站干扰。解决越站干扰的有效措施之一是:在微波路由设计时,使相邻的第 4 个微波站的站址不要选择在第 1、2 两微波站的延长线上,如图5.13所示。

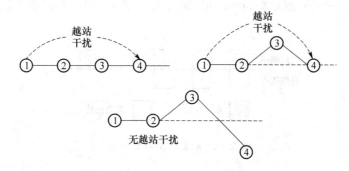

图 5.13　越站干扰示意图

(2) 多个波道的频率配置

多个波道的频率配置一般有两种排列方式:一是收发频率相间排列;二是收发频率集中排列。图 5.14 示意了一个微波中继系统中 6 个波道收发频率相间的排列方案,若每个波道采用二频制,其中收信频率为 $f_1 \sim f_6$,发信频率为 $f_1' \sim f_6'$。这种方案的收发频率间距较小,导致收发往往要分开使用天线,因此要用多天线,这种方案目前一般不采用。

图 5.15 为一中继站 6 个波道收发频率集中排列的方案,每个波道采用二频制,收信频率为 $f_1 \sim f_6$,发信频率为 $f_1' \sim f_6'$。这种方案中的收发频率间隔大,发信对收信的影响很小,因此可以共用一副天线,也就是说只需两副天线分别对着两个方向收发即可,目前的微波通信大多采用这种方案。

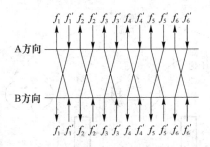

图 5.14　多波道频率设置中的收发频率相间排列方案

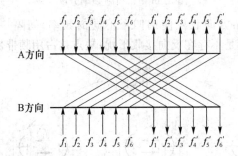

图 5.15　多波道频率设置中的收发频率集中排列方案

**3. 射频波道的频率再用**

由微波的极化特性我们知道,利用两个相互正交的极化方式,可以减少它们之间的干扰,由此我们可以对射频波道实行频率再用。所谓频率再用,就是指在相同和相近的波道频率位置,借助于不同的极化方式来增加射频波道安排数量的一种方式。射频波道的频率再用通常有两种可行方案:一种是同波道型频率再用,如图 5.16 所示;另一种是插入波道型频率再用,如图5.17所示。

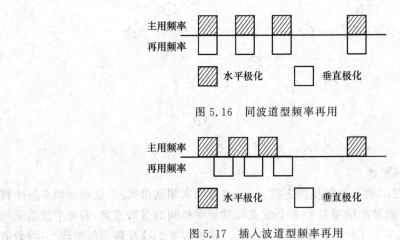

图 5.16　同波道型频率再用

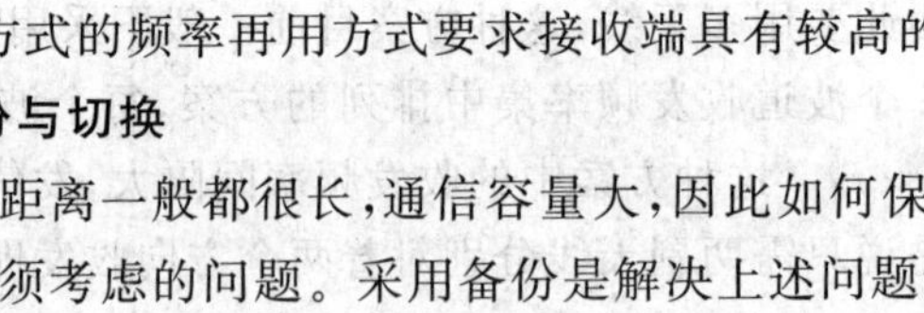

图 5.17　插入波道型频率再用

必须指出,采用极化方式的频率再用方式要求接收端具有较高的交叉极化分辨率。

**4. 微波通信中的备份与切换**

一条微波线路的通信距离一般都很长,通信容量大,因此如何保证微波通信线路的畅通、稳定和可靠是微波通信必须考虑的问题。采用备份是解决上述问题切实可行的一种方法。在微波通信中备份方式有两种:一种是设备备份,即设一套专用的备用设备,当主用设备发生故障时,立即由备用设备替换;另一种是波道备份,即将 $n$ 个波道中的某几个波道作为备用波道,当主用波道因传播的影响而导致通信质量下降到最小允许值以下时,自动将信号切换到备用波道中进行传输。对于 $n$ 个主用波道、1 个备用波道的情况,我们经常称之为 $n:1$ 备用。

**5. 监控与勤务信号**

监控系统实现对组成微波通信线路的各种设备进行监视和控制,它的作用是将各微波站上的通信设备、电源设备的工作状态,机房环境情况,以及传输线路的情况实时地报告给维护工作人员,以便于日常的维护和运行管理。监控系统的任务主要有以下两个方面:一是对本站的通信状况进行实时监测和控制,一旦发现通信中断,将恶化波道上的信号切换到备用波道;二是对远方站的监视和控制。

勤务联络的作用是为线路中各微波站上的维护人员传递业务联络电话,以及为监控系统提供监控数据的传输通道。勤务联络系统提供的传输通道有三种途径:

(1) 配置独立的勤务传输波道。

(2) 在主通道的信息流中插入一定的勤务比特来传输勤务信号。

(3) 通过对主信道的载波进行附加调制来传送勤务信号,如通过浅调频的方式实现勤务电话的传输。

# 第6章 卫星通信

## 6.1 卫星通信的基本原理

### 6.1.1 概述

**1. 卫星通信基本概念**

卫星通信是指利用人造地球卫星作为中继站转发无线电信号,在两个或多个地面站之间进行的通信,图 6.1 给出了一种比较简单的卫星通信系统。

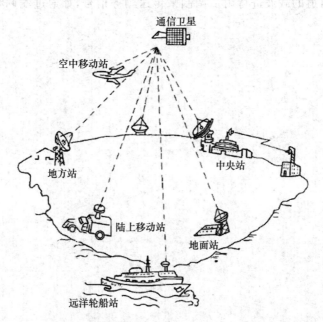

图 6.1 卫星通信示意图

在图 6.1 中,卫星的无线波束覆盖了全部通信站所在的地域,各通信站天线均指向卫星,这样各站都可通过卫星转发来进行通信。

由于卫星通信所用频率处于微波频段,所以卫星通信可以认为是一种特殊的微波通信。在进行通信的过程中所使用的中继站是通信卫星,地球上的设备称为地球站,地球站和地球站的互通都是通过在太空中的卫星来转发信息。显然,在卫星通信中所使用的信息形式仍然是无线电波在自由空间中传播。

卫星通信是一种新的现代化的通信方式,它是在空间技术和微波通信技术的基础上发展起来的。利用人造地球卫星作中继站来转发微波信号,可使远距离的两个或两个以上的地面站之间,不仅能够传输多路电报和电话,而且能够传输高质量电视、高速数据和传真。

卫星通信作为一种远距离通信方式已存在了半个多世纪。目前,无论是国际通信、国内通信,还是国防通信和广播电视等领域,卫星通信都得到了广泛的应用。随着通信技术的发展,卫星通信有它突出的优点。特别是在通信不发达地区、人口稀少地区、边远山区、沙漠地区、江河湖泊地区及海岛等,不易建立其他通信方式的地区,卫星通信具有其他通信手段不可替代的作用。

**2. 卫星通信的发展简介**

自从 20 世纪 40 年代中期提出利用人造地球卫星进行通信的设想以来,历经 20 年探索、试验,终于在 60 年代中期人造地球卫星投入使用,并在应用与发展上取得举世瞩目的伟大成就。如今,卫星通信已是人们普遍采用的通信手段,在信息革命中,它已成为实现全球个人通信的重要支柱。目前,卫星通信已进入鼎盛时期,卫星通信业务呈现空前繁荣局面。

下面我们简单回顾卫星通信的发展过程并展望其发展前景。

(1) 20 世纪 40 年代提出构想及探索

1945 年 10 月,英国科学家阿瑟·克拉克发表文章,提出利用同步卫星进行全球无线电通信的科学设想。最初是利用月球反射进行探索试验,证明可以通信。但由于回波信号太弱、时延长、提供通信时间短、带宽窄、失真大等缺点,因此没有发展前途。

(2) 20 世纪 50 年代进入试验阶段

1957 年 10 月,第一颗人造地球卫星上天后,卫星通信的试验很快转入利用人造地球卫星试验的阶段,主要测试项目是有源、无源卫星试验和各种不同轨道的卫星试验。

① 试验证明:无源卫星不可取。主要缺点是要求地面大功率发射和高灵敏接收,通信质量差,不宜宽带通信,卫星反射体面积大且受流星撞击干扰,卫星只能是低轨道等。1964 年后,无源卫星试验宣告终止。

② 通过对各种轨道高度的有源通信卫星的试验,证明高轨道特别是同步静止轨道对于远距离、大容量、高质量通信最为有利。所以,对有源通信卫星的试验及试用逐步集中到同步轨道卫星方面。

③ 20 世纪 60 年代中期,卫星通信进入实用。1964 年,国际通信卫星组织 INTELSAT 成立。相继发射了 IS-Ⅰ、IS-Ⅱ、IS-Ⅲ 通信卫星。一些国家建成了一批地球站,初步构成了国际卫星通信网络,开始了国际卫星通信业务。限于当时的技术条件,地球站设备十分庞大,采用 30 m 口径大型天线、几千瓦速调管发射机、致冷参量放大器接收机等,建设地球站耗资巨大。

④ 20 世纪 70 年代初期,卫星通信进入国内通信。1972 年,加拿大首次发射了国内通信卫星 "ANIK",率先开展了国内卫星通信业务,获得了明显的规模经济效益。地球站开始采用 21 m、18 m、10 m 等较小口径天线,用几百瓦级行波管发射机、常温参量放大器接收机等使地球站向小型化迈进,成本也大为下降。此间还出现了海事卫星通信系统,通过大型岸上地球站转接,为海运船只提供了通信服务。

⑤ 20 世纪 80 年代,VSAT 卫星通信系统问世,卫星通信进入突破性的发展阶段。VSAT 是集通信、电子计算机技术为一体的固态化、智能化小型无人值守地球站。一般 C 频段 VSAT 站的天线口径约 3 m,Ku 频段为 1.8 m、1.2 m 或更小。可以把这种小站建在楼顶上或就近的地方而直接为用户服务。VSAT 技术的发展,为大量专业卫星通信网的发展创造了条件,开创了卫星通信应用发展的新局面。

⑥ 20 世纪 90 年代,中、低轨道移动卫星通信的出现和发展开辟了全球个人通信新纪元,大大加速了社会信息化的进程。

二十多年来,在国际通信、国内通信、国防通信、移动通信、广播电视等领域内,卫星通信迅速发展。到目前为止,全世界已建成的卫星通信系统有四十多个。在静止轨道上的通信卫星一百多个,地球站数以千计。与此同时,人们对卫星通信的新体制、新技术继续进行了广泛深入的研究和实验,取得了很大提高和发展。

**3. 卫星通信的工作频段**

考虑到卫星处于电离层之外的外层空间,而微波频率能够较容易地穿透电离层,所以卫星通信频率一般工作在微波频段,并且要求电波的传播损耗尽可能地小。大气层对电磁波的衰减随频率变化的曲线如图 6.2 所示。

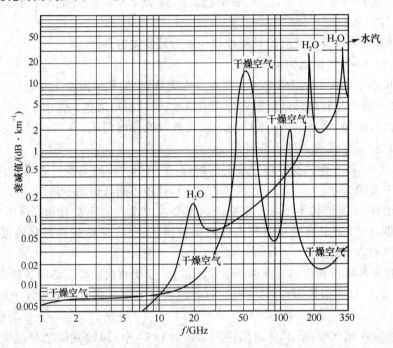

图 6.2 大气对电磁波的吸收损耗

由图 6.2 可以看出,在微波频段 0.3～10 GHz 电波损耗最小,比较适合于电磁波穿出大气层传播,基本上可以把电波看作是自由空间传播,因此称此频率段为"无线电窗口",目前在卫星通信中应用最多。

除了这个频段之外,在 30 GHz 附近也有一个衰减比较小的低谷,损耗相对较小,常称此频段为"半透明无线电窗口"。表 6.1 列出了微波频段的频率范围。

**表 6.1  微波频段**

| 微波频段 | 频率范围/GHz | 微波频段 | 频率范围/GHz |
|---|---|---|---|
| L | 1～2 | K | 18～26 |
| S | 2～4 | Ka | 26～40 |
| C | 4～8 | Q | 33～50 |
| X | 8～12 | U | 40～60 |
| Ku | 12～18 | V | 60～80 |

早期卫星通信应用的频段大多是 C 和 Ku 频段,但随着卫星通信业务量的急剧增加,这两个频段都已经显得特别拥挤,所以必须开发更高的频段。早在 20 世纪 80 年代初,西方发达国家就已经开始有关 Ka 频段的开发工作,Ka 频段的工作带宽是 3～4 GHz,远大于 Ku 频段。一颗 Ka 频段卫星提供的通信能力能够达到一颗 Ku 卫星通信能力的 4 倍以上。目前,国际上大多数建议采用的宽带卫星系统都运行在 Ka 频段上。

### 6.1.2　卫星通信的特点及其在技术上带来的一些问题

**1. 卫星通信的特点**

卫星通信在无线电通信的历史上写下了崭新的一页,成为现代化的通信手段之一。与其他通信方式相比,卫星通信具有其独特的特点:

(1) 通信距离远,覆盖面积广,建站成本与通信距离无关

一个卫星通信系统中的各地球站之间,是靠卫星连接的。由于卫星处于离地球几百、几千甚至几万千米的高度,因此在卫星能够覆盖到的范围内,通信成本与距离无关。只要这些地球站与卫星间的信号传输满足技术要求,通信质量便有了保证,地球站的建设经费不因通信站之间的距离远近、两通信站之间地面上的自然条件恶劣程度而变化。这在远距离通信上具有明显的优势。

在卫星通信中,信号能够传递到自然条件恶劣、地理环境复杂的边远山区和其他高原地区,基本不存在信号盲点。作为陆地移动通信的扩展、延伸,卫星通信系统对航空、航海用户及缺乏地面通信基础设施的偏远地区用户具有重要的意义。

(2) 具有独特的广播特性,组网灵活,容易实现多址连接

卫星通信系统类似于一个多发射台的广播系统,每个有发射机的地球站都可以发射信号,在整个卫星覆盖区内都可以收到广播信号,可以通过接收机选出所需要的某一个发射台的信号。因此,只要地球站同时具有收发信机,就可以在地球站之间建立通信连接,这种能同时实现多方向、多地点通信的能力,称为多址连接。应该说这个特点是卫星通信系统突出的优点,它为通信网络的组成,提供了高效率和灵活性。

(3) 通信容量大,能传送的业务类型多

由于射频采用微波波段,可供使用的频带很宽,加上星上能源和卫星转发器功率保证越来越充分,随着新体制、新技术的不断发展,卫星通信容量越来越大,传输的业务类型越来越多样化。

(4) 可以自发自收进行监测

由于地球站以卫星为中继站,卫星将系统内所有地球站发来的信号转发回地面,因此进入地球站接收机的信号中,一般包含本站发出的信号,从而可以监视本站所发消息是否正确传输,以及传输质量的优劣。

**2. 技术上带来的问题**

由于卫星通信具有以上特点,也在技术上带来了一些新的问题:

(1) 需要采用先进的空间电子技术

由于卫星与地球站的距离远,电磁波在空间中的损耗很大,因此需要采用高增益的天线、大功率发射机、低噪声接收设备和高灵敏度调制解调器等。而且空间的电子环境复杂多变,系统必须要承受高低温差大宇宙辐射强等不利条件,因此卫星设备的材料必须是特制的,能够适应空间环境的。

(2) 需要解决通信时延较长的问题

电磁波以光速在自由空间传播,在静止卫星通信系统中,卫星与地球站之间相距约 4 万千米,发送端信号经卫星转发到接收端,传输时延可达 270 ms。因为两个站的用户信号都必须经过卫星,因此打电话者要得到对方的回话,必须额外等待 540 ms。中低轨道卫星的传输时延较小,但也有 100 ms 左右。对某些业务(如话音)来说,必须采取措施解决时延带来的影响。

(3) 要圆满实现多址连接,必须解决多址技术的问题

通信卫星的广播式工作,为多址连接提供了可能性,但是,要将其变为现实,必须解决多址技术问题,即接收站如何识别和选出发给自己的信号。这要求发射站发射的信号或传输手段必须具有区别于其他站的某种特征。

(4) 要保证卫星能高度稳定、可靠地工作

卫星处于离地球数万千米之外,卫星上组装有成千上万个电子和机械元器件,任何一个发生故障都可能引起通信卫星的失效,导致整个卫星通信系统的瘫痪。因此,在卫星上使用的元器件都需要进行大量的寿命与可靠性试验。即便如此,一颗卫星的稳定运行时间也仅为 7 年左右。

(5) 存在日凌中断现象

当卫星运行到太阳和地球站之间时(例如,每年的春分或秋分前后数日,太阳、地球和卫星将运行到一条直线上),地球站的天线不仅对准卫星,也正好对着太阳,如图 6.3 所示。

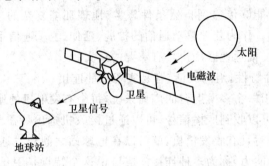

图 6.3　日凌中断现象示意图

地球站在接收卫星下行信号的同时,也会接收到大量的频谱很宽的太阳噪声,从而使接收信噪比大幅下降,严重时甚至噪声完全淹没信号,导致通信中断,这种现象称为日凌中断现象。

此外,还要解决星蚀、地面微波系统与卫星通信系统之间的相互干扰等问题,这些都会导致卫星通信系统不能稳定地工作。

### 6.1.3　通信卫星的分类和运行轨道

**1. 通信卫星的分类**

在卫星通信中很重要的一个设备就是作为中继站的卫星。通信卫星从不同角度可划分为不同种类。

(1) 按卫星离地面的高度来划分

① 低轨道卫星:卫星轨道小于 1 500 km。

② 中轨道卫星:卫星轨道在 10 000~15 000 km。

③ 高轨道卫星:卫星轨道大于 20 000 km。

(2) 按照结构的不同来划分

① 无源卫星:指卫星仅对信号进行转发,而不对接收到的信号进行处理。

② 有源卫星:所谓的有源卫星是指卫星上装有电子设备,可以将地球站发送过来的信号进行放大和进一步的处理,然后再返送回其他的地球站,这种有增益的可以对信号进行处理的中继站就称为有源卫星。

（3）按卫星的运转与地球自转是否同步来划分

① 静止卫星:从地球表面来看,卫星相对静止,也称为同步卫星。

当卫星的运行轨道在赤道平面内,其高度大约为 35 800 km 时,它的运动方向与地球自转的方向相同,围绕地球一周的公转时间大约为 24 小时,和地球自转的周期相等,从地球上看上去,卫星如同静止的一样,所以称为静止卫星,也称为同步卫星。利用静止卫星作为中继站组成的通信系统称为静止卫星通信系统,或同步卫星通信系统,如图 6.4 所示。

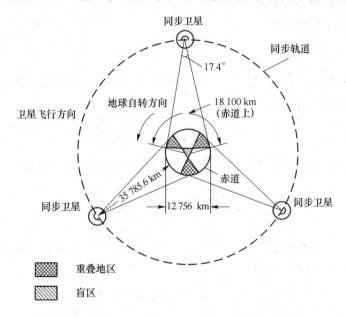

图 6.4　三颗静止卫星实现全球通信示意图

图 6.4 中,中间是地球的北极,外围是赤道,在赤道的平面上距离地面 35 786 km 左右,等间隔分布 3 颗同步卫星,这三颗卫星围绕地球旋转和地球自转方向是一样的,并且绕地球一周的时间和地球自转一周的时间都是 24 小时,所以从地球上看这三颗卫星是相对静止的。三颗卫星覆盖全球就可以实现地球上任意两点之间的通信,比如说卫星 1 覆盖区内的地球上某一点的用户,要和地球另一端的卫星 2 覆盖区内的用户实现通信,首先这个用户经过所在的地球站,将信息传送到卫星 1 上,然后由卫星 1 转发到和卫星 2 重叠的区域的地球站,由该地球站传输到卫星 2,再由同步卫星 2 转发到接收端。在地球上的任意两点之间的通信,最多 2 次转发就可以实现。当然,静止卫星通信系统也有盲区,就是南北两极,在高纬度的地方,通信质量也不是特别好。

② 运动卫星:卫星运行周期不等于(通常小于)地球自转周期,其轨道倾角、轨道高度、轨道形状(圆形或椭圆形)可因需要而不同。从地球上看,这种卫星以一定的速度在运动,故又称为运动卫星,也称为非同步卫星。

目前应用最广泛的卫星是有源静止卫星。

**2. 卫星运动的轨道**

人造地球卫星在空间,除了受太阳、月亮、外层大气等因素的作用外,最主要的是受地球重力的吸引。卫星所以能保持在高空不会坠落,是因为它以适当的速度绕地心不停地飞行。为了找出卫星作这种运动的基本规律,我们将问题简化,将地球和卫星分别等效为质点,仅考虑重力的作用。要使人造卫星围绕地球做圆周运动,就要使卫星飞行的离地加速度所形成的离心力等于地球对卫星的引力。根据万有引力定律:

$$F_{引力} = \frac{GMm}{r^2} \tag{6.1}$$

其中,$G$ 为万有引力常数,约等于 $6.668\ 462 \times 10^{-20}$ km³/(kg·s²),$M$ 是地球的质量,$m$ 是卫星质量,$r$ 是卫星到地球中心的距离。

卫星绕地球运行产生的离心力为

$$F_{离心力} = \frac{mv^2}{r} \tag{6.2}$$

其中,$v$ 为卫星运行线速度。当 $F_{离心力} = F_{引力}$ 时,卫星不需要再加动力就可以以线速度 $v$ 环绕地球飞行。此时的运行速度为

$$v = \sqrt{\frac{GM}{r}} \approx 7.9\ \text{km/s} \tag{6.3}$$

因此,为使卫星环绕地球旋转,卫星应具有 7.9 km/s 的速度,我们称其为第一宇宙速度。

# 6.2  卫星通信的基本组成

卫星通信系统因传输的业务不同,组成也不尽相同。一般的卫星通信系统主要由空间段和地面段两部分组成,如图 6.5 所示。

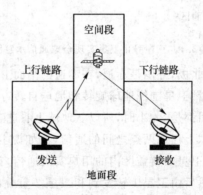

图 6.5  卫星通信系统的组成

图 6.5 中,上行链路是指从地球站到卫星之间的通信链路;下行链路是指从卫星到地球站之间的通信链路。卫星通信系统由空间部分(通信卫星)和地面部分(通信地面站)两大部分构成的。在这一系统中,通信卫星实际上就是一个悬挂在空中的通信中继站,只要在它的覆盖照射区以内,不论距离远近都可以通信,通过它转发和反射电报、电视、广播和数据等无线信号。

## 6.2.1  空间段

空间段主要以空中的通信卫星为主体,由一颗或多颗通信卫星构成,在空中对接收到的信

号起中继放大和转发作用。每颗通信卫星都包括天线分系统、通信分系统、电源分系统、跟踪、遥测与指令分系统、控制分系统几个部分,如图 6.6 所示。

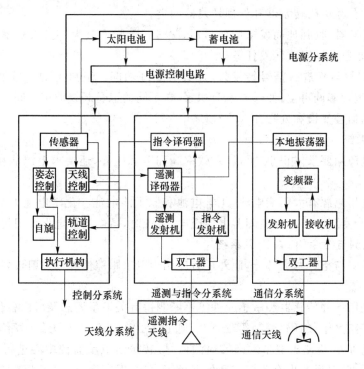

图 6.6　通信卫星的组成

### 1. 天线分系统

通信卫星上的天线要求体积小、重量轻、馈电方便、便于折叠和展开等,其工作原理、外形等,都与地面上的天线相同。

卫星天线分为遥测指令天线和通信天线两类。遥测指令天线通常使用全向天线,主要用于卫星发射上天,进入轨道前后向地面发射遥测信号和接收地面控制站发来的指令信号。通信天线是通信卫星上最主要的天线是通信用的微波天线。微波天线是定向天线,要求天线的增益尽量高,以便增大天线的有效辐射功率,微波天线根据波束宽度的不同,可以分为三类:全球波束天线、点波束天线和区域波束天线,如图 6.7 所示。

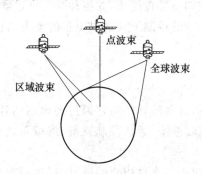

图 6.7　通信天线示意图

### 2. 通信分系统

用于接收、处理并重发信号,通常称为转发器。转发器是通信卫星中直接起中继站作用的部分。对转发器的基本要求是:以最小的附加噪声和失真,并以足够的工作频带和输出功率为各地面站有效而可靠地转发无线电信号。

转发器通常分为透明转发器和处理转发器两类。

(1) 透明转发器:收到地面发来的信号后,除进行低噪声放大、变频、功率放大外,不作任何加工处理,只是单纯地完成转发任务。

(2) 处理转发器:除进行信号转发外,还具有处理功能。卫星上的信号处理功能主要包括:对数字信号进行解调再生,使噪声不会积累;在不同的卫星天线波束之间进行信号交换;进行其他更高级的信号变换和处理。

**3. 电源分系统**

卫星上的电源除要求体积小、重量轻、效率高和可靠性外,还要求电源能在长时间内保持足够的输出。

通信卫星所用电源有太阳能电池、化学电池和原子能电池。化学电池大都采用镍镉蓄电池与太阳能电池并接,在非星蚀期间蓄电池充电,星蚀时,蓄电池供电保证卫星继续工作。

**4. 跟踪、遥测与指令(TT&C)分系统**

主要包括遥测与指令两大部分,此外还有应用于卫星跟踪信标的发射设备。

(1) 遥测设备

遥测设备是用各种传感器和敏感元件等不断测得有关卫星姿态及星内各部分工作状态等数据,经放大、多路复用、编码、调制等处理后,通过专用的发射机和天线,发给地面的 TT&C 站。TT&C 站接收并检测出卫星发来的遥测信号,转送给卫星监控中心进行分析和处理,然后通过 TT&C 站向卫星发出有关姿态和位置校正、星内温度调节、主备用部件切换、转发器增益换挡等控制指令信号。

(2) 指令设备

指令设备专门用来接收 TT&C 站发给卫星的指令,进行解调与译码后,一方面将其暂时储存起来,另一方面又经遥测设备发回地面进行校对,TT&C 站在核对无误后发出"指令执行"信号,指令设备收到后,才将储存的各种指令送到控制分系统,使有关的执行机构正确完成控制动作。

**5. 控制分系统**

用来对卫星的姿态、轨道位置、各分系统工作状态等进行必要的调节与控制。控制分系统由一系列机械的或电子的可控调整装置组成,如各种喷气推进器、驱动装置、加热及散热装置、各种开关等,在 TT&C 站的指令的控制下完成对卫星的姿态、轨道位置、工作状态主备用切换等各项调整。

### 6.2.2 地面段

地面段包括所有的地球站,这些地球站通常通过地面网络连接到终端用户设备。地球站一般由天线系统、发射系统、接收系统、通信控制系统、终端系统和电源系统 6 部分组成,如图 6.8 所示。

首先,地球网络或在某些应用中来自用户的信号,通过适当的接口送到地球站,经基带处理器变换成规定的基带信号,使它们适合于在卫星线路上传输;然后,送到发射系统,进行调制、变频和射频功率放大;最后,通过天线系统发射出去。通过卫星转发器转发下来的射频信号,由地球站的天线系统接收下来,首先经过其接收系统中的低噪声放大器放大,然后由下变换器变换到中频,解调之后发给本地地球站基带信号,再经过基带处理器通过接口转移到地面网络。控制系统用来监视、测量整个地球站的工作状态,并迅速进行自动转换,及时构成勤务联络等。

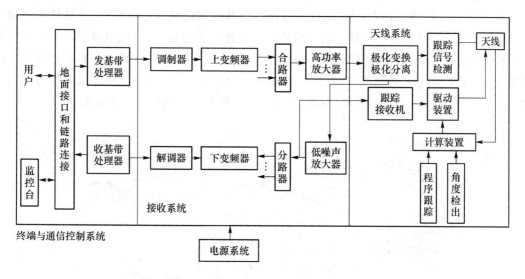

图 6.8　地球站的总体框图

# 6.3　卫星通信的应用

卫星通信的应用是电子信息技术高速发展的必然趋势,是实现社会信息化的重要途径之一。随着我国经济建设的大规模推进、信息科学技术的飞速发展与广泛应用,卫星应用对带动国民经济发展和推进信息化建设会起到越来越重要的作用。我国的卫星通信经过三十多年的发展,从无到有取得了长足的进步。到目前为止,我国的卫星应用已为社会经济发展、国防建设、科技进步等发挥了重要的作用,卫星应用的市场规模在逐步扩大。但与国外的卫星应用相比较,我国的卫星通信应用还处于起步和发展阶段,卫星通信已初具规模,具有广阔的应用前景。

## 6.3.1　卫星广播应用

我国广播电视业总体规模与国际现况相比仍属偏小,可以说处在亟待发展的状况。虽然我国目前建成了世界上覆盖人口最多的广播影视传输覆盖网,广播电视用户数和电视机、收音机社会拥有量居世界首位,并拥有几千家各类电视媒体机构,从这些数字来看,我国可算是电视大国,但在 1999 年世界 100 强电视公司排行榜中,我国只有中央电视台一家入围,处于第 51 位。从电视节目看,我国实现"村村通"的电视节目仅有 44 套;从电视覆盖率看,截至 2007 年年底,我国广播电视覆盖率达到 95%,而发达国家则是 99.5%~99.9%。我国为扩大覆盖面积,主要应伸向边远山区和农村,而卫星直播电视可以说是唯一的解决方案。由此可见,我国卫星广播电视业的发展潜力是非常大的。

根据现代技术发展的速度以及推广应用的规律,发达国家的现状基本上是发展中国家的发展趋势,这一点在卫星直播广播电视的发展上表现得更加突出。目前,我国发展卫星直播业务的条件已趋成熟,不仅在国际上已获得 DBS 的轨道位置和频道,并且经过了"村村通"的实践,取得 Ku-DTH 卫星广播的经验,得到了广大农村的认可。而我国自行研制的 IRD 已进入市场。国家已明确,卫星电视直播系统是国家实施的十二大高技术工程之一。在 2006 年和 2007 年,"鑫诺 2 号"和"中星 9 号"两颗广播电视直播卫星先后发射升空后,将陆续进入商业运营阶段,至此,中国第一代广播电视卫星直播系统将宣告建成,由中国卫星通信集团公司和鑫诺卫星通信有限公司共同组建的中国直播卫星有限公司于 2007 年成立。目前已经开始搭建我国第一代广播电视直播系统,我国广大电视用户使用 0.45~0.6m 小型天线即可直接接收 150~200 套标准清晰度的卫星广播电视节目。卫星广播系统如图 6.9 所示。

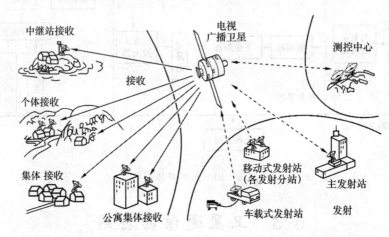

图 6.9　卫星广播系统示意图

### 6.3.2　VSAT 卫星通信

VSAT(Very Small Aperture Terminal)为甚小天线孔径终端,即使用小口径天线的用户地球站,这里的小指的是 VSAT 系统中小站设备的天线口径小,通常为 0.3~2.4m。一个典型的 VSAT 系统是由众多的 VSAT 终端与一个或几个大的卫星地球主站组成的。以通信卫星为中继,VSAT 可与主站或其他 VSAT 之间进行通信,提供各种电信业务服务。

VSAT 是 20 世纪 80 年代中期美国开发的一种卫星通信设备,它建造成本很低,且很容易在实际现场或地面通信线路难以到达的场合进行安装。

VSAT 卫星通信系统一经面世,就得到飞速发展。据不完全统计,我国已建成国际卫星通信主站和大中型国内地面站几十座,国内卫星专用通信网数百个,各类 VSAT 地球站 4 万多个,已经形成了卫星传输覆盖全国的网络。VSAT 卫星通信业务也得到了大力发展,应用领域不断扩大,尤其在远程应用、宽带数据广播和数据传送,以及卫星专用网服务等新业务中得到广泛应用。目前,广泛应用于银行、饭店、新闻、保险、运输、旅游等部门,成为卫星通信中发展最快的一个领域。

VSAT 卫星通信的特点与优势主要有:

(1) 网络覆盖范围大,通信成本与距离无关。

(2) 具有一点对多点的通信能力。

(3) 信息可以进行非对称传输。

（4）结构简单、组网灵活,可提供多种传输业务。

（5）终端用户可直接入网,无须其他网络转接。

（6）系统容量大。

在公共通信方面,早期的 VSAT 卫星通信业务主要用于国家有线通信网的备用和补充;在专用通信方面,作为部门或系统内部的专用通信网,业务以语音通信为主,应用范围较窄。随着卫星技术的发展和设备成本的逐步降低,应用范围也在逐渐扩大,为政府、金融、石油、化工、地质、交通、物流配送、证券、医疗等领域的信息化建设和专用网服务提供了更多的机会和平台。VSAT 卫星通信示意图如图 6.10 所示。

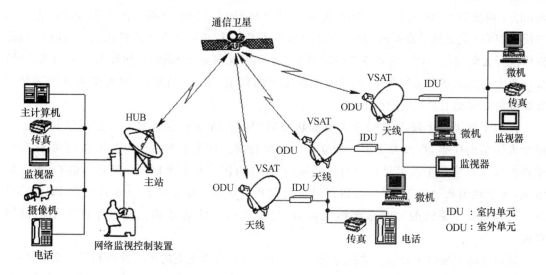

图 6.10　VSAT 卫星通信示意图

目前,我国 VSAT 卫星通信业务的主要应用领域如下。

（1）各种远航应用:包括远航培训、远程医疗、远程教育、远程信息采集与传递、远程视频会议与远程视频监控等。

（2）信息广播服务:这是卫星通信的主要特点之一,它可以充分发挥一点对多点的传输特点,对特定的用户群进行多点广播,满足新闻、影视、证券、期货、教育和娱乐等行业的需要。

（3）互联网远程接入:卫星双向通信系统的出现,为地面网络设施涉及不到的地区,通过卫星传输为用户远程接入 Internet 提供了条件。

（4）应急通信和指挥调度:在各种自然或人为灾害发生时,尤其是在地面网络遭到破坏的情况下,利用卫星为灾害或事故现场提供有效的通信保障,具有其他通信手段无法代替的优势。

（5）通信专用网:为行业或政府部门提供专网服务,用于内部通信或视频会议。

### 6.3.3　卫星移动通信系统应用

我国地域广阔、经济发展不平衡导致常规通信覆盖总面积小、服务地域差异大、受自然情况影响也较大,移动卫星通信凭借全面覆盖、服务无差异性、运行稳定、通信质量可靠的优势成为现有地面通信网络的有力补充和延伸,其中 INMARSAT 移动卫星通信系统在 20 多年的运营中以其可靠、安全、技术先进、性价比合理成为全球移动卫星通信业的最佳选择。

可靠是通信的基本要求，INMARSAT 移动卫星通信作为国际海事组织 IMO 指定负责海上遇险安全呼救的通信系统，以其通信可靠而著称。整个通信网络依靠 5 颗同步轨道卫星，并配有备份卫星，保证全年 365 天、全天 24 小时的通信业务服务。INMARSAT 移动卫星作为国际公用的商务和安全通信系统，为用户提供可靠的透明传输通道，一方面保护各种信息顺利传输，另一方面满足用户加密的要求，保证通信自由不受干扰。由于其空间段 4 颗卫星所处的每个洋区的地球站都建有卫星和陆地公众 PSTN、PSDN、ISDN 网络的连接，可以构成无线卫星通信网与有线公众网的双向通信，特别适用于野外探险、科学考察，是目前理想的多媒体办公设备。上述系统称为卫星在线系统，同时，采用包交换系统 INMARSAT 系统的 IP Over Satellite 解决方案，IP 与 IETF IPv4 兼容，进而支持 IPv6。2002 年推出的 F 移动终端允许用户使用 IPDS 建立移动虚拟网，使网络延伸到移动用户，用户可在含南北极在内的地球 98％范围内进行无缝通信。INMARSAT 移动卫星通信不断拓展业务、跟踪新的技术发展动态，并结合行业所需推出新产品和业务，包括对电信业务的移植、与 3G 的融合、对宽带业务的满足等方面都走在移动卫星通信的前端。

作为全球第一个投入使用的大型低轨道的"铱"（Iridium）卫星移动通信系统拉开了全球个人通信的序幕，在人类历史上树立了一块里程碑。铱系统是美国摩托罗拉公司于 1987 年提出的低轨全球个人卫星移动通信系统，该系统由围绕 6 个极地圆轨道运行的 66 颗卫星组成，每个轨道面分布 11 颗在轨运行卫星及数颗备份星。铱系统在全球共设置 12 个关口站。关口站是铱系统的一个重要组成部分，是提供铱系统业务和支持铱系统网络的地面设施。

铱系统的主要技术特点是系统性能极为先进，卫星采用先进的星上处理和星上交换技术，具有独特的星间链路功能。星间链路利用类似 ATM 的分组交换技术通过卫星节点进行最佳路由选址，因其卫星网络建立了独立的星间信令和话音链路，从而形成覆盖全球的卫星通信网络。理论上，铱系统只需一个关口站负责接续，即可在全球范围内实现铱用户间以及铱用户与地面固定网和地面移动网用户间的呼叫建立及通信。同地面 GSM 网相比，铱系统可形象地称为"空中 GSM 网"。铱系统设计的漫游方案除了解决卫星网与地面蜂窝网的漫游外，还解决地面蜂窝网间的跨协议漫游，这是铱系统区别于其他卫星移动通信系统的又一个特点。铱系统的用户终端包括双模手机、单模手机和寻呼机。该系统除了提供电话业务外，还提供传真、数据和全球寻呼等业务。

全球星（Global Star）系统是由美国劳拉公司和高通公司于 1991 年发起创建的低轨卫星移动通信系统。该系统由均匀分布在 8 个轨道面上的 48 颗卫星组成，可在全球范围（不包括南北极）内向用户提供"无缝隙"覆盖的卫星移动通信。卫星的轨道高度约为 1 414 km，因此传输时延和处理时延小，用户在通话期间感觉不到卫星时延。整个系统的覆盖区为南北纬 70°以内的区域。各个服务区总是被 2～4 颗卫星覆盖，用户可随时接入系统。

全球星系统设计简单，既没有星间链路，也没有星上处理和星上交换功能，仅仅作为地面蜂窝系统的延伸和补充，从而扩大了移动通信系统的覆盖。系统采用了世界上先进的 CDMA 技术，可提供包括话音、传真、数据、短信息业务等多种优质服务。全球星系统的最大优点在于其简单直接的设计理念，因此降低了系统投资，减少了技术风险，也降低了用户的通信费用。只要你拥有一部全球星双模或三模手机和一个号码，就可以在全球星系统覆盖范围内以任何方式进行通信。2000 年 4 月在里约热内卢举行的国际电联通信展期间,高通公司生产的全球星三模手机通过全球星卫星网成功进行了因特网数据传输测试,数据传输速率达 9 600 bit/s。这一服务于 2000 年下半年投入使用。基于 CDMA 技术的全球星系统今后能够提供更高的数据传输速率,这一服务将使全球星系统具有相当的竞争优势。

# 6.4　北斗系统的基本组成和工作原理

北斗卫星导航定位系统(BeiDou Navigation Satellite System,BDS)是由我国自主建立,以"先区域,后全球"的建设思想分为北斗一代(Beidou Ⅰ)和北斗二代(COMPASS 或 Beidou Ⅱ)两个阶段。北斗一代卫星导航系统是具备通行功能的、区域性有源定位双星导航系统,能够实现中国和东南亚地区的导航、通行、授时服务。北斗一代于 2003 年正式投入使用以来,工作状态稳定可靠,并逐步向北斗二代卫星导航系统过渡。

## 6.4.1　Beidou Ⅰ 卫星导航系统

"北斗一代"卫星导航系统由三个部分组成:空间部分、地面中心控制系统和用户终端,如图 6.11 所示。与全球卫星导航系统不同的是,Beidou Ⅰ只有两颗工作卫星,属于区域卫星导航系统。

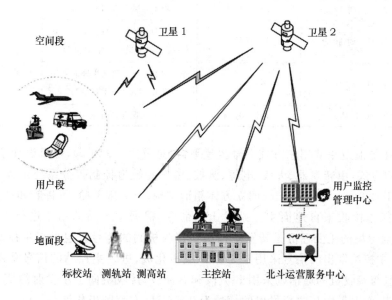

图 6.11　北斗一代卫星导航系统组成

### 1. 空间段

Beidou Ⅰ卫星导航系统采用双星定位技术,空间卫星指的是地球同步轨道上距离地面 36 000 km 的两颗工作卫星,分别位于赤经 80°E 和 140°E,升交点赤经相差 60°,能够覆盖地球约 70°E～140°E、5°N～55°N 的区域。Beidou Ⅰ系统建成后又发射了两颗备用卫星,分别位于赤经 110.5°E 和 86°E。Beidou Ⅰ卫星的发射情况如表 6.2 所示。

表 6.2　卫星发射时间表

| 发射时间 | 火箭 | 卫星编号 | 卫星类型 | 发射地点 |
|---|---|---|---|---|
| 2000 年 10 月 31 日 | | 北斗—1A | | |
| 2000 年 12 月 21 日 | | 北斗—1B | 北斗 1 号 | |
| 2003 年 5 月 25 日 | | 北斗—1C | | |
| 2007 年 2 月 3 日 | | 北斗—1D | | |
| 2007 年 4 月 14 日 04 时 11 分 | 长征三号甲 | 第一颗北斗导航卫星(M1) | | |
| 2009 年 4 月 15 日 | | 第二颗北斗导航卫星(G2) | | |
| 2010 年 1 月 17 日 | 长征三号丙 | 第三颗北斗导航卫星(G1) | | |
| 2010 年 6 月 2 日 | | 第四颗北斗导航卫星(G3) | | |
| 2010 年 8 月 1 日 05 时 30 分 | 长征三号甲 | 第五颗北斗导航卫星(I1) | | |
| 2010 年 11 月 1 日 00 时 26 分 | 长征三号丙 | 第六颗北斗导航卫星(G4) | | 西昌 |
| 2010 年 12 月 18 日 04 时 20 分 | | 第七颗北斗导航卫星(I2) | | |
| 2011 年 4 月 10 日 04 时 47 分 | 长征三号甲 | 第八颗北斗导航卫星(I3) | 北斗 2 号 | |
| 2011 年 7 月 27 日 05 时 44 分 | | 第九颗北斗导航卫星(I4) | | |
| 2011 年 12 月 2 日 05 时 07 分 | | 第十颗北斗导航卫星(I5) | | |
| 2012 年 2 月 25 日 0 时 12 分 | 长征三号丙 | 第十一颗北斗导航卫星 | | |
| 2012 年 4 月 30 日 4 时 50 分 | 长征三号乙 | 第十二颗、第十三颗北斗导航系统组网卫星("一箭双星") | | |
| 2012 年 9 月 19 日 3 时 10 分 | 长征三号乙 | 第十四颗、十五颗北斗导航系统组网卫星"一箭双星" | | |
| 2012 年 10 月 25 日 23 时 33 分 | 长征三号丙 | 第十六颗北斗导航卫星 | | |

　　Beidou Ⅰ导航卫星选用东方红三号卫星平台,总重约 2 300 kg,卫星设计使用寿命8年。采用三轴稳定方式,由转发器、天线、电源、测控、姿态和轨道控制等分系统组成。卫星形状为2 000 mm×1 720 mm×2 200 mm 的立方体箱形结构,分为服务舱、推进舱和载荷舱。卫星上的遥测系统能够接收来自地面主控站发出的命令,根据主控站的指令进行工作状态调整。Beidou Ⅰ导航卫星的主要任务是转发主控站和接收机间的信号。卫星与主控站使用 C 波段实现通信,从主控站发出的信号采用 6.3 GHz 线极化波,进入主控站的信号采用 5.1 GHz 线极化波。卫星与接收机的通信则采用 L 波段和 S 波段,接收机向卫星发射的信号为 1.6 GHz右旋圆极化波,而卫星向接收机发射的信号为 2.5 GHz 左旋圆极化波。

表 6.3　北斗卫星的组成

| 日期 | 火箭 | 卫星 | 轨道 | 使用状况 | 系统世代 |
|---|---|---|---|---|---|
| 2000.10.31 | CZ-3A Y5 | 北斗-1A | 废弃卫星轨道 | 停止工作 | |
| 2000.12.21 | CZ-3A Y6 | 北斗-1B | 废弃卫星轨道 | 停止工作 | 北斗一号 |
| 2003.5.25 | CZ-3A Y7 | 北斗-1C | 地球静止轨道 85.3°E | 正常 | |
| 2007.2.3 | CZ-3A Y12 | 北斗-1D | 废弃卫星轨道 | 失效 | |

续 表

| 日期 | 火箭 | 卫星 | 轨道 | 使用状况 | 系统世代 |
|---|---|---|---|---|---|
| 2007.4.14 | CZ-3A Y13 | 北斗-M1 | 中地球轨道～21 500 km | 正常,测试星 | |
| 2009.4.15 | CZ-3C Y3 | 北斗-G2 | 35 594 km×36 036 km 漂移 | 失效 | |
| 2010.1.17 | CZ-3C Y2 | 北斗-G1 | 地球静止轨道 140°E | 正常 | |
| 2010.6.2 | CZ-3C Y4 | 北斗-G3 | 地球静止轨道 84°E | 正常 | |
| 2010.8.1 | CZ-3A Y16 | 北斗-I1 | 倾斜地球同步轨道倾角 55° | 正常 | |
| 2010.11.1 | CZ-3C Y5 | 北斗-G4 | 地球静止轨道 160°E | 正常 | |
| 2010.12.18 | CZ-3A Y18 | 北斗-I2 | 倾斜地球同步轨道 倾角 55° | 正常 | |
| 2011.4.10 | CZ-3A Y19 | 北斗-I3 | 倾斜地球同步轨道 倾角 55° | 正常 | 北斗二号 |
| 2011.7.27 | CZ-3A Y17 | 北斗-I4 | 倾斜地球同步轨道 倾角 55° | 正常 | |
| 2011.12.2 | CZ-3A Y23 | 北斗-I5 | 倾斜地球同步轨道 倾角 55° | 正常 | |
| 2012.2.25 | CZ-3C Y6 | 北斗-G5 | 地球静止轨道 58.5°E | 正常 | |
| 2012.4.30 | CZ-3B Y14 | 北斗-M3 | 中地球轨道～21 500 km | 正常 | |
| 2012.4.30 | CZ-3B Y14 | 北斗-M4 | 中地球轨道～21 332 km | 正常 | |
| 2012.9.19 | CZ-3B Y15 | 北斗-M5 | 中地球轨道～21 332 km | 正常 | |
| 2012.9.19 | CZ-3B Y15 | 北斗-M6 | 中地球轨道～21 332 km | 正常 | |
| 2012.10.25 | CZ-3C Y | 北斗-G6 | 地球静止轨道 110.5°E | 正常 | |

**2. 地面段**

Beidou Ⅰ地面段由主控站、测轨站、测高站和标校站等组成,是导航系统的控制、计算、处理和管理中心。测轨站、测高站、标校站均为无人值守的自动数据测量与收集中心,在主控站的监测与控制下工作。

(1) 主控站

主控站除监控整个系统工作外,还负责用户的注册和运营、监控卫星工作、实现与卫星之间的通信、监控地面上其他子系统的工作、对 Beidou Ⅰ接收机发送的业务请求进行应答处理以及将处理结果通过卫星发送给接收机。与其他卫星导航系统采用被动定位不同的是,Beidou Ⅰ接收机的定位解算过程由主控站执行:主控站利用电波在主控站、卫星、用户间往返的传播时间以及气压高度数据、误差校正数据和卫星星历数据,结合存储在主控站的系统覆盖区数字高程地图对用户进行定位。

(2) 测轨站

在卫星导航定位中,卫星在轨位置对于定位解算至关重要,卫星轨道坐标的测量误差将直接引起定位误差。为精确解算接收机的坐标,在 Beidou Ⅰ卫星导航系统中建立了多个坐标已知的测轨站,各测轨站将卫星轨道的测量结果发送至主控站,主控站根据收到的观测信息精确计算卫星在轨位置。

(3) 测高站

在 Beidou Ⅰ卫星导航系统覆盖区内设立了若干测高站,用气压高度计测量测高站所在地区的海拔高度,通常一个测站测得的数据粗略地代表了其周围 100~200 km 地区的海拔高度。海拔高度和该地区大地水准面高度之和就是该地区实际地形离基准椭球面的高度,测高站将测量结果发送给主控站,以便主控站解算接收机坐标时调用。

(4)标校站

由于信号传播、接收机高程等信息受各种误差影响较大,为提高定位精度,在系统覆盖区域内设立了若干坐标已知的标校站,实施差分测量。接收机距离标校站越近、覆盖区域中标校站数量越多,则定位误差越小。

**3. 用户段**

用户段主要是指 Beidou Ⅰ 接收机,该接收机同时具备定位、通信和授时功能。北斗卫星导航系统运营服务商和系统集成商根据用户的需求为用户构建适合的应用系统并配置北斗用户机,北斗运营服务中心将授权用户一个与手持机号码类似的 ID 识别号,用户按照 ID 号注册登记后,北斗运营服务中心为用户开通服务,用户机正式投入使用。根据北斗用户机的应用环境和功能的不同,用户机可分为以下五种类型:

(1)普通型

该型用户机只能进行定位和点对点的通信,适合于一般车辆、船舶及便携用户的定位导航应用,可接收和发送定位及通信信息,与主控站及其他用户终端双向通信。

(2)通信型

适合于野外作业、水文测报、环境监测等各类数据采集和数据传输用户,可接收和发送短报文信息,与主控站和其他用户终端进行双向或单向通信。

(3)授时型

适合于授时、校时、时间同步等用户,可提供数十纳秒级的时间同步精度。

(4)指挥型

指挥型用户机供拥有一定用户数量的上级集团管理部门所使用,除具有普通型用户机所有功能外,还能够播发通信信息和接收主控站发给所属用户的定位通信信息。指挥型用户机适合于指挥中心指挥调度、监控管理等应用,具有鉴别、指挥下属其他北斗用户机的功能,同时还可与下属北斗用户机及中心站进行通信,接收下属用户的报文,并向下属用户发播指令。

(5)多模型

此种用户机既能接收北斗卫星定位和通信信息,又可利用 GPS 系统或 GPS 增强系统进行导航定位,适合于对位置信息要求比较高的用户。

**4. Beidou Ⅰ 卫星信号**

Beidou Ⅰ 卫星导航系统主控站通过卫星向用户转发的信号包含同向(I)和正交(Q)两个通道,两个通道分别对信息进行卷积编码和扩频,然后采用 QPSK 方式调制到高频载波上,其中,I 通道采用 Kasimi 码进行扩频,调制定位、通信、授时或其他服务信息;Q 通道采用 Gold 码进行扩频,调制定位和通信信息。Beidou Ⅰ 信号编码、扩频、调制过程如图 6.12 所示。

Beidou Ⅰ 的导航信息在时间上采用帧结构方式,每秒传送 32 帧,每一帧包含 250 bit,传送时间为 31.25ms,信息格式如表 6.4 所示。

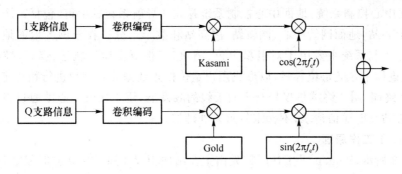

图 6.12 Beidou Ⅰ导航系统主控站信号调制方式

**表 6.4 Beidou Ⅰ导航信息**

| 类别 | 授时信息 | | | | | | | | | | | | | 空帧 | 重播 | 其他 |
|---|---|---|---|---|---|---|---|---|---|---|---|---|---|---|---|---|
| 出站帧号 | 1～5帧 | 6～7帧 | 8～12帧 | 13帧 | 14～34帧 | | | 35～46帧 | | | 47～53帧 | 54～117帧 | | | 118～128帧 | 129～245帧 | 246～1920帧 |
| bit | 时刻 20 bit | 闰秒 8 bit | 时差 4 bit | 卫星号 4 bit | 卫星位置 | | | 卫星速度 | | | 时延 | 电磁波传播修正模型参数 $A_0 \cdots A_{15}$ | | | 暂无 | 重播 1～117 | 内容待定 |
| | | | | | $X$ | $Y$ | $Z$ | $X$ | $Y$ | $Z$ | | $A_0$ | $A_1$ | ... | $A_{15}$ | | |
| | | | | | 28 bit | 28 bit | 28 bit | 16 bit | 16 bit | 16 bit | 28 bit | 16 bit | 16 bit | 16 bit | 16 bit | | |

表中各参数说明如下：

- 时刻——第一帧开始时对应的时刻,单位为 min。
- 闰秒——Beidou Ⅰ系统时间与协调世界时之间相差的整秒数,单位为 s。
- 时差——Beidou Ⅰ系统时间与协调世界时之间的时间差,单位为 ns。
- 卫星号——转发本次出站的授时数据对应的卫星号。
- 卫星位置——卫星在北京坐标系 P54 中的位置,单位为 m。
- 卫星速度——卫星在北京坐标系 P54 中的速度,单位为 m/s。
- 大气延时——从主控站到卫星的对流层/电离层延时,单位为 ns。
- 电磁波传播修正模型参数——用于对电磁波传播延时进行模型修正,与系统选用的模型有关。

（1）空间部分:由两颗地球静止轨道卫星和一颗备用卫星组成,卫星不发射导航电文,也不配备高精度的原子钟,只用于在地面中心站与用户之间进行双向信号中继。

（2）地面中心控制系统：地面中心控制系统是北斗导航系统的中枢，包括一个配有电子高程图的地面中心站、地面网管中心、测轨站、测高站和数十个分布在全国各地的地面参考标校站。地面中心控制系统主要用于对卫星定位、测轨，调整卫星运行轨道、姿态，控制卫星的工作，测量和收集校正导航定位参量，以形成用户定位修正数据并对用户进行精确定位。

（3）用户终端：用户终端是仅带有定向天线的收发器，用于接收中心站通过卫星转发来的信号和向中心站发射通信请求，不含定位解算处理器。

**5. Beidou Ⅰ工作原理**

如图 6.13 所示，Beidou Ⅰ工作时首先由主控站向卫星 1 和卫星 2 同时发送询问信号，经卫星上的转发器向服务区内的用户广播，用户响应其中一颗卫星的询问信号，同时向第二颗卫星发送响应信号(用户的申请服务内容包含在内)，经卫星转发器向主控站转发，主控站接收解调用户发送的信号，测量出用户所在点至两卫星的距离之和，然后根据用户的申请服务内容进行相应的数据处理。

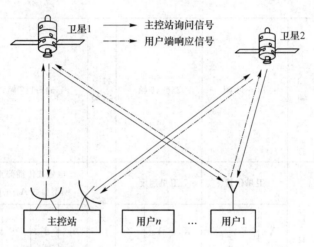

图 6.13　Beidou Ⅰ信号转发示意图

在用户端，Beidou Ⅰ接收机除具备信号接收通道外，还包括发射通道，用于发送用户请求信号。当用户接收机需要进行定位、通信或授时服务时，基带信号处理模块完成相应请求信号的编码、扩频、调制，形成发射信号，并通过卫星向主控站转发，主控站处理完成后再通过卫星将处理结果发送给接收机，完成用户所需的定位、通信或授时服务。由于在定位时接收机需要向卫星发送信号，根据信号传播的时间计算接收机坐标，所以，Beidou Ⅰ卫星导航系统是一种有源定位系统。

由于采用主动式定位，在某一时刻，主控站需要响应所有用户的定位请求，因而系统容量有一定的限制，Beidou Ⅰ的平均用户容量约为 30 万个。

（1）通信原理

在 Beidou Ⅰ导航系统中，接收机与接收机之间、接收机与主控站之间均可实现双工通信。每个接收机采用不同的加密码，所有的通信内容和指令均通过主控站进行转发。主控站可以和系统中任何接收机利用时分多址方式进行通信，即主控站分不同时段向不同接收机发送信号，实现和不同接收机的通信。每次通信可传送 210 个字节，即 105 个汉字。

当接收机需要和主控站通信时，通信内容存储在询问信号和回答信号的信息段中，由主控站对通信内容解调，获得原始信息，经卷积编码、扩频和调制后发送至卫星，并由卫星向接收用户转发。如果系统中某一用户接收机收到主控站发来的第 I 帧信号,该接收机以此时刻为基准,延迟预定时间 $T_0$ 并截取一段足够长的信号,以避免丢失数据造成无法解调,在对接收信号的询问信号段的信息进行解扩、解调和解码后,即可得到主控站的通信内容。信号接收完成后可向卫星发射应答信号,实现接收机对主控站的回复。

在上述通信过程中,主控站利用接收机的 ID 识别不同的用户。当 $i$ 接收机需要与 $j$ 接收机通信时,将 $j$ 接收机的 ID 和通信内容置入其应答信号的通信信息段中,通过卫星转发给主控站,主控站将 $i$ 接收机要发送的通信内容转存在询问信号中,$j$ 接收机接收到卫星转发的询问信号后,识别自己的地址码并获得 $i$ 接收机发送的通信内容和 $i$ 接收机的 ID 码,如果 $j$ 接收机需要对 $i$ 接收机进行回复,重复上述过程即可。

（2）授时原理

授时是指接收机通过接收卫星发送的时间信号获得本地时间与北斗标准时间的钟差,然后调整接收机本地时钟与北斗标准时间同步的过程。在 Beidou I 卫星导航系统中,接收机根据卫星发射的信号核准自身时钟,可以得到很高的时钟精度。

（3）定位原理

由于参与定位的卫星数量有限,Beidou I 借助大地高程信息通过两颗卫星实现用户的三维定位,即主控站根据两颗卫星的位置坐标、卫星至接收机的伪距以及接收机的大地高程组成观测方程计算接收机的位置坐标。

系统定位原理如图 6.14 所示,分别以两颗卫星为球心,以卫星至接收机的伪距 $\rho_1$ 和 $\rho_2$ 为半径可分别得到两个球面,由于两颗卫星直线距离（约为 42 000 km）小于卫星至接收机的距离之和 72 000 km,因此两球面必然相交且形成一个穿过赤道的交线圆弧,由此可确定接收机在该圆弧上,此时还需要利用额外的信息才可以确定接收机位于此交线圆的具体位置。由于 Beidou I 的主控站配有电子高程地图,由它可以获得一个以地心为球心、以球心至地球表面高度为半径的非均匀椭球面,卫星的交线圆与该椭球面同样存在交点,接收机的位置可唯一确定。

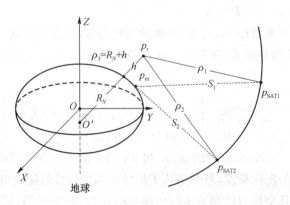

图 6.14　系统定位原理图

设 $p_{SATi}(x_{SATi}, y_{SATi}, z_{SATi})$,$i=1,2$ 为卫星坐标,$p_m(x_m, y_m, z_m)$ 为主控站坐标,$p_r(x, y, z)$ 为接收机坐标,$p_{o'}(x_{o'}=0, y_{o'}=0, z_{o'}=-R_N e^2 \sin \varphi)$ 为接收机处椭球法线与短轴的交点坐标,$R_N$ 为接收机卯酉圈曲率半径,$e$ 为参考椭球偏心率,$\varphi$ 为测站点纬度。接收机至卫星 1 和卫星 2 至的距离分别为 $\rho_1$ 和 $\rho_2$,接收机至 $p_{o'}$ 的距离为 $\rho_3$,卫星 1 和卫星 2 至主控站的距离分别为 $S_1$ 和 $S_2$。接收机坐标包含三个未知数 $(x, y, z)$,若要解出三个未知数,必须建立三个方程。

通过卫星位置信息可以得到方程组(6.4)中的前两个方程,利用主控站的数字化地形图、接收机携带的测高仪可得到接收机大地高,从而得到第三个方程。联立式(6.4)所示的三个方程即可解算出接收机的坐标:

$$\begin{cases} \rho_1 = f(p_{\text{SAT1}}, p_r) \\ \rho_2 = f(p_{\text{SAT2}}, p_r) \\ \rho_3 = f(h, p_r) \end{cases} \tag{6.4}$$

主控站在接收到应答信号后进行接收机坐标计算,具体解算时可以不利用校准信息进行单点定位,也可以利用校准信息实现差分定位。单点定位解算的典型计算方法有多种,如代入法、相似椭圆法、三点交会法和近似椭球法等,几种方法的解算精度相差不大,而三点交会法的计算量要小于其他几种方法,下面就以三点交会法为例说明接收机坐标解算过程。

卫星与主控站和接收机的距离可分别表示为

$$\begin{cases} \rho_1 = f(p_{\text{SAT1}}, p_r) = \sqrt{(x_{\text{SAT2}} - x)^2 + (y_{\text{SAT2}} - y)^2 + (z_{\text{SAT2}} - z)^2} \\ \rho_2 = f(p_{\text{SAT2}}, p_r) = \sqrt{(x_{\text{SAT2}} - x)^2 + (y_{\text{SAT2}} - y)^2 + (z_{\text{SAT2}} - z)^2} \\ \rho_3 = f(p_{o'}, p_r) = [x^2 + y^2 + (z + R_N e^2 \sin\varphi)^2]^{1/2} = R_N + h \\ S_1 = f(p_{\text{SAT1}}, p_m) = \sqrt{(x_{\text{SAT1}} - x_m)^2 + (y_{\text{SAT1}} - y_m)^2 + (z_{\text{SAT1}} - z_m)^2} \\ S_2 = f(p_{\text{SAT2}}, p_m) = \sqrt{(x_{\text{SAT2}} - x_m)^2 + (y_{\text{SAT2}} - y_m)^2 + (z_{\text{SAT2}} - z_m)^2} \end{cases} \tag{6.5}$$

其中,$h$ 为接收机大地高。

主控站定位的观测量是信号在主控站、卫星、接收机之间往返传播的时间,相应的距离为 $D_1$ 和 $D_2$,$D_1$ 为主控站与接收机间信号经其中一颗卫星转发所对应的距离,$D_2$ 为经两颗卫星转发所对应的距离,如图6.14所示,相应的方程为

$$\begin{cases} D_1 = 2(S_1 + \rho_1) = 2[f(p_{\text{SAT1}}, p_m) + f(p_{\text{SAT1}}, p_{x,y,z})] \\ D_2 = S_1 + \rho_1 + S_2 + \rho_2 = f(p_{\text{SAT1}}, p_m) + f(p_{\text{SAT1}}, p_{x,y,z}) + f(p_{\text{SAT1}}, p_m) + f(p_{\text{SAT1}}, p_{x,y,z}) \\ D_3 = \rho_3 = f(p_{o'}, p_{x,y,z}) = R_N + h \end{cases} \tag{6.6}$$

其中,除接收机三个位置参数$(x, y, z)$外,其他均为已知量,故方程可解。

由于 $\sin\varphi$ 和 $R_N$ 均为近似值,解算出一次接收机坐标$(x, y, z)$后,可根据下式进行多次迭代找到最优解。

$$\varphi_{(k+1)} = \text{arctg}\left\{ z / \left[ (x^2 + y^2)^{1/2} \cdot \left( 1 - \frac{e^2 R_N(k)}{R_N(k) + h} \right)^{-1} \right] \right\}$$
$$R_{N(k+1)} = a(1 - e^2 \sin\varphi_{(k)})^{-1/2} \tag{6.7}$$

其中,$a$ 为椭球长半轴。当式(6.7)中的 $\varphi_{(k+1)}$ 和 $\varphi_{(k)}$ 的差值小于设定门限时迭代结束。

为提高 Beidou Ⅰ 的定位精度,可利用若干坐标已知的标校站接收卫星信号并对其所在位置坐标进行解算,将解算坐标与已知的实际坐标进行比较,可得星历、信号传播、地球自转、相对论效应等引起的误差,将这些误差作为差分修正信息通过主控站发送至标校站以外的接收机,这些接收机利用在同一时刻获得的测距信息进行差分处理,为获得更高的定位精度,接收机应选择距离较近的标校站发送的差分修正信息。为保证各标校站自身的完好性,标校站之间也能够互相收发差分信息。

除上述利用双星定位的方法外,由于 Beidou Ⅰ 备份卫星已经发射,可考虑利用备份卫星实现三星定位,由于增加了一颗可观测卫星,此时系统性能将会得到一定的改善。

与其他卫星导航系统类似,Beidou Ⅰ 的定位误差主要来自定时误差、距离测量误差和几何精度因子,其中的距离测量误差可以利用差分的方法进行抑制。值得一提的是,由于 Beidou Ⅰ 在解算坐标时需要知道接收机所在位置的高程,它可通过测高仪提供,测高仪在测量时产生的误差对定位精度也会产生影响,而且在低纬度比在高纬度要大。当测距误差为 10 m,高程误差为 10 m 时,系统覆盖区域内接收机的单点定位精度在 100 m 以内,差分定位精度在 30 m 以内。

## 6.4.2　Beidou Ⅱ 卫星导航系统

与采用被动定位方式实现的全球性卫星导航系统相比,采用主动定位方式的 Beidou Ⅰ 由于卫星数量有限,在信号覆盖范围、定位精度、隐蔽性、系统容量等方面存在很多不足,已不能满足我国日益增长的导航需求,其他卫星导航系统的发展也对 Beidou Ⅰ 提出了更高的挑战。为了克服 Beidou Ⅰ 卫星导航系统的缺点,保留其可以进行报文通信的优点,我国于 2004 年开始筹建性能更高、覆盖面更广、技术更先进的 Beidou Ⅱ 全球卫星导航系统,2007 年 4 月和 2009 年 4 月先后成功发射两颗 Beidou Ⅱ 卫星进入预定轨道,标志着系统卫星组网工作正式启动,作为北斗第二代卫星导航系统,Beidou Ⅱ 既能够兼容 Beidou Ⅰ,又与其在工作原理和性能上存在明显的区别:

（1）Beidou Ⅱ 卫星导航系统的接收机可免发上行信号,不再依赖主控站而是由接收机本身解算位置坐标,系统的用户容量不受限制,定位隐蔽性提高。

（2）采用多颗卫星进行定位,而不是双星定位,不需要高程信息辅助。

（3）保留了 Beidou Ⅰ 的通信功能,能够实现报文或指令通信。

（4）定位精度、授时精度更高。

Beidou Ⅱ 卫星导航系统提供两种服务:一种是针对非授权用户的开放服务;另一种是针对授权用户的授权服务。开放服务在全球范围内定位精度可达 10 m,授时精度可达 20 ns,测速精度为 0.2 m/s。授权服务可以提供更高精度的定位、授时、测速服务。局部区域内差分定位精度可以达到 1 m,并且可以利用 Beidou Ⅱ 卫星进行报文通信。

**1. 系统构成**

（1）空间段

COMPASS 卫星导航系统空间段计划由 5 颗地球静止轨道卫星（GEO）和 30 颗非静止轨道卫星组成,其中 5 颗地球静止轨道卫星高度为 36 000 km,在赤道上空分布于 58.75°E、80°E、110.5°E、140°E 和 160°E;30 颗非静止轨道卫星由 27 颗中地球轨道（MEO）卫星和 3 颗倾斜同步轨道（IGSO）卫星组成;27 颗 MEO 卫星分布在倾角为 55° 的 3 个轨道平面上,轨道高度为 21 500 km。图 6.15 所示为 COMPASS 卫星轨道示意图。COMPASS 倾斜同步轨道卫星和中地球轨道卫星,两者由于工作性质不同,在结构、配置、外形上均有所不同。

（2）地面段

Beidou Ⅱ 的地面段包括 1 个主控站、2 个注入站和 30 个监测站。监测站实时跟踪监测卫星工作状况和监测站附近的空间、地理环境的变化,并将这些信息传送给主控站。主控站接收监测站发送的数据,编算导航电文、星历数据,将其与时间基准一同传送至注入站,协调管理注入站和监测站的工作,并根据监测数据控制卫星运行状态,保证 COMPASS 星座正常运转。注入站将卫星星历、导航电文、钟差和其他控制指令注入卫星。

图 6.15　Beidou Ⅱ卫星轨道示意图

**2. 卫星信号**

　　Beidou Ⅱ卫星导航系统与 GPS、伽利略系统在载波频率、信号结构和定位原理等方面有很多相似之处。根据国际电信联盟的登记,Beidou Ⅱ卫星将发射四种频率的信号,这些信号均采用 QPSK 调制,如表 6.5 所示。随着系统的逐步完善,还将发射其他频率的信号,如表 6.6所示。出于安全保密及与其他卫星导航系统兼容,避免在相同频段内与其他卫星导航系统的信号产生干扰的原因,Beidou Ⅱ信号将采用复用二元偏置载波(MBOC)、交替二元偏置载波(AltBOC)等调制方式。

**表 6.5　COMPASS 卫星目前发射的信号**

| 通道 | B1(I) | B1(Q) | B2(I) | B2(Q) | B3 | B1-2(I) | B1-2(Q) |
|---|---|---|---|---|---|---|---|
| 调制方式 | QPSK | | QPSK | | QPSK | QPSK | |
| 载波频率/MHz | 1 561.098 | | 1 207.14 | | 1 268.52 | 1 589.742 | |
| 码片速率/Mcps | 2.046 | 2.046 | 2.046 | 10.23 | 10.23 | 2.046 | 2.046 |
| 带宽/MHz | 4.092 | | 24 | | 24 | 4.092 | |
| 服务类型 | 开放 | 授权 | 开放 | 授权 | 授权 | 开放 | 授权 |

**表 6.6　COMPASS 新增信号**

| 频带 | 载波频率/MHz | 码片速率/Mcps | 调制方式 | 服务类型 |
|---|---|---|---|---|
| B1-CD | 1 575.42 | 1.023 | MBOC(6,1,1/11) | 开放 |
| B1-CP | | | | |
| B1 | | 2.046 | BOC(14,2) | 授权 |
| B2aD | 1 191.795 | 10.23 | AltBOC(15,10) | 开放 |
| B2aP | | | | |
| B2bD | | | | |
| B2bP | | | | |
| B3 | 1 268.52 | 10.23 | QPSK(10) | 授权 |
| B3aD | | | | |
| B3aP | | 2.557 5 | BOC(15,2.5) | 授权 |

Beidou Ⅱ卫星发射的导航电文经扩频、载波调制后向其覆盖区域广播,接收机接收到信号后,对信号进行解调与解扩,可实现接收机位置坐标的解算。

根据斯坦福和法国空间中心的研究报告,目前只接收到 COMPASS 导航卫星发送的三种频率信号(B1、B2、B3),尚未接收到 B1-2 频率的信号,这些信号采用 QPSK 调制方式,分为同相 I 和正交 Q 两个通道,其中,I 通道由余弦载波调制,Q 通道由正弦载波调制,接收信号可以表示为

$$s_b(t) = D(t - \tau_d)C(T - \tau_d)\exp(j2\pi f_D t + \theta) + n_b(t) \tag{6.8}$$

其中,$D(t)$为导航电文,$C(t)$为扩频码序列,$\tau_d$为时延,$f_D$为包含多普勒频移的载波频率,$\theta$为初始相位,$n_b(t)$为噪声。

斯坦福大学的科研人员在不知道 Beidou Ⅱ 的 PRN 码生成多项式的情况下,利用接收信号自身的一部分进行自相关来提取信号的特征,由于接收到的卫星信号淹没在噪声中,而导航信号采用了扩频调制体制,因而具有一定的相关特性,从而可提取信号的特征参数,如码元周期、多普勒频移等。首先将截取接收信号的一部分定义为

$$\hat{s}_b(t) = \begin{cases} s_b(t), & 0 < t \leqslant t_0 \\ 0, & t > t_0 \end{cases} \tag{6.9}$$

其中,$t_0$表示截取部分信号持续的时间,$t_0$的长度要适中,太长则有可能包含信号的下一个周期;太短则可能导致没有相关峰出现。信号的自相关可以表示为

$$\begin{aligned} R_{ss} &= \int_{-\infty}^{+\infty} s_b(t + \tau)\hat{s}_b^*(\tau)d\tau \\ &= \int_{-\infty}^{+\infty} s_b(\tau)\hat{s}_b^*(\tau - t)d\tau \\ &= \int_t^{t+t_0} s_b(\tau)\hat{s}_b^*(\tau - t)d\tau \end{aligned} \tag{6.10}$$

假设噪声 $n_b(t)$是均值为 0 的高斯白噪声,将式(6.8)代入式(6.10)可得

$$\begin{aligned} R_{ss} &= \int_t^{t+t_0} [D(\tau - \tau_d)C(\tau - \tau_d)\exp(j2\pi f_D t + \theta)] \cdot \\ &\quad [D(\tau - \tau_d - t)C(\tau - \tau_d - t)\exp(j2\pi f_D(\tau - t) + \theta)]d\tau \\ &= \exp(j2\pi f_D t)\int_t^{t+t_0} D(\tau - \tau_d)C(\tau - \tau_d)D(\tau - \tau_d - t)C(\tau - \tau_d - t)d\tau \end{aligned} \tag{6.11}$$

PRN 码速率、码元长度的设计都与信号的抗干扰性能、捕获与跟踪的难易程度有着密切关系。通过对接收信号进行自相关,科研人员研究了 B1、B2、B3 频段信号的 PRN 码生成多项式。载频 B1 和 B2 上调制的 PRN 码都是码长 2 046 bit 的 Gold 码,由 11 级移位寄存器产生,B1 的 I 通道 Gold 码生成多项式如表 6.7 所示,是由两个 11 级移位寄存器模 2 和生成。B1 的 I 通道 Gold 码发生器原理图如图 6.16 所示。

**表 6.7　B1 的 I 通道码生成多项式及初始状态**

| 多项式 1 | $x^{11}+x^{10}+x^9+x^8+x^7+x+1$ |
|---|---|
| 初始状态 1 | $[\,0\,1\,0\,1\,0\,1\,0\,1\,0\,1\,0\,]$ |
| 多项式 2 | $x^{11}+x^9+x^8+x^5+x^4+x^3+x^2+x+1$ |
| 初始状态 2 | $[\,0\,0\,0\,0\,0\,0\,0\,1\,1\,1\,1\,]$ |

　　根据相关研究,B3 调制的扩频码与 B1 调制的扩频码不同,B3 的扩频码是一种组合码,分为前后两段,前段包含扩频码序列的前 8 190 bit,后段包含扩频码序列的第 8 191 bit～第 10 230 bit。B3 扩频码的前、后两段由 26 级移位寄存器生成,前段和后段的扩频码序列均由两个 13 级的移位寄存器模 2 和生成,如图 6.17 所示。实际上,B3 扩频码的前、后两段使用的是相同的 13 级移位寄存器,只是初始状态的最后一位有所不同,表 6.8 和表 6.9 分别给出了 B3 扩频码前段信号和后段信号的生成多项式和初始状态,利用生成多项式和初始状态分别得到 B3 扩频码前段和后段。

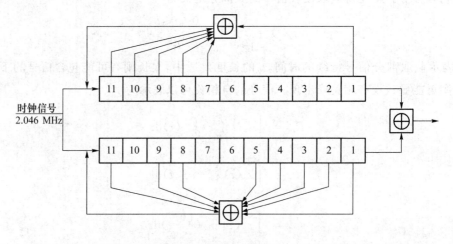

图 6.16　COMPASS B1 的 I 通道码生成器结构

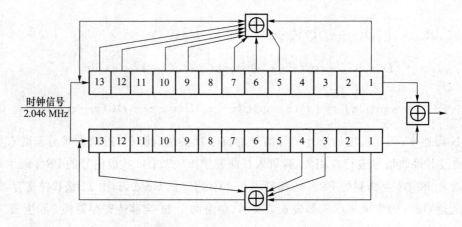

图 6.17　COMPASS B3 的 I 通道前段码发生器结构

表 6.8 B3 的 I 通道前段信号生成多项式及初始状态

| 多项式 1 | $x^{13}+x^{12}+x^{10}+x^9+x^7+x^6+x^5+x+1$ |
|---|---|
| 初始状态 1 | [1 1 1 1 1 1 1 1 1 1 1 1 0] |
| 多项式 2 | $x^{13}+x^4+x^3+x+1$ |
| 初始状态 2 | [1 1 1 1 1 1 1 1 1 1 1 1 1] |

表 6.9 B3 的 I 通道后段信号生成多项式及初始状态

| 多项式 1 | $x^{13}+x^{12}+x^{10}+x^9+x^7+x^6+x^5+x+1$ |
|---|---|
| 初始状态 1 | [1 1 1 1 1 1 1 1 1 1 1 1 1] |
| 多项式 2 | $x^{13}+x^4+x^3+x+1$ |
| 初始状态 2 | [1 1 1 1 1 1 1 1 1 1 1 1 1] |

# 第7章 移动通信

## 7.1 移动通信技术基础

### 7.1.1 移动通信基本概念

目前,人们大量应用移动通信手段传输信息。所谓移动通信,顾名思义就是通信的一方或双方是在移动中实现通信的,其中,包含移动台(汽车、火车、飞机、船舰等移动体上)与固定台之间通信,移动台(手机)与移动台(手机)之间通信;移动台通过基站与有线用户通信等。

移动通信的主要特点如下:(与固定点通信相比)

(1) 移动通信的传输信道必须使用无线电波传输。

(2) 电波传输特性复杂,在移动通信系统中由于移动台不断运动,不仅有多普勒效应,而且信号的转播受地形、地物的影响也将随时发生变化。

(3) 干扰多而复杂。

(4) 组网方式多样灵活,移动通信系统组网方式可分为小容量大区制和大容量小区制,移动通信网为满足使用,必须具有很强的控制功能,如通信(呼叫)的建立和拆除,频道的控制和分配,用户的登记和定位,以及过境切换和漫游的控制等;对设备要求更苛刻;用户量大而频率有限。

### 7.1.2 移动通信应用范围

**1. 汽车调度通信**

出租汽车公司或大型车队建有汽车调度台,汽车上有汽车电台,可以随时在调度员与司机之间保持通信联系。

**2. 公众移动电话**

这是与公用市话网相连的公众移动电话网。大中城市一般为蜂窝小区制,小城市或业务量的中等城市常采用大区制。用户有车台和手机两类。

**3. 无绳电话**

这是一种接入市话网的无线电话机,又称无绳电话。一般可在 50~200m 的范围内接收或拨通电话。

**4. 集群无线移动电话**

这实际上是把若干个原各自使用单独频率的单工工作调度系统,集合到一个基台工作。这样,原来一个系统单独用的频率现在可以为几个系统共用,故称为集群系统。

**5. 卫星移动通信**

这是把卫星作为中心转发台,各移动台通过卫星转发通信。

### 6. 个人移动通信

个人可在任何时候、任何地点与其他人通信,只要有一个个人号码,无论该人在何处,均可通过这个个人号码与其通信。

# 7.2 移动通信的工作方式、组成及系统工程

## 7.2.1 移动通信的工作方式

在移动通信中,按无线通道的使用频率数和信息传输方式,其无线电路工作方式可以分为单工制、半双工制和双工制。

### 1. 单工制

收、发使用同一个频率的按键通信方式,发送时不能接收,接收时不能发送。因此,接收时发射机不工作,反之亦然。单工制通信示意图,如图 7.1 所示。

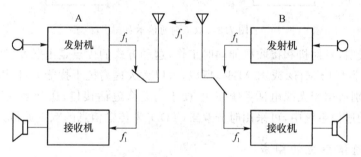

图 7.1 单工制通信示意图

单工制通信是一种通信双方只能轮流地发送和接收的电路工作方式,而单工制通信只使用一个频率。

### 2. 半双工制

半双工制通信方式是收、发信机分别使用两个频率的按键通话方式,其半双工制通信示意图,如图 7.2 所示。

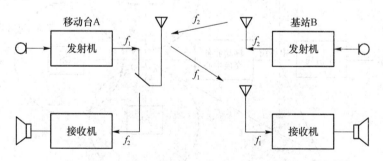

图 7.2 半双工制通信示意图

移动台不需要天线共用装置,适合电池容量小的设备制式。这种方式是基站和移动台分别使用两个频率,基站是双工通话,而移动台为按键发话,因此,称为半双工制通信。这种通信方式与同频单工制比较,其优点是受邻近电台干扰少;有利于解决紧急呼叫;可使基站载频常发,移动台就经常处于杂音被抑制状态,不需要静噪调整。一般专用移动通信系统中可采用此

方式,但它也存在按键发话操作不习惯的问题。

**3. 双工制**

双工制通信是不用按键能直接送受话的一种制式,对公用移动通信都采用此制式。它分为同频双工和异频双工 。目前,组网用得最多的是异频双工。异频双工就是收与发用两个频率(有一定频率间隔要求)来实现双工通信,双工制通信示意图,如图 7.3 所示。

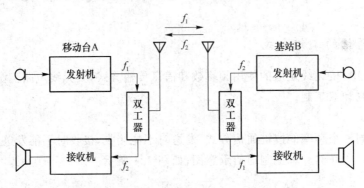

图 7.3　双工制通信示意图

由图 7.3 表明,发射机和接收机能同时工作,这种方式的优点是由于发射频带和接收频带有一定间隔,通常为 10 MHz 或 45 MHz,所以,可以大大提高抗干扰能力;使用方便,不需要收发控制操作,特别适用于无线电话系统使用,便于与公众电话接口;适合多频道同时工作的系统。在数字移动通信系统中,可采用时分双工(TDD)来传输信息的双工通信方式。

## 7.2.2　移动通信系统的组成

移动通信系统,通常是由移动台(MC)、基站(BS)及移动业务交换中心(MSC)等组成,如图 7.4 所示,该系统是与市话网通过中继线相连接的。

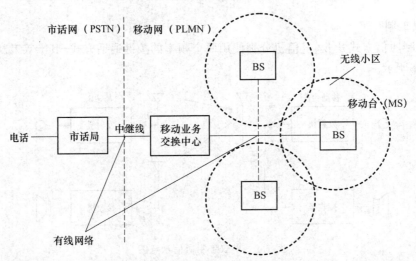

图 7.4　移动通信系统的组成图

由移动通信系统组成表明,基站和移动台设有收、发信机和天馈线等设备。每个基站都有一个可靠通信的服务范围,称为服务区。服务区的大小主要有发射功率和基站天线的高度决定。移动通信系统按照服务面积的大小可分为大区制、中区制和小区制三种制式。大区制是指一个城市由一个无线区覆盖,大区制的基站发射功率很大,无线区覆盖半径在 30～50 km 范围。小区制一般是指覆盖半径为 1～35 km 的区域,它是由多个无线区链合而成整个服务区的制式,小区制的基站发功率很小。利用正六边形小区结构组成了蜂窝网络,常称为蜂窝移动通信,如 GSM、CDMA 等移动通信系统都是采用小区制,并组成蜂窝网络。目前,发展方向是将小区进一步划小,成为宏区、毫区、微区、微微区,其覆盖半径降至 50 m 以下。中区指则是介于大区制和小区制之间的一种过渡制式。

移动业务交换中心(MSC)主要是提供路由器进行信息处理和对整个系统进行集中控制管理。

### 7.2.3 移动通信的射频工程

移动通信的射频工程,指的是移动通信的信号覆盖系统工程,若移动通信系统网络覆盖设计合理,则可以几乎无限制地覆盖世界各地。但是,为了实现移动通信信号的覆盖,必须进行网络优化,保证复杂环境都能实现信号的覆盖,实际上,提高覆盖质量或增加覆盖面积,这就是利用移动通信的射频工程来实现移动通信的信号覆盖。需要优化移动通信网络,加强覆盖的区域可分为如下几类:

**1. 盲区(或影形区)**

移动通信区域较小的盲区以及移动通信工作区的边缘地带,可称为盲区。在这些盲区里,可能还出现的问题是语音质量较差或经常掉话,甚至完全不通话。

**2. 高密度区**

在用户密度特别高,话务量特别大的地区,如购物中心、娱乐中心、商务中心、会议中心等地区,经常出现移动通信信道被占满,而使通信质量下降,甚至出现阻塞的情况。

**3. 边缘地区**

边缘地区是指现有服务区的边界,其信号质量比较差,这些边缘地区也可以认为是影形区,为了使边缘地区能高质量的通话,必须进行移动通信信号覆盖。

**4. 狭长地区**

狭长地区指的是高速公路、铁路等地区,这些地区具有很高的移动通信业务量,必须在狭长地区进行信号覆盖。

根据不同的地理环境及应用场合,解决这些信号覆盖的方案是不同的,目前,移动通信的无线覆盖整体解决方案种类如下:

(1) 室内覆盖分布系统——采用室内微蜂窝(或直放站)覆盖分布系统,解决了室内网络优化。

(2) 城市街道、小区覆盖综合解决方案——利用微蜂窝(或直放站)进行网络优化覆盖,也可利用一点对多点的无线覆盖、光纤直放站系统等可以解决小区的优化覆盖问题。

(3) 地铁、地下车库、地下商场等覆盖综合解决方案——利用室内微蜂窝(或直放站)覆盖分布系统和隧道覆盖技术,可以解决地铁、地下车库、地下商场等的优化覆盖问题。

(4) 乡镇、山区等覆盖综合解决方案——可利用塔顶放大器、射频和光纤直放站以及高增益定向天线等多种手段可解决边缘乡镇、山区等的移动通信信号的覆盖。

(5) 海域、海岛覆盖综合解决方案——由于海域、海岛覆盖区的特殊性,区域广、话务量较少,可以利用大功率直放站或塔顶放大器实现覆盖。

(6) 3G(TD-CDMA、WCDMA、cdma2000)、WLAN(无线局域网)、GSM/CDMA 等覆盖

综合解决方案——可采用"多网合一"解决方案。

利用移动通信的射频工程来实现移动通信的信号覆盖问题,实际上可分为室内和室外的覆盖问题,室内覆盖是一种室内天线分布覆盖系统,通常采用微蜂窝或直放站作为信号源,还采用馈线、微波无源器件(功分器、耦合器)、天线等组成分布系统;而室外覆盖问题,采用大功率的直放站、塔顶放大器(功率放大器)等实现移动通信信号覆盖。

# 7.3　国际上移动通信发展概况

无线通信概念最早出现是在 20 世纪 40 年代,无线电台在第二次世界大战中的广泛应用开创了移动通信的第一步。到 70 年代,美国贝尔实验室最早提出蜂窝的概念,解决了频率复用的问题,80 年代大规模集成电路技术及计算机技术突飞猛进的发展,长期困扰移动通信的终端小型化问题得到了初步解决,给移动通信发展打下了基础。于是,美国为了满足用户增长的需求,提出了建立在小区制的第一个蜂窝通信系统——AMPS(Advance Mobile Phone Service)系统。这也是世界上第一个具有现代意义,可以商用的,能够满足随时随地通信的大容量移动通信系统。它主要建立在频率复用的技术上,较好解决了频谱资源受限问题,并拥有更大容量和更好话音质量。这在移动通信发展历史上具有里程碑的意义。AMPS 系统在北美商业上获得巨大成功,有力刺激了全世界蜂窝移动通信的研究和发展。随后,欧洲各国和日本都开发了自己的蜂窝移动通信网络,具有代表性的有欧洲的 TACS(Total Access Communication System)系统、北欧的 NMT(Nordic Mobile Telephone System)系统和日本的 NTT(Nippon Telegraph and Telephone)系统等。这些系统都是基于频分多址(FDMA)的模拟制式系统,我们统称其为第一代蜂窝移动通信系统。

**1. 第一代模拟系统**

第一代模拟系统主要建立在频分多址接入和蜂窝频率复用理论基础上,在商业上取得巨大的成功,但随着技术和时间发展,问题也逐渐暴露出来:它所支持的业务(主要是话音)单一、频谱效率太低、保密性差等。特别是在欧洲,每个国家都有自己的标准和体制,无法解决跨国家的漫游问题。模拟移动通信系统经过 10 余年的发展后,终于在 20 世纪 90 年代初逐步被更先进的数字蜂窝移动通信系统所代替。

**2. 第二代移动通信系统**

推动第二代移动通信发展的主要动力是欧洲,欧洲国家比较小,要解决标准和制式的统一才可能解决跨国家漫游。故从 20 世纪 80 年代处就开始研究数字蜂窝移动通信系统,一般称其为第二代移动通信系统。它是随着超大规模集成电路和计算机技术的飞速发展,语音数字处理技术的成熟而发展起来的。在 80 年代欧洲各国提出了多种方案,并在 80 年代中、后期进行了这些方案的现场实验比较,最后集中为时分多址(TDMA)的数字移动通信系统,即 GSM(Global System for Mobile Communications)系统。由于其技术上的先进性和优越性能已经成为目前世界上最大的蜂窝移动通信网络。

GSM 标准化的工作主要由欧洲电信标准委员会(ETSI)下属的特别移动组(SMG)完成。主要分为第一阶段和第二阶段。1990 年,第一阶段规范启动。1992 年,商用开始,同年第二阶段标准化工作开始。GSM 空中接口的基本原则包括:每载波 8 个时隙,200 kHz/载波带宽,慢跳频。

和第一阶段比较,GSM 第二阶段的主要特性包括:

（1）增强的全速率语音编码器（EFR）；

（2）适应多速率编解码器（AMR）；

（3）14.4 kbit/s 数据业务；

（4）高速率电路交换数据（HSCSD）；

（5）通用分组无线业务（GPRS）；

（6）增强数据速率（EDGE）。

与欧洲相比较，美国在第二代数字蜂窝移动系统方面的起步要迟一些。1988 年，美国制定了基于 TDMA 技术的 IS-54/IS-136 标准，IS-136 是一种模拟/数字双模标准，可以兼容 AMPS。更值得一提的是美国 Qualcomm 公司在 20 世纪 90 年代初提出的 CDMA 技术，并在 1993 年由 TIA 完成标准化成为 IS-95 标准。这也是 3G 标准中 cdma2000 技术的雏形。

IS-95 引入了直接序列扩频 CDMA 空中接口的概念。由于 AMPS 已有广大市场，IS-95 也必须使用相同频段，故在码片速率及射频特性等方面必须兼容 AMPS 的模拟制式。CDMA 技术有其固有的很多优点，比 FDMA 及 TDMA 系统高得多的容量（频谱效率）、良好的话音质量及保密性等，使其在移动通信领域备受瞩目。IS-95 技术也在北美和韩国等地得到了大规模商用。但是，由于起步较晚及在网络和高层信令方面考虑不足，市场份额还是远低于已经非常成熟的 GSM 网络。

**3. 第三代移动通信系统**

第三代移动通信系统由卫星移动通信网和地面移动通信网所组成，形成一个对全球无缝覆盖的立体通信网络，满足城市和偏远地区各种用户密度，支持高速移动环境，提供话音、数据和多媒体等多种业务（最高速率可达 2 Mbit/s）的先进移动通信网，基本实现个人通信的要求。

早在 1985 年国际电信联盟就提出了第三代移动通信（3G）的概念，同时建立了专门的组织机构 TG8/1 进行研究，当时称为未来陆地移动通信系统（FPLMTS）。这时第二代移动通信 GSM 的技术还没有成熟，CDMA 技术尚未出现。在 TG8/1 的前十年，进展比较缓慢。1992 年，世界无线电行政大会（WARC）分配了 230 MHz 的频率给 FPLMTS：1 885～2 025 MHz 和 2 110～2 200 MHz。此时，FPLMTS 的研究工作主要由 ITU 完成，其中 ITU-T 负责网络方面的标准化工作，ITU-R 负责无线接口方面的标准化工作。

关于 FPLMTS 的研究工作在 1996 年后取得了迅速的进展，首先 ITU 于 1996 年确定了正式名称：IMT-2000（国际移动通信-2000），其含义为该系统预期在 2000 年左右投入使用，工作于 2 000 MHz 频带，最高传输数据速率为 2 000 kbit/s。IMT-2000 的技术选取中最关键的是无线传输技术（RTT）。无线传输技术（RTT）主要包括多址技术、调制解调技术、信道编解码与交织、双工技术、信道结构和复用、帧结构、RF 信道参数等。ITU 于 1997 年制定了 M.1225 建议，对 IMT-2000 无线传输技术提出了最低要求，并面向世界范围征求 RTT 建议。

ITU 要求 IMT-2000 RTT 必须满足以下三种环境的要求。即：

（1）快速移动环境，最高速率达 144 kbit/s；

（2）室外到室内或步行环境，最高速率达 384 kbit/s；

（3）室内环境，最高速率达 2 Mbit/s。

另外，ITU 所定义的 IMT-2000 系统需要具有以下特性：

（1）全球化：IMT-2000 是一个全球性的系统，各个地区多种系统组成了一个 IMT-2000 家族，各个系统间设计上具有高度的互通性,使用共同的频段,全球统一标准,能提供全球无缝漫游。

(2) 综合化:能够提供多种业务,特别能够支持多媒体业务和 Internet 业务,并有能力容纳新类型的业务。

(3) 个人化:全球唯一的个人号码,足够的系统容量,高保密性,高服务质量。

为了能够在未来的全球化标准的竞赛中取得领先,各个地区、国家、公司及标准化组织纷纷提出了自己的技术标准,到截止日期 1998 年 6 月 30 日,ITU 共收到 16 项建议,针对地面移动通信的就有 10 项之多。其中包括我国电信科技研究院(CATT)代表中国政府提出的 TD-SCDMA 技术。表 7.1 列出了所有十项 IMT-2000 地面无线传输技术提案。

表 7.1　10 种 IMT-2000 地面无线传输技术(RTT)提案

| 技术名称 | 提交组织 | 双工方式 | 适用环境 |
| --- | --- | --- | --- |
| J:WCDMA | 日本 ARIB | FDD、TDD | 所有环境 |
| UTRA-UMTS | 欧洲 ETSI | FDD、TDD | 所有环境 |
| WIMS WCDMA | 美国 TIA | FDD | 所有环境 |
| WCDMA/NA | 美国 T1P1 | FDD | 所有环境 |
| Global CDMA II | 韩国 TTA | FDD | 所有环境 |
| TD-SCDMA | 中国 CWTS | TDD | 所有环境 |
| cdma2000 | 美国 TIA | FDD、TDD | 所有环境 |
| Global CDMA I | 韩国 TTA | FDD | 所有环境 |
| UWC-136 | 美国 TIA | FDD | 所有环境 |
| EP-DECT | 欧洲 ETSI | TDD | 室内、室外到室内 |

欧洲提出 5 种 UMTS/IMT-2000 RTT 方案,其中比较有影响的是以下两种:WCDMA 和 TD-CDMA。前者主要由 Ericsson、Nokia 公司提出,后者主要由 Siemens 公司提出。ETSI 将 WCDMA 和 TD-CDMA 融合为一种方案:统称为 UTRA (UMTS Terrestrial Radio Access),这种方案考虑是以 WCDMA 作为主流,同时吸收 TD-CDMA 技术的优点作为其补充。

美国负责 IMT-2000 研究的组织是 ANSI 下的 T1P1 组、TIA 和 EIA。美国提出的 IMT-2000 方案是 cdma2000,主要由 Qualcomm、Lucent、Motorola 和 Nortel 一起提出。美国还提出了另外一些类 WCDMA 标准和时分多址标准 UWC-136。

日本的 ARIB 在第三代系统的标准研究制定方面也走在世界前列。先后制订出 6 种 RTT 方案,经过层层筛选和合并,形成了以 NTT DoCoMo 公司为主提出的 W-CDMA 方案。日本的 WCDMA 方案和欧洲提出的 WCDMA 极为相似,与其融合。

这 10 种提案中以欧洲的 WCDMA 技术和美国的 cdma2000 技术最为看好,同时,中国的 TD-SCDMA 技术由于其本身的技术先进性并得到中国政府、运营商和产业界的支持,也很受瞩目。

通过一年半时间的评估和融合,1999 年 11 月 5 日 ITU 在赫尔辛基举行的 TG 8/1 第 18 次会议上,通过了输出文件 ITU-R M. 1457,确认了如下 5 种第三代移动通信 RTT 技术。

(1) 两种 TDMA 技术:

① SC-TDMA(UMC-136);

② MC-TDMA(EP-DECT)。

(2) 三种 CDMA 技术：

① MC-CDMA(cdma2000 MC)；

② DS-CDMA(包括 UTRA/WCDMA 和 cdma2000/DS)；

③ TDD CDMA(包括 TD-SCDMA 和 UTRA TDD)。

其中主流技术是上述三种 CDMA 技术。

ITU 确认的 5 种第三代移动通信 RTT 如表 7.2 所示。

**表 7.2  ITU 确认的 5 种 第三代移动通信 RTT**

| CDMA | | | TDMA | |
|---|---|---|---|---|
| MC | DS | TDD | SC | MC |
| CDMA | CDMA | CDMA | TDMA | TDMA |

ITU-R M.1457 的通过标志着第三代移动通信标准的基本定型。我国提出的 TD-SCDMA (Time Division Duplex-Synchronous Code Division Multiple Access)建议标准与欧洲、日本提出的 WCDMA 和美国提出的 cdma2000 标准一起列入该建议，成为世界三大主流标准之一。

# 7.4  我国移动通信发展概况

## 7.4.1  1982—2000 年："无线寻呼"发展阶段

(1) 1982 年，上海首先使用 150 MHz 频段开通了我国第一个模拟寻呼系统。

(2) 1984 年，广州用同样的频段开通了一个数字寻呼系统。

寻呼系统应用十几年时间，到 2000 年，据不完全的统计，全国的寻呼用户已超过6 500万。

## 7.4.2  无线移动电话——移动通信发展阶段

**1. 第一代移动通信(1G)——模拟移动电话**

第一代移动通信(1G)——模拟移动电话是一种频分多址(FDMA)。

1987 年，我国第一台模拟移动电话网在广东珠江三角洲开通，采用的体制为 TACS。随后北京、上海等相继建成模拟移动电话系统，用户年增加率一直为 100%。

**2. 第二代移动通信(2G)——数字移动电话**

第二代移动通信(2G)——数字移动电话是一种时分多址(TDMA)。

1994 年 11 月，开始建成 GSM 数字网，1998 年模拟用户数量开始下降，2001 年 7 月关闭模拟网。

随后，2000 年开始建成 CDMA 数字网(IS-95 标准)，CDMA(码分多址)是多个码分信道共享载频频道的多址连接方式。

目前使用的第二代数字移动通信系统可以提供话音及低速数据业务，能够基本满足人们信息交流的需要。移动通信的发展速度超过人们的预料，1999 年，移动通信产品在通信设备市场中所占的份额已超过 50%。目前，该比例还在逐渐增加。特别是中国的发展速度，手机用户连续十年以超高速增长，截至 2002 年年底，中国的第二代移动手机用户已经超过两亿，并且仍然以较高的速度发展。

手机的迅速普及将驱动通信向个人化方向发展,互联网用户数以翻番的速度膨胀又带来了移动数据通信的发展机遇。特别是移动多媒体和高速数据业务的迅速发展,迫切需要设计和建设一种新的网络以提供更宽的工作频带、支持更加灵活的多种类业务(高速率数据、多媒体及对称或非对称业务等),并使移动终端能够在不同的网络间进行漫游。由于市场的驱动促使第三代移动通信系统(3G)的概念应运而生。

### 3. 第三代移动通信(3G)——TD-SCDMA

TD-SCDMA 第三代移动通信标准是信息产业部电信科学技术研究院(现大唐移动通信设备有限公司)在国家主管部门的支持下,根据多年的研究而提出的具有一定特色的 3G 通信标准,是中国百年通信史上第一个具有完全自主知识产权的国际通信标准,在我国通信发展史上具有里程碑的意义并产生了深远影响,是整个中国通信业的重大突破。该标准文件在我国无线通信标准组(CWTS)最终修改完成后,经原邮电部批准,于 1998 年 6 月代表我国提交到ITU(国际电信联盟)和相关国际标准组织。

TD-SCDMA 系统全面满足 IMT-2000 的基本要求。采用不需配对频率的 TDD(时分双工)工作方式,以及 FDMA/TDMA/CDMA 相结合的多址接入方式。同时使用 1.28 兆码片/秒的低码片速率,扩频带宽为 1.6 MHz。

TD-SCDMA 系统还采用了智能天线、联合检测、同步 CDMA、接力切换及自适应功率控制等诸多先进技术,与其他 3G 系统(WCDMA、cdma-2000)相比具有较为明显的优势,主要体现在:

(1) 频谱灵活性和支持蜂窝网的能力

TD-SCDMA 采用 TDD 方式,仅需要 1.6 MHz(单载波)的最小带宽。因此频率安排灵活,不需要成对的频率,可以使用任何零碎的频段,能较好地解决当前频率资源紧张的矛盾;若带宽为 5 MHz 则支持 3 个载波,在一个地区可组成蜂窝网,支持移动业务。

(2) 高频谱利用率

TD-SCDMA 频谱利用率高,抗干扰能力强,系统容量大,适用于人口密集的大、中城市传输对称与非对称业务。尤其适合于移动 Internet 业务(它将是第三代移动通信的主要业务)。

(3) 适用于多种使用环境

TD-CDMA 系统全面满足 ITU 的要求,适用于多种环境。

(4) 设备成本低

设备成本低,系统性能价格比高,具有我国自主的知识产权,在网络规划、系统设计、工程建设以及为国内运营商提供长期技术支持和技术服务等方面带来方便,可大大节省系统建设投资和运营成本。

TD-SCDMA 标准公开之后,在国际上引起强烈的反响,得到西门子等许多著名公司的重视和支持。1999 年 11 月在芬兰赫尔辛基召开的国际电信联盟会议上,TD-SCDMA 被列入ITU 建议(ITU-R M.1457),成为 ITU 认可的第三代移动通信 RTT 主流技术之一。2000 年5 月世界无线电行政大会正式接纳 TD-SCDMA 为第三代移动通信国际标准。从而使TD-SCDMA 与欧洲和日本提出的 WCDMA、美国提出的 cdma2000 并列为三大主流标准之一。这是百年来中国电信史上的重大突破,标志着我国在移动通信技术方面进入世界先进行列。图 7.5 表示了 TD-SCDMA 标准的发展历程。

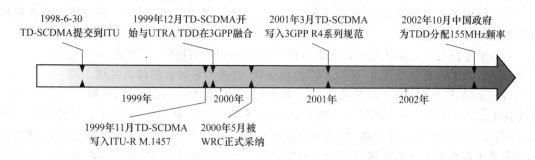

图 7.5　TD-SCDMA 标准发展历程

　　虽然 ITU 在第三代移动通信标准的发展过程中起着积极的推动作用,但是 ITU 的建议并不是完整的规范,上述标准的技术细节则主要由两个国际标准组织(3GPP 和 3GPP2)根据 ITU 建议来进一步完成。其中,以欧洲为主体的 3GPP 主要制定基于 GSM MAP 核心网的第三代移动通信系统标准,其无线接入网标准则基于 DS-CDMA(即 WCDMA FDD 模式)和 CDMA TDD(UTRA TDD 和 TD-SCDMA);而以美国为主体的 3GPP2 主要制定基于美国 IS-41 核心网的第三代移动通信标准,其无线接入网标准基于 MC-CDMA(即 cdma2000,FDD 模式)。

　　中国无线通信标准组(CWTS)是国际电联承认的标准化组织,也是上述两个国际组织的成员。TD-SCDMA 被国际电联正式接纳后,1999 年 12 月在 3GPP RAN 会议上确定了 TD-SCDMA 与 UTRA TDD 标准融合的原则,经过一年的工作,2001 年 3 月 16 日,在美国加利福利亚州举行的 3GPP TSG RAN 第 11 次全会上,将 TD-SCDMA 列为 3G 标准之一,包含在 3GPP 版本 4(Release 4)中。这是 TD-SCDMA 已成为全球 3G 标准的一个重要里程碑,表明该标准已经被世界众多的移动通信运营商和生产厂家所接受。这也是 TD-SCDMA 的完全可商用版本的标准,在这之后,TD-SCDMA 标准进入了稳定并进行相应改进和发展的阶段。

# 7.5　3G 技术及其比较

## 7.5.1　3G 技术的三个标准

### 1. WCDMA

　　WCDMA 最初主要由以 Ericsson、Nokia 公司为代表的欧洲通信厂商提出。这些公司都在第二代移动通信技术和市场占尽了先机,并希望能够在第三代移动通信市场依然保持世界领先的地位。日本由于在第二代移动通信时代没有采用全球主流的技术标准,而是自己独立制定开发,很大程度上制约了日本的设备厂商在世界范围内的作为,所以日本希望借第三代的契机,能够进入国际市场。以 NTT DoCoMo 为主的各个公司提出的技术与欧洲的 WCDMA 比较相似,二者相融合,成为现在的 WCDMA 系统。WCDMA 主要采用了带宽为 5 MHz 的宽带 CDMA 技术,具有上下行快速功率控制、下行发射分集、基站间可以异步操作等技术特点。

### 2. cdma2000

　　cdma2000 是在 IS-95 系统的基础上由 Qualcomm、Lucent、Motorola 和 Nortel 等公司一起提出的,cdma2000 技术的选择和设计最大限度地考虑和 IS-95 系统的后向兼容,主要特点是:

　　(1) 信道估计比较困难。

　　(2) 前相链路可采用发射分集方式,提高了信道的抗衰落能力。

（3）增加了前向快速功控，提高了前向信道的容量。在 IS-95 系统中，前向链路只支持慢速功控。

（4）业务信道可采用比卷积码更高效的 Turbo 码，使容量进一步提高。

（5）引入了快速寻呼信道，减少了移动台功耗，提高了移动台的待机时间。

WCDMA 和 cdma2000 都是采用 FDD 模式的技术，随着技术的发展，国际上对使用 TDD 的 CDMA 技术日益关注。该技术突破了 FDD 技术的很多限制。例如，上下行工作于同一频段，不需要大段的连续对称频段，在频率资源日益紧张的今天，这一点尤显重要；这样，基站端的发射机可以根据在上行链路获得的信号来估计下行链路的多径信道的特性，便于使用智能天线等先进技术；同时能够简单方便地适应于 3G 传输上下行非对称数据业务的需要，提高系统频谱利用率；这些优势都是 FDD 系统难以实现的。

**3. TD-SCDMA**

TD-SCDMA 也就是在这种环境下诞生的，它综合 TDD 和 CDMA 的所有技术优势，具有灵活的空中接口，并采用了智能天线、联合检测等先进技术（这些在后面的章节中陆续将有阐述），使得 TD-SCDMA 具有相当高的技术先进性，并且在三个标准中具有最高的频谱效率。随着对大范围覆盖和高速移动等问题的逐步解决，TD-SCDMA 将成为可以用最经济的成本获得令人满意的 3G 解决方案。

### 7.5.2  3G 技术比较

图 7.6(a)、(b)分别表示 TD-SCDMA 和 WCDMA 的多址方式结构。可以看出，TD-SCDMA方式采用了 TDMA 技术，有利于传输非对称数据业务。表 7.3 对 WCDMA、TD-SC-DMA 和 cdma2000 三种主流标准的主要技术性能进行了比较。其中仅有 TD-SCDMA 方式使用了智能天线、联合检测和同步 CDMA 等先进技术，所以在系统容量、频谱利用率和抗干扰能力方面具有突出的优势。

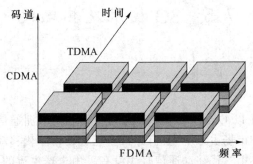

(a) TD-SCDMA多址方式结构示意图

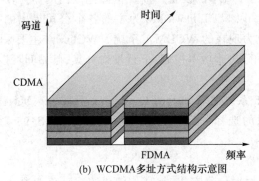

(b) WCDMA多址方式结构示意图

图 7.6  WCDMA 和 TD-SCDMA 多址方式比较

表 7.3 三种主流 3G 标准主要技术性能的比较

| | WCDMA | TD-SCDMA | cdma2000 |
|---|---|---|---|
| 载波间隔 | 5 MHz | 1.6 MHz | 1.25 MHz |
| 码片速率 | 3.84 兆码片/秒 | 1.28 兆码片/秒 | 1.228 8 兆码片/秒 |
| 帧长 | 10 ms | 10 ms(分为两个子帧) | 20 ms |
| 基站同步 | 不需要 | 需要 | 需要典型方法是 GPS |
| 功率控制 | 快速功控:<br>上、下行 1 500 Hz | 0~200 Hz | 反向:800 Hz<br>前向:慢速、快速功控 |
| 下行发射分集 | 支持 | 支持 | 支持 |
| 频率间切换 | 支持,可用压缩模式进行测量 | 支持,可用空闲时隙进行测量 | 支持 |
| 检测方式 | 相干解调 | 联合检测 | 相干解调 |
| 信道估计 | 公共导频 | DwPCH,UpPCH,Midamble | 前向、反向导频 |
| 编码方式 | 卷积码<br>Turbo 码 | 卷积码<br>Turbo 码 | 卷积码<br>Turbo 码 |

第三代移动通信,主要目的是满足市场更高的应用需求。当前对高比特率的数据业务和多媒体的应用需求已经提到了议事日程,这也是推动第三代移动通信系统发展的主要动力。第二代移动通信系统主要支持话音业务,仅能提供最简单的低速率数据业务,速率为9.6~14.4 kbit/s。改进后的第二代系统能够支持几十 kbit/s 到上百 kbit/s 的数据业务。而 3G 从技术上能够最大支持 2 Mbit/s 的速率,并且还在不断的发展中,将来能够支持更高的数据速率。这也为 3G 广阔的应用前景提供良好的技术保障。图 7.7 给出了 2G 与 3G 系统所支持的业务速率的比较。

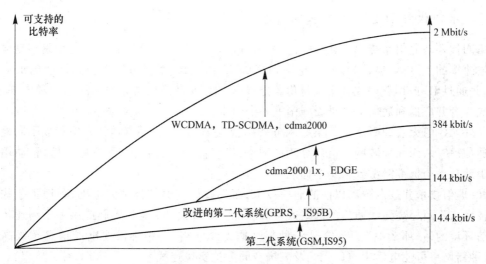

图 7.7 2G 与 3G 支持的业务速率

一种技术能够很好地满足市场需求,并具有良好的质量保证,才会体现出技术的意义。3G 系统被设计为能够很好地支持大量的不同业务,并且能够方便地引入新的业务。各种不同的业务分别具有不同的业务特性,并且需要不同的带宽来承载。从话音到动态视频,所需的带宽差别很大,从图 7.8 中可以看出 3G 所支持的从窄带到宽带的不同业务的带宽范围。

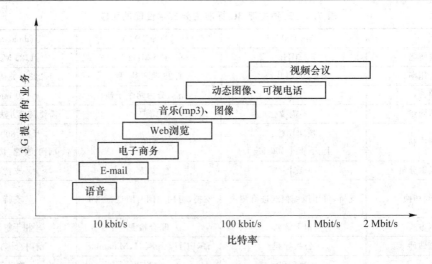

图 7.8　3G 能够提供的业务及所需带宽

另外,对于不同的通信业务其性能要求也是不同的。例如,语音、视频需要具有较好的实时性和连续性,但对数据并不要求太高的可靠性。而电子邮件、网上下载等则对时延并不是非常敏感,但要有高的数据可靠性。也就是说,对不同业务的实时性和服务质量的要求差别很大。大量业务还需要上下行不对称的服务,如浏览网页、下载音乐等。所有这些,3G 系统都能够很好地予以满足。

# 7.6　第四代移动通信系统——4G

## 7.6.1　第四代移动通信系统基本概念

第四代移动通信系统——4G 最大数据传输速率超过 100 Mbit/s,这个速率是移动电话数据传输速率的 1 万倍,也是 3G 移动电话速率的 50 倍。4G 手机可以提供高性能的汇流媒体内容,并通过 ID 应用程序成为个人身份鉴定设备。它可以接收高分辨率的电影和电视节目,从而成为合并广播和通信新基础设施中的一个纽带。

此外,4G 的无线即时连接等某些服务费用会比 3G 便宜。还有,4G 有望集成不同模式的无线通信——从无线局域网和蓝牙等室内网络、蜂窝信号、广播电视到卫星通信,移动用户可以自由地从一个标准漫游到另一个标准。

4G 通信技术并没有脱离以前的通信技术,而是以传统通信技术为基础,利用了一些新的通信技术来不断提高无线通信的网络效率和功能。如果说 3G 能为人们提供一个高速传输无线通信环境的话,那么 4G 通信会是一种超高速无线网络,一种不需要电缆信息超级高速公路,这种新网络可使电话用户以无线及三维空间虚拟实境连线。

与传统通信技术相比,4G 通信技术最明显的优势在于通话质量及数据通信速度。然而,在通话品质方面,移动电话消费者还是能接受的。随着技术的发展与应用,现有移动电话网中手机通话质量还在进一步提高。

数据通信速度高速化的确是一个很大优点,它的最大数据传输速率达到 100 Mbit/s,简直是不可思议的事情。另外由于技术的先进性确保了成本投资的大大减少,未来的 4G 通信费用也要比 2009 年通信费用低。

4G 通信技术是继第三代以后又一次无线通信技术演进,其开发更加具有明确的目标性:提高移动装置无线访问互联网的速度——据 3G 市场分三个阶段走的发展计划,3G 的多媒体服务在 10 年后进入第三个发展阶段。在发达国家,3G 服务的普及率超过了 60%,这种情况下就需要有更新一代的系统来进一步提升服务质量。

为了充分利用 4G 通信给人们带来的先进服务,人们还必须借助各种各样的 4G 终端才能实现,而不少通信营运商正是看到了未来通信的巨大市场潜力,他们已经开始把眼光瞄准到生产 4G 通信终端产品上。例如,生产具有高速分组通信功能的小型终端,生产对应配备摄像机的可视电话以及电影电视影像发送服务的终端,或是生产与计算机相匹配的卡式数据通信专用终端。有了这些通信终端后,手机用户就可以随心所欲地漫游,随时随地的享受高质量通信。

## 7.6.2 第四代移动通信系统中的关键技术

**1. 新的调制技术**

新的调制技术要求数据速率从 2 Mbit/s 提高到 100 Mbit/s,对全速移动用户能够提供 150 Mbit/s的高质量影像服务。

**2. 软件无线电技术**

软件无线电技术可使移动终端和基站从 3G 到 4G 的发展速度大大加快,系统升级变得十分便捷。

**3. 智能天线技术**

智能天线技术具有抑制干扰、信号自动跟踪以及数字波束形成等智能功能,用于移动通信,既可改善信号质量又能增加传输容量。

**4. 网络技术**

4G 系统要满足 3G 不能达到的高速数据和高分辨率多媒体服务的需要,应能与宽带 IP 网络、宽带综合业务数据网(B-ISDN)和异步传输模式(ATM)兼容,实现多媒体通信,形成综合宽带通信网。

## 7.6.3 第四代移动通信系统标准

**1. LTE**

LTE(Long Term Evolution,长期演进)项目是 3G 的演进,它改进并增强了 3G 的空中接入技术,采用 OFDM 和 MIMO 作为其无线网络演进的唯一标准。根据 4G 牌照发布的规定,国内三家运营商(中国移动、中国电信和中国联通)都拿到了 TD-LTE 制式的 4G 牌照。

LTE 的主要特点是在 20 MHz 频谱带宽下能够提供下行 100 Mbit/s 和上行 50 Mbit/s 的峰值速率,相对于 3G 网络大大地提高了小区的容量,同时将网络延迟大大降低:内部单向传输时延低于 5 ms,控制平面从睡眠状态到激活状态迁移时间低于 50 ms,从驻留状态到激活状态的迁移时间小于 100 ms。并且这一标准也是 3GPP 长期演进项目,是近两年来 3GPP 启动的最大的新技术研发项目,其演进的历史如下:

GSM→GPRS→EDGE→WCDMA→HSDPA/HSUPA→HSDPA+/HSUPA+→FDD-LTE 长期演进

GSM:9K→GPRS:42K→EDGE:172K→WCDMA:364k→HSDPA/HSUPA:14.4M→HSDPA+/HSUPA+:42M→FDD-LTE:300M

由于 WCDMA 网络的升级版 HSPA 和 HSPA＋均能够演化到 FDD-LTE 这一状态，所以这一 4G 标准获得了最大的支持，也将是未来 4G 标准的主流。TD-LTE 与 TD-SCDMA 实际上没有关系不能直接向 TD-LTE 演进。该网络提供可以与固定宽带的网速媲美的移动网络的切换速度，网络浏览速度大大提升。

LTE 终端设备当前有耗电太大和价格昂贵的缺点，按照摩尔定律测算，估计至少还要 6 年后，才能达到当前 3G 终端的量产成本。

**2. LTE-Advanced**

LTE-Advanced：从字面上看，LTE-Advanced 就是 LTE 技术的升级版，那么为何两种标准都能够成为 4G 标准呢？LTE-Advanced 的正式名称为 Further Advancements for E-UTRA，它满足 ITU-R 的 IMT-Advanced 技术征集的需求，是 3GPP 形成欧洲 IMT-Advanced 技术提案的一个重要来源。LTE-Advanced 是一个后向兼容的技术，完全兼容 LTE，是演进而不是革命，相当于 HSPA 和 WCDMA 这样的关系。LTE-Advanced 的相关特性如下：

- 带宽：100 MHz。
- 峰值速率：下行 1 Gbit/s，上行 500 Mbit/s。
- 峰值频谱效率：下行 30 bit/(s · Hz)，上行 15 bit/(s · Hz)。
- 针对室内环境进行优化。
- 有效支持新频段和大带宽应用。
- 峰值速率大幅提高，频谱效率有限改进。

严格地讲，LTE 作为 3.9 G 移动互联网技术，LTE-Advanced 作为 4G 标准更加确切一些。LTE-Advanced 的入围，包含 TDD 和 FDD 两种制式，其中 TD-SCDMA 将能够进化到 TDD 制式，而 WCDMA 网络能够进化到 FDD 制式。移动主导的 TD-SCDMA 网络期望能够绕过 HSPA＋网络而直接进入 LTE。

**3. WIMAX**

WIMAX（Worldwide Interoperability for Microwave Access，全球微波互联接入）的另一个名字是 IEEE 802.16。WIMAX 的技术起点较高，WIMAX 所能提供的最高接入速度是 70 Mbit/s，这个速度是 3G 所能提供的宽带速度的 30 倍。

对无线网络来说，这的确是一个惊人的进步。WIMAX 逐步实现宽带业务的移动化，而 3G 则实现移动业务的宽带化，两种网络的融合程度会越来越高，这也是未来移动世界和固定网络的融合趋势。

802.16 工作的频段采用的是无须授权频段，范围在 2～66 GHz，而 802.16a 则是一种采用 2～11 GHz 无须授权频段的宽带无线接入系统，其频道带宽可根据需求在 1.5～20 MHz 范围进行调整，具有更好高速移动下无缝切换的 IEEE 802.16m 的技术正在研发。因此，802.16 所使用的频谱可能比其他任何无线技术更丰富，WIMAX 具有以下优点：

（1）对于已知的干扰，窄的信道带宽有利于避开干扰，有利于节省频谱资源。

（2）灵活的带宽调整能力，有利于运营商或用户协调频谱资源。

（3）WIMAX 所能实现的 50 km 的无线信号传输距离是无线局域网所不能比拟的，网络覆盖面积是 3G 发射塔的 10 倍，只要少数基站建设就能实现全城覆盖，能够使无线网络的覆盖面积大大提升。

不过 WIMAX 网络在网络覆盖面积和网络的带宽上优势巨大，但是其移动性却有着先天的缺陷,无法满足高速(≥50 km/h)下的网络的无缝链接,从这个意义上讲,WIMAX 还无法达到 3G 网络的水平,严格地说并不能算作移动通信技术,而仅仅是无线局域网的技术。

但是 WIMAX 的希望在于 IEEE 802.11m 技术上,这些技术将能够有效地解决这些问题。由于有中国移动、英特尔、Sprint 等厂商的积极参与,WIMAX 成为呼声仅次于 LTE 的 4G 网络手机。关于 IEEE 802.16m 这一技术,我们将留在最后做详细的阐述。

WIMAX 当前全球使用用户大约 800 万个,其中 60% 在美国。WIMAX 其实是最早的 4G 通信标准,大约出现于 2000 年。

**4. WirelessMAN**

WirelessMAN-Advanced 事实上就是 WIMAX 的升级版,即 IEEE 802.16m 标准,802.16 系列标准在 IEEE 正式称为 WirelessMAN,而 WirelessMAN-Advanced 即为 IEEE 802.16 m。其中,802.16 m 最高可以提供 1 Gbit/s 无线传输速率,还将兼容未来的 4G 无线网络。802.16 m 可在"漫游"模式或高效率/强信号模式下提供 1 Gbit/s 的下行速率。该标准还支持"高移动"模式,能够提供 1 Gbit/s 速率。其优势如下:

(1) 提高网络覆盖,改建链路预算;

(2) 提高频谱效率;

(3) 提高数据和 VOIP 容量;

(4) 低时延 & QoS 增强;

(5) 功耗节省。

WirelessMAN-Advanced 有 5 种网络数据规格,其中极低速率为 16 kbit/s,低速率数据及低速多媒体为 144 kbit/s,中速多媒体为 2 Mbit/s,高速多媒体为 30 Mbit/s,超高速多媒体则达到了 30 Mbit/s~1 Gbit/s。

但是该标准可能会率先被军方所采用,IEEE 方面表示:军方的介入将能够促使WirelessMAN-Advanced 更快地成熟和完善,而且军方的今天就是民用的明天。不论怎样,WirelessMAN-Advanced 得到 ITU 的认可并成为 4G 标准的可能性极大。

**5. 国际标准**

2012 年 1 月 18 日下午 5 时,国际电信联盟在 2012 年无线电通信全会全体会议上,正式审议通过将 LTE-Advanced 和 WirelessMAN-Advanced(802.16m)技术规范确立为 IMT-Advanced(俗称"4G")国际标准,中国主导制定的 TD-LTE-Advanced 和 FDD-LTE-Advanced 同时并列成为 4G 国际标准。

4G 国际标准审议工作历时三年。从 2009 年年初开始,ITU 在全世界范围内征集 IMT-Advanced候选技术。2009 年 10 月,ITU 共计征集到了 6 个候选技术:北美标准化组织 IEEE 的 802.16m、日本 3GPP 的 FDD-LTE-Advanced、韩国的基于 802.16m、中国的 TD-LTE-Advanced、欧洲标准化组织 3GPP 的 FDD-LTE-Advanced。

最后公布入选的 4G 国际标准是 LTE-Advanced 和 IEEE。前者是 LTE-Advanced 的FDD 部分和中国提交的 TD-LTE-Advanced 的 TDD 部分,总基于 3GPP 的 LTE-Advanced。后者是基于 IEEE 802.16 m 的技术。

ITU 在收到候选技术以后,组织世界各国和国际组织进行了技术评估。在 2010 年 10 月份,在中国重庆,ITU-R 下属的 WP5D 工作组最终确定了 IMT-Advanced 的两大关键技术,即LTE-Advanced 和 802.16 m。中国提交的候选技术作为 LTE-Advanced 的一个组成部分,也包含在其中。在确定了关键技术以后,WP5D 工作组继续完成了电联建议的编写工作,以及各个标准化组织的确认工作。此后 WP5D 将文件提交上一级机构审核,SG5 审核通过以后,再提交给全会讨论通过。

在此次会议上,TD-LTE 正式被确定为 4G 国际标准,也标志着中国在移动通信标准制定领域再次走到了世界前列,为 TD-LTE 产业的后续发展及国际化提供了重要基础。

日本软银、沙特阿拉伯 STC、mobily、巴西 sky Brazil、波兰 Aero2 等众多国际运营商已经开始商用或者预商用 TD-LTE 网络。印度 Augere 预计 2012 年 2 月开始预商用。审议通过后,将有利于 TD-LTE 技术进一步在全球推广。同时,国际主流的电信设备制造商基本全部支持 TD-LTE,而在芯片领域,TD-LTE 已吸引 17 家厂商加入,其中不乏高通等国际芯片市场的领导者。

Clearwire 公司 2009 年 1 月表示,会把波特兰改造为美国西部无线网络速度最快的城市,以及全球四大 4G WIMAX 无线宽带服务之一——Clear 的使用基地。借助 Clear,波特兰的消费者和企业会以真正的宽带速度实现对互联网的无线访问,在家庭、办公场所和地铁等地畅游网络。Clearwire 首席执行官 Benjamin G. Wolff 表示:"Clearwire 把互联网的速度和移动性完美融合,令无线网的面貌焕然一新。人们以提高客户工作效率和生活品质为导向,致力于为服务区内的每一位客户提供优质服务。"

英特尔公司执行副总裁兼销售与市场营销事业部总经理马宏升表示:"作为新一代无线技术,WIMAX 为消费者带来了真正的平民化移动互联网体验。英特尔会携手 Clearwire 及其合作伙伴,让消费者以前所未有的方式,随时在更多地点与互联网进行交互。"从全球范围看,2010 年是海外主流运营商规模建设 4G 的元年,多数机构预计海外 4G 投资时间还将持续 3 年左右。2013 年,"谷歌光纤概念"开始在全球发酵,在美国国内成功推行的同时,谷歌光纤开始向非洲、东南亚等地推广,这给如火如荼的全球 4G 网络建设再次添柴加火。截至 2012 年三季度,全球 4G 用户数已由 2010 年的 380 万个发展至 4 370 万个,有机构预计至 2016 年全球 4G 用户可能超过 10 亿个。到 2013 年为止,美、日、韩在 4G 网络建设上已先行一步,欧洲及发展中国家也在积极部署,海外 4G 建网高潮已经拉开帷幕。

### 7.6.4 第四代移动通信系统在我国的发展

在国内,4G 在技术标准、频率分配、终端准备、网络设备准备等方面已基本成熟。2013 年 12 月 4 日工信部向 3 家运营商发放 TD-LTE 牌照,有消息称工信部将向有意向建设 FDD-LTE 网络的运营商发放 FDD-LTE 牌照。中国移动 3G 网络竞争处于劣势,急于推进 4G 建设,积极争取 4G 牌照的提前发放,并已经开始在 13 个主要城市展开扩大规模试验。随着全球 4G 网络部署推进,运营商的资本支出规模正在高速增长。

2013 年是 4G 投资爆发性增长的一年,机构普遍预计建网高潮将持续 3 年。中信证券预测数据显示,2013—2015 年中国 4G 设备投资额分别为 411 亿元、475 亿元和 500 亿元,增长率分别为 513%、16% 和 5%。其中,三年间主设备、传输投资、基站配套和电源的投资总额分别约为 619 亿元、107 亿元、479 亿元和 179 亿元。单从 2013 年来看,主设备、射频器件、网络优化覆盖和传输等市场的投资增长率将分别达到 523%、573%、613% 和 322%。4G 投资的三个阶段正好匹配建网的三个阶段:(1)建网的连续覆盖阶段,时间跨度为 2012—2014 年,特征表现为投资的高速增长,2013 年和 2014 年的增速分别达到了 730% 和 41%;(2)建网的发展用户阶段,时间跨度为 2014—2016 年,特征表现为投资增速的下降,2015 年的投资增速为 -3%;(3)建网的精品网络阶段,时间跨度为 2016 年以后,特征表现为投资再次高速增长,2016 年和 2017 年的增速分别恢复到了 33% 和 41%。2013 年 12 月 4 日正式向三大运营商发布 4G 牌照,中国移动、中国电信和中国联通均获得 TD-LTE 牌照,不过中国联通和中国电信热切期待的 FDD-LTE 牌照,暂未发放。2013 年 12 月 4 日下午,工业和信息化部(以下简称"工信部")向中国联通、中国电信、中国移动正式发放了第四代移动通信业务牌照(即 4G 牌照),中国移动、中国电信、中国联通三家均获得 TD-LTE 牌照,此举标志着中国电信产业正式进入了 4G 时代。有关部门对 TD-LTE 频谱规划使用做了详细说明:中国移动获得 130 MHz 频谱资源,分别为 1 880～1 900 MHz、2 320～2 370 MHz、2 575～2 635 MHz;中国联通获得 40 MHz 频谱资源,分别为 2 300～2 320 MHz、2 555～2 575 MHz;中国电信获得 40 MHz 频谱资源,分别为 2 370～2 390 MHz、2 635～2 655 MHz。

2013 年 12 月 18 日,中国移动在广州宣布,将建成全球最大 4G 网络。据悉,2013 年年底前,北京、上海、广州、深圳等 16 个城市可享受 4G 服务;预计到 2014 年年底,4G 网络将覆盖超过 340 个城市。2014 年 1 月,京津城际高铁作为全国首条实现移动 4G 网络全覆盖的铁路,实现了 300 km 时速高铁场景下的数据业务高速下载,一部 2G 大小的电影只需要十几秒。原有的 3G 信号也得到增强。

# 7.7 第五代移动通信技术——5G

5G 移动通信技术,已经成为移动通信领域的全球性研究热点。随着科学技术的深入发展,5G 移动通信系统的关键支撑技术会得以明确,在未来几年,该技术会进入实质性的发展阶段,即标准化的研究与制定阶段。同时,5G 移动通信系统的容量也会大大提升,其途径主要是进一步提高频谱效率、变革网络结构、开发并利用新的频谱资源等。表 7.4 给出了从第一代移动通信到第五代移动通信的具体应用场景。

表 7.4 移动通信技术的应用

| | 1G 技术 | 2G 技术 | 3G 技术 | 4G 技术 | 5G 技术 |
|---|---|---|---|---|---|
| 信号类型 | 模拟信号 | 数字信号<br>(100 kbit/s) | 数字信号<br>(100 Mbit/s) | 数字信号<br>(1 Gbit/s) | 数字信号<br>(≥10 Gbit/s) |
| 应用场景 | 语音业务 | 语音业务 | 语音业务、数据业务、互联网应用 | 数据业务、高速移动 | 海量连接、吞吐量巨大、移动互联网、物联网 |

5G 不是单纯的通信系统,而是以用户为中心的全方位信息生态系统。其目标是为用户提供极佳的信息交互体验,实现人与万物的智能互联。数据流量和终端数量的爆发性增长,催促新的移动通信系统的形成,移动互联网与物联网成为 5G 的两大驱动力。

5G 将提供光纤般的无线接入速度,"零时延"的使用体验,使信息突破时空限制,可即时予以呈现;5G 将提供千亿台设备的连接能力、极佳的交互体验,实现人与万物的智能互联;5G 将提供超高流量密度、超高移动性的连接支持,让用户随时随地获得一致的性能体验;同时,超过百倍的能效提升和极低的比特成本,也将保证产业可持续发展。超高速率、超低时延、超高移动性、超强连接能力、超高流量密度,加上能效和成本超百倍改善,5G 最终将实现如图 7.9 所示"信息随心至,万物触手及"的愿景。

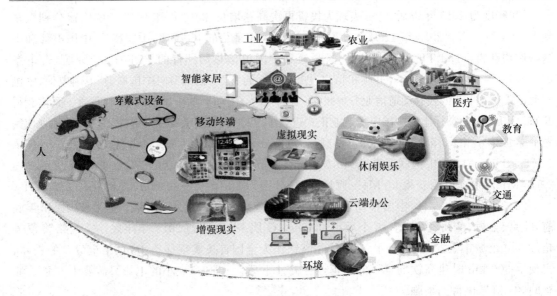

图 7.9　5G 愿景图

### 7.7.1　5G 技术场景及典型业务

3GPP 定义的 5G 三大场景:eMBB、mMTC 和 URLLC,如图 7.10 所示。eMBB 场景是 5G 应用的其中一个场景,对应的是全球无缝覆盖和 3D/超高清视频等大容量、大流量移动宽带业务,用于解决无缝连接,主要应用在铁路、乡村郊区等,大容量、大流量移动业务用于支持在线视频、VR、AR 等新兴技术。Massive MTC,主要应用于智慧城市/社区/家庭等,对应的是大规模物联网业务,而 URLLC 对应的是无人驾驶、工业自动化等需要低时延、高可靠连接的业务,主要应用于车联网、工业控制、电子医疗等。

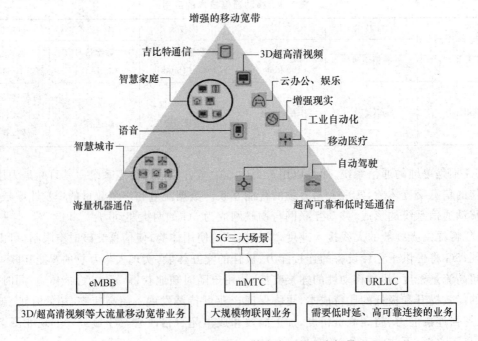

图 7.10　3GPP 提出的 5G 技术应用的三大场景

3GPP 定义了 5G 三大场景：eMBB、mMTC 和 URLLC。eMBB 场景是 5G 应用的其中一个场景，对应的是 3D/超高清视频等大流量移动宽带业务。mMTC 对应的是大规模物联网业务，而 URLLC 对应的是无人驾驶、工业自动化等需要低时延、高可靠连接的业务。

### 7.7.2　5G 整体技术构架及发展计划

5G 技术构架如图 7.11 所示。

无线技术方面，面对终端连接数、流量及业务等方面的严苛需求和复杂多样的部署场景，5G 将是一个多技术融合系统，新空口与 LTE 演进并存并重的系统，同时 WLAN 技术的演进亦将成为 5G 技术的一个重要补充。

网络传输方面，软件定义网络（SDN）、网络功能虚拟化（NFV）、网络切片和移动边缘技术是 5G 新型网络的基础。

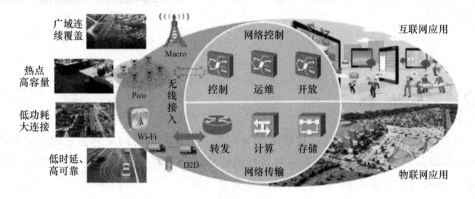

图 7.11　5G 技术构架图

各个国家对 5G 计划的发展目标如表 7.5 所示。

表 7.5　各个国家对 5G 计划的发展目标

| | 欧洲 | 中、日、韩 | 美国 |
|---|---|---|---|
| 目标 | ① 设立 H2020 计划、组建 5GPPP 联盟、推动 METIS 研究项目等；<br>②欧洲运营商推动 5G 在垂直行业的应用 | ①中国政府积极推进 5G 于 2020 年商用；<br>②韩国将于 2018 年年初开展 5G 预商用试验，支持平昌冬奥会；<br>③日本计划在 2020 年东京奥运会之前实现 5G 商用 | Verizon 宣布完成 5G 规范制定，计划 2017 年进行商用部署 |

如图 7.12 所示，中国于 2015 年 1 月 7 日启动 5G 试验，通过 5G 的试验，实现从支持 5G 技术到标准的转化。

第一阶段（2015—2018 年）：技术研发试验。由中国信息通信研究院牵头组织，运营商、设备商及科研机构共同参与。

第二阶段（2018—2020 年）：产品研发试验。由国内运营商牵头，设备商及科研机构共同参与。

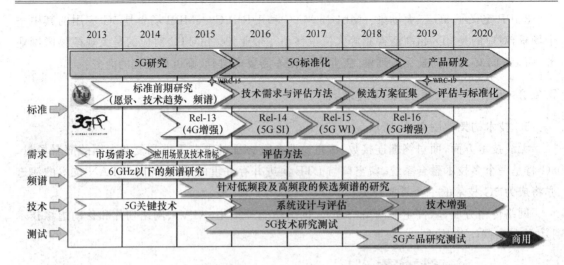

图 7.12　中国 5G 发展计划

### 7.7.3　5G 发展的关键因素

（1）5G 发展的驱动因素

· 移动互联网（eMMB）：eMMB 已经进入一个比较全面、成熟的阶段。

· 物联网（URLLC、mMTC）：物联网行业需要一个充分的时间来完善它的生命周期。相较于移动宽带业务，物联网领域会有各种各样的需求，而不同的需求对应一个定制化的解决方案，有着不同的技术需求来满足不同的场景要求。

（2）5G 高低频协调发展

由于低频的覆盖特性好，移动通信都聚焦在低频段，然而低频段的可用频谱资源比较有限，从 2G、3G 到 4G，产业界不断通过技术创新来提高低频段的频谱效率。

到了 5G 时代，由于对峰值速率和小区容量的极致追求，仅仅通过提高频谱效率已经无法满足 5G 的需求了。因此 5G 的一个关键思路就是高低频协调发展，即在低频的基础上，额外使用更高的频段和更大的带宽，来满足下一代移动通信的需求。

一般来说，高频通常是指部署在 6GHz 以上的 5G 系统，实际上目前 5G 高频的候选频段主要集中在 24GHz 以上，也就是厘米波和毫米波频段。

（3）5G 新增候选频段

5G 将首先部署在新增候选频段，随着网络的发展和需求的变化，现有频段可逐步释放用于 5G。

### 7.7.4　5G 无线接入技术及网络技术

为了满足 5G 性能指标，支持 5G 更丰富的应用场景，3GPP 提出了 NR（New Radio）的概念，5G NR 可能采用的关键技术包括：①灵活的参数集（带宽、子载波间隔等）设计，以适应不同的频段和场景。②灵活的帧结构设计，以支持灵活的上下行配置。③大规模天线技术，使用更多的天线数目和通道数来提高频谱效率和系统容量。④新型多址技术，通过非正交/免调度的多址方式，来增加系统的连接能力，候选方案包括 MUSA、PDMA、SCMA 和 NOMA 等。⑤新型多载波技术，通过滤波等方式来降低对同步的需求和带外辐射，以便更充分地利用频谱资源,候选技术包括 FB-OFDM、F-OFDM 和 UF-OFDM 等。⑥新型编码技术,提高系统纠错能力和可靠性,候选技术包括 LDPC、Polar、增强 Turbo 等。⑦支持高频应用。

（1）5G 无线接入技术——大规模天线

优势:系统容量和能量效率大幅度提升;上行和下行的发射能量都将减少;用户间信道正交,干扰和噪声将被消除。挑战:不同场景下的信道建模与测量;低复杂度、低能耗的天线单元及阵列设计。

（2）5G 无线接入技术——新型多址

以图 7.13 所示 NOMA、SCMA、PDMA 和 MUSA 为代表的新型多址技术通过多用户信息在相同资源上的叠加传输,有效提升系统频谱效率。

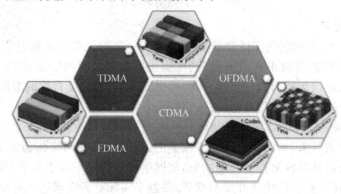

图 7.13　用于 5G 的新型多址技术

（3）5G 无线接入技术——新波形

5G 的波形要基于 OFDM ,候选波形主要有以下几项:F-OFDM、W-OFDM、UF-OFDM、FB-OFDM、FC-OFDM、FBMC、DFS-s-OFDM、OTFS 等。

传统 OFDM 与 FBMC 功率对比如图 7.14 所示。

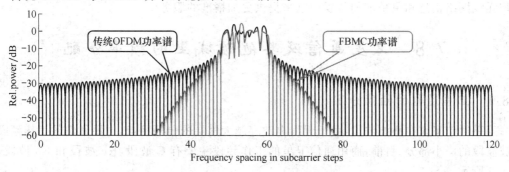

图 7.14　功率对比图

（4）5G 无线接入技术——新型调制编码

调制编码的演进如图 7.15 所示。

（5）5G 网络架构的发展方向

• 支持各种差异化场景;

• 面向客户的业务模式;

• 支持业务的快速建立和修改;

• 支持更高性能。

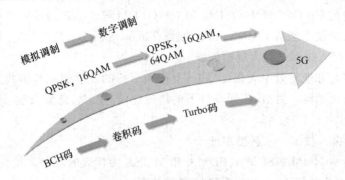

图 7.15　调制编码的演进

（6）5G 网络构架

① 网络切片。应对物联网多样化的需求网络切片架构主要包括切片管理和切片选择两项功能。切片管理功能有机串联商务运营、虚拟化资源平台和网管系统，为不同切片需求方（如垂直行业应用、虚拟运营商和企业用户等）提供安全隔离、高度自控的专用逻辑网络。切片选择功能实现用户终端与网络切片间的接入映射。

② 软件定义网络（SDN）。解耦移动核心网网关的控制和转发功能 SDN 通过将网络设备控制面与数据面分离开来，从而实现了网络流量的灵活控制，使网络作为管道变得更加智能。网络功能虚拟化通过软硬件解耦及功能抽象，使网络设备功能不再依赖于专用硬件，资源可以充分灵活共享，实现新业务的快速开发和部署，并基于实际业务需求进行自动部署、弹性伸缩、故障隔离和自愈。

③ 网络功能虚拟化（NFV）。将专用模块拆分成功能独立的通用性模块。

④ 移动边缘计算（MEC）。将计算能力下沉到移动边缘节点，利用无线接入网络就近提供电信用户 IT 所需服务和云端计算功能。可向行业提供定制化、差异化服务，进而提升网络利用效率和增值价值。部署策略（尤其是地理位置）可以实现低延迟、高带宽的优势。可以实时获取无线网络信息和更精准的位置信息来提供更加精准的服务。

# 7.8　卫星通信及其他领域里的频率分配

## 7.8.1　卫星通信的频段分配

卫星通信工作在微波波段，由于无线电波穿越大气层的传播特点，卫星通信的工作频段占微波波段的一小部分，目前，商用通信卫星的工作频段主要有 C 波段、Ku 波段和 Ka 波段，如表 7.6 所示。

表 7.6　卫星通信的工作频段

| 频段 | 上行频率/GHz | 下行频率/GHz | 简称 |
|---|---|---|---|
| C | 5.925～6.425 | 3.7～4.2 | 6/4 G |
| Ku | 14.0～14.5 | 10.95～11.2<br>11.45～11.7 | 14/11 G |
| Ka | 27.5～31 | 17.7～21.2 | 30/20 G |

## 7.8.2 GPS 的载波频率

GPS 是英文 Navigation Satellite and Ranging/Global Positioning System 的字头缩写 NAVSTAR/GPS 的简称,它的含义是,利用导航卫星进行测时和测距,以构成全球定位系统,简称为 GPS。

GPS 的无线电载波为 L 波段的两个频率,即 L1＝1 575.42 MHz,L2＝1 227.60 MHz。发射双频是为了校正电离层产生的附加时延,L1 载波用 P 码(或 Y 码)和 C/A 码按正交进行二相位调制,L2 载频仅用 P 码(或 Y 码)进行二相相位调制。

## 7.8.3 家用电器的频段分配

微波技术广泛应用于家用电器,如收发信机、商用电视以及微波炉,其频段分配,如表 7.7 所示。

**表 7.7 家用电器的频段分配表**

| 名称 | | 频率范围 |
|---|---|---|
| 调幅收音机 | | 535～1 605 kHz |
| 短波收音机 | | 3～30 MHz |
| 调频收音机 | | 80～108 MHz |
| 商用电视 | 1～3 频道 | 48.5～72.5 MHz |
| | 4～5 频道 | 76～92 MHz |
| | 6～12 频道 | 167～223 MHz |
| | 13～24 频道 | 470～566 MHz |
| | 25～68 频道 | 606～968 MHz |
| 微波炉 | | 2.45 GHz |

# 第8章　物联网通信

随着移动通信技术与 Internet 技术的发展,PC 与 PC 之间的连接已经不能满足应用的需求,人与人、物与物、人与物之间的互联成为未来网络的发展趋势。物联网作为新一代的信息通信技术,得到了广泛关注,是继计算机、互联网与移动通信网之后的又一次信息产业浪潮。第 8 章主要介绍物联网的基本概念、基本原理、应用和发展趋势,以及物联网与云计算。

## 8.1　物联网的基本概念

物联网概念最早出现于比尔·盖茨 1995 年《未来之路》一书,在《未来之路》中,比尔·盖茨已经提及物联网概念,只是当时受限于无线网络、硬件及传感设备的发展,并未引起世人的重视。1998 年,美国麻省理工学院创造性地提出了当时被称为产品电子代码(Electronic Product Code,EPC)系统的物联网的构想。1999 年,美国 Auto-ID 实验室首先提出"物联网"的概念,主要是建立在物品编码、射频识别(Radio Frequency Identification,RFID)技术和互联网的基础上。

2005 年 11 月 17 日,在突尼斯举行的信息社会世界峰会(WSIS)上,国际电信联盟(ITU)发布了《ITU 互联网报告 2005:物联网》,正式提出了物联网的概念。报告指出,无所不在的"物联网"通信时代即将来临,世界上所有的物体从轮胎到牙刷、从房屋到纸巾都可以通过因特网主动进行交换。射频识别技术、传感器技术、纳米技术、智能嵌入技术将到更加广泛的应用。根据 ITU 的描述,在物联网时代,通过在各种各样的日常用品上嵌入一种短距离的移动收发器,人类在信息与通信世界里将获得一个新的沟通维度,从任何时间、任何地点的人与人之间的沟通连接扩展到人与物和物与物之间的沟通连接。

2009 年 9 月,在北京举行的物联网与企业环境中欧研讨会上,欧盟委员会信息和社会媒体司 RFID 部门负责人 Lorent Ferderix 博士给出了欧盟对物联网的定义:物联网是一个动态的全球网络基础设施,它具有基于标准和互操作通信协议的自组织能力,其中物理的和虚拟的"物"具有身份标识、物理属性、虚拟的特性和智能接口,并与信息网络无缝整合。物联网将与媒体互联网、服务互联网和企业互联网一道,构成未来互联网。

2010 年温家宝总理在十一届人大三次会议上所做的政府工作报告中对物联网做了这样的定义:物联网是指通过信息传感设备,按照约定的协议,把任何物品与互联网连接起来,进行信息交换和通信,以实现智能化识别、定位、跟踪、监控和管理的一种网络。

根据我们的理解,物联网的目的是实现人与人、人与物、物与物之间的互联。物联网的一般定义是:通过射频识别、红外感应器、全球定位系统、激光扫描器和传感器等信息传感设备,按约定的协议,把任何物品与互联网连接起来,进行信息交换和通信,以实现智能化识别、定位、跟踪、监控和管理的一种网络。

# 8.2 物联网的基本原理

物联网的基本原理是先利用无线射频技术、无线传感器以及全球定位系统等对物品的信息进行识别和采集,然后利用信息传输网络将信息汇集到数据处理系统对数据进行处理,最后将处理后的数据反馈给各种应用实体。物联网的网络架构包括感知层、网络层和应用层,如图 8.1 所示。

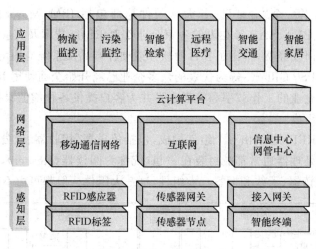

图 8.1 物联网的网络架构

## 8.2.1 感知层

感知层位于物联网的最底层,是物联网数据信息的来源。感知层用来感知和采集物理世界中的物理数据和事件,包括众多的数字信息和物理量,以及图片、音频、视频等多媒体信息,同时接收上层网络传送来的控制信息,并完成相应的执行动作。物联网信息采集的技术种类繁多,主要包括 RFID 技术、无线传感技术和全球定位系统(Global Positioning System, GPS)。

**1. 物联网感知方法**

RFID 技术是物联网应用中最有发展潜力的信息识别技术。RFID 系统一般由阅读器、标签和数据处理系统等组成,标签又分为无源的和有源的。在嵌入无源标签的物品进入识别范围内后,其利用读写器发出的射频信号驱动标签内的芯片使其发送出物品信息,读写器随后接收芯片的应答,将信息处理后发送到中央信息系统,在此过程中实现对标签信息的自动读取。嵌入有源标签的物品在进入识别范围后,会主动向读写器发送物品信息。

无线传感器网络(WSN)是早于物联网出现的一个概念,作为感知手段,在物联网出现后以传感器网络子网或端节点的形式被纳入物联网的感知层部分。无线传感技术是由智能传感节点和接入网关组成,智能节点感知信息(温度、湿度、图像等),并自行组网传递到上层网关接入点,由网关将收集到的感应信息通过网络层提交到后台处理。

GPS 是目前世界上应用最为广泛和成熟的定位技术,主要由空间卫星、地面控制站和用户接收设备等组成。在测量出某一已知位置的卫星到用户接收机的距离的基础上,再综合其他卫星的测量数据和手持设备,则可快速准确地得出接收机所在位置的三维坐标等相关信息。

### 2. RFID 技术

(1) RFID 技术的起源与发展

RFID 起源于 20 世纪 40 年代,当时的雷达技术催生了 RFID 技术,并在 1948 年奠定了 RFID 的理论基础;经过几十年的实验和研究,RFID 技术的研发在 70 年代达到高潮,进而首次被商业应用;90 年代人们开始重视 RFID 技术的标准化问题,以更加丰富的经验应用着 RFID 技术,RFID 越来越多地进入人们生活;20 世纪以来,随着 RFID 标签造价的降低而得到大规模应用。目前 RFID 技术应用已经处于全面推广的阶段。特别是对于 IT 业而言,RFID 技术被视为 IT 业的下一个"金矿"。各大软硬件厂商包括 IBM、Motorola、Philips、TI、Microsoft、Oracle、Sun、BEA、SAP 等在内的各家企业都对 RFID 技术及其应用表现出了浓厚的兴趣,相继投入大量研发经费,推出了各自的软件或硬件产品及系统应用解决方案。在应用领域,以 Wal-Mart,UPS,Gillette 等为代表的众多企业已经开始全面使用 RFID 技术对业务系统进行改造,以提高企业的工作效率和管理水平并为客户提供各种增值服务。

(2) RFID 系统组成

如图 8.2 所示,RFID 系统由五个组件构成,包括传送器、接收器、微处理器、天线和标签。传送器、接收器和微处理器通常都被封装在一起,统称为阅读器(Reader),因而工业界经常将 RFID 系统粗分为阅读器、天线和标签三大组件,这三大组件一般都可由不同的厂商生产。

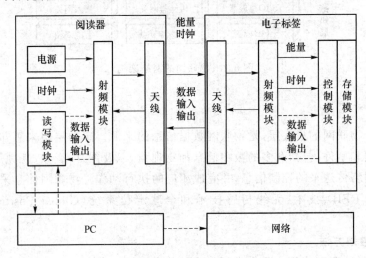

图 8.2 RFRD 系统组成

(3) RFID 系统分类

RFID 系统有多种不同的分类方法。按照工作频率来分类,可分为低频(30~300 kHz)、高频(3~30 MHz)、超高频(300 MHz~3 GHz),3 GHz 以上为微波范围。其中,低频有 125 kHz、133 kHz 两个典型工作频率,通常为无源标签,通信范围小于 1 m,标签数据量小,成本低;高频的典型工作频率为 13.56 MHz,标签和阅读器成本均较高,标签存储数据量较大,有效阅读距离在 1 m 或几米的范围内;超高频的典型工作频率有 433 MHz、860~960 MHz 以及严格意义上说属于微波范围的 2.45 GHz 和 5.8 GHz,这些频率的标签分为有源和无源两种。通信范围大于 1 m,典型情况为 4~6 m,最大可能超过 10 m。

按照标签的主动、被动来分类,可以分为被动式标签(Passive Tag)、主动式标签(Active Tag)和半主动式标签(Semi-active Tag)。被动式标签内部没有电源设备,因而也称为无源标签,该类标签通过阅读器的电磁波驱动而发送数据传递给阅读器;主动式标签内部携带电源设备,又称有源标签,电源设备的存在使该类标签体积大,价格昂贵,但通信距离更远,有的甚至可达上百米;半主动标签内部携带电池,用来充当传感器的能量来源,在阅读时同样是通过阅读器的驱动来实现信息传递。

从系统工作方式、标签阅读距离和耦合类型也可以进行其他方式的分类。按工作方式分为全双工系统、半双工系统和时序系统;按标签阅读距离分为密耦合系统、疏耦合系统和远距离系统三种;按耦合类型可分为电感耦合系统、电磁反向散射耦合系统。

（4）标签防冲突

标签进入阅读器的工作范围就将被驱动并按照一定的协议读取,但随着阅读器通信距离的增加,其识别区域的面积也在增大。有两类冲突将会发生。第一类冲突是,当两个或多个阅读器覆盖了同样的一块区域时,在该区域的标签会发生读取逻辑上的紊乱,即标签不知道该被哪个阅读器驱动,若多个阅读器对该标签有不同的指示,该标签就不能确定自己该执行哪个指示。这类冲突通常被称为阅读器信号冲突问题（或碰撞问题）。第二类冲突是,在 RFID 系统读取过程中,一个阅读器的读取范围内会有多个标签甚至大量的标签进入,由于阅读器与所有标签共用一个无线通道,当两个以上的标签同时向阅读器发送标识信号时,信号将产生叠加而导致阅读器不能正常解析标签发送的信号。该类冲突被称为标签信号冲突问题（或碰撞问题）,解决冲突问题的方法被称为标签防冲突算法（或防碰撞算法、反冲突算法）。

相对于标签而言,阅读器的功能更加齐全,能量、计算、存储等资源更丰富,且多个阅读器之间还可以较远距离地互相通信,因此,阅读器的碰撞相对容易解决。标签的防冲突却因标签间难协调而不容易解决。无线电技术中较成熟且广泛使用的防冲突方法有以下四种:空分多路（SDMA）法、频分多路（FDMA）法、时分多路（TDMA）法和码分多路（CDMA）法。由于读取过程中对阅读器和标签提出了一些特殊的要求,如等待时间不能过长,可靠地防止标签遗漏或不能正常地读取等。然而 RFID 系统中,标签的计算能力和内存很有限,功耗低,对通信带宽也有约束,要求尽量减少阅读器与标签间的通信量、标签体积、成本等。这些约束使无线电技术中成熟的解决技术不完全适用于 RFID 系统,在 RFID 系统中使用得最为广泛的是 TDMA。防冲突方法大体分为两类,分别是基于 ALOHA 机制的算法和基于二进制树的算法。

基于 ALOHA 机制的防冲突算法分为:纯 ALOHA、时隙 ALOHA、动态时隙 ALOHA、帧时隙 ALOHA 和动态帧时隙 ALOHA 几类。在众多 ALOHA 算法中,帧时隙 ALOHA 的逻辑实现简单,电路设计简单,所需内存少,在 RFID 系统中最常用,但固定帧长度的帧时隙 ALOHA 在标签过少和过多时时隙利用率（即吞吐率）均不佳,为提高时隙利用效率常将帧长度动态化,即使用动态帧时隙 ALOHA 来作为防冲突的手段。动态帧时隙 ALOHA 的运作过程为:首先,阅读器通过一定的方法估算标签数量;之后,将帧长度设置为针对标签数量而设定的值并发布给标签;最后,标签在之后的读取帧中选择一个时隙对阅读器进行信息传送。循环这一过程直到每个标签都被读取到（时隙中不存在冲突）时算法结束。

基于二进制树的算法假定在时钟同步的情况下,不同标签发送来的序列号在天线的接收下,利用接收到的电磁波的波形可以准确地得知不同的序列号在哪一位发生了冲突,从而将冲突位置值使得下次查询有概率上一半的标签都不被查询到进而减少冲突直到没有冲突,正常读取。基于二进制树的算法的进行流程为:阅读器每次发出一个寻呼信息,只有 ID 小于或等于寻呼的 UID（阅读器发出的寻呼序列号的值）的电子标签才对阅读器的寻呼做出响应,若发生冲突则由阅读器将发出的寻呼序列号改小而使得符合条件的标签数目变少从而减少冲突直至没有冲突读取成功。电子标签记忆自己的 ID 信息,遇到符合条件的寻呼就进行响应。若阅读器所需要的某标签的信息已经被获取,阅读器则会发送信号使该标签在一定时间内保持静默,从而实现对其他标签的读取。该算法有多种变形,其中动态二进制树防碰撞算法最为常见,在该算法中,电子标签的序列号不是一次完整传输,而是由阅读器发出的寻呼序列号指明寻求的序列号的一部分,标签发送没有由阅读器寻呼的一部分,这样在序列号较长的情况下减少了信息的传送量并增加了传送的准确性。

这两种算法各有利弊,其中,基于 ALOHA 机制的算法的缺点在于不确定性,使用该算法容易发生"饿死"现象,即有的标签存在不能被识别的可能,还有该算法的吞吐率比较低;而二进制树算法虽然克服了这一缺点,但阅读器和标签交互频繁,在标签较多时识别周期会非常长,标签损耗能量也大。因而两种算法都有所应用,ALOHA 算法由于协议简单而使用得更为广泛。

### 3. 无线传感网节点定位

由于无线传感器网络的节点具有倾向于拥有自组织、大规模,能量有限等特点,有的应用中节点甚至有位置可变的特点,故而相比传统的网络,无线传感器网络的问题在解决起来会更加复杂。无线传感器网络的定位就是这诸多问题中的一个。

在无线传感器网络中,节点的地理位置信息具有重要意义。一些性能优异的路由方法需要节点的坐标信息来进行路由选择;传感器网络中节点感知到的信息只有与节点所在的位置信息结合使用,才能对感知数据进行分析并获知该地域的环境的变化和异常。

(1) 无线传感器网络的定位评价标准

① 定位精度。通常由绝对误差和相对误差来衡量,使用误差值与节点无线射程的比例的相对误差比较常见。

② 定位方法在节点规模不同时的效果对比。无线传感器网络在小范围布设同大规模布设时在定位难度上不同,进而认为满足大规模布设时同样能够定位精确的算法更优良。

③ 锚节点密度。锚节点的存在使待定位节点能得到真实位置而非相对位置,但锚节点的位置需要预知,就需要有额外的开销,如人工标记或 GPS 定位,在难以获取的位置布设锚节点代价更高,故而锚节点的密度也是定位算法的效果体现。

④ 节点密度。在节点布设稀疏时连通度相对较低,互相间能获知的信息不多,从消息源上降低了节点的定位精度和可定位性;在节点布设十分密集时,信号的冲突干扰较多,同样导致节点信息获取的障碍进而影响定位效果。适用的节点密度范围较广泛的定位算法相对更优。

⑤ 容错性和自适应性。在一些节点定位并不准确时,在一些距离信息测量或计算不正确时,优良的算法依然能够保持整体上的偏差较小。在遇到连接丢失等意外情况时,能够迅速调整策略,继续保持好的定位效果,也是定位方法高效的体现。

⑥ 功耗。传感器网络节点使用并不充裕的能量装置,在定位的过程中必须有所考虑。

⑦ 代价。算法对节点或会聚节点来说在计算时花费的计算代价和空间代价。

(2) 定位方法分类

① 根据是否会聚各节点信息于某一节点进行集中的定位,定位方法可分为集中式定位和分布式定位。集中式定位是指把所需信息传送到一个中心节点(如一台服务器),并在那里进行计算的定位;分布式定位是依赖节点间的信息交互协调,由节点自行计算的定位方式。集中式计算的优点在于从全局角度统筹规划,计算较快,存储量足够大,可以获得相对精确的位置估算。它的缺点是若多次或频繁地进行这样的定位,则与中心节点位置较近的节点可能会因

为通信开销大而过早地消耗完电能,导致整个网络与中心节点信息交流的中断,因而无法实时定位。

② 根据节点的位置得出是否是其绝对位置,定位方法分为绝对定位和相对定位。绝对定位的结果是一个标准的坐标位置,如经纬度。而相对定位通常是以网络中部分节点为参考,建立整个网络的相对坐标系统。绝对定位可为网络提供唯一的命名空间,受节点移动性影响较小,有更广泛的应用领域。但相对定位也能实现诸如节点路由等功效。通常定位系统和算法都可以实现绝对定位服务。

③ 根据是否使用到节点间测量距离信息,定位方法分为基于测距的(Range-Based)和无须测距的(Range-Free)定位方法。两种方法中,无须测距的定位方法在结果得出过程中需要的信息量小,也无须节点附加测距设备,在得出相对位置或大致位置时能够有效发挥作用;基于测距的定位方法则在定位准确上更有优势;两种方法各有利弊,适用于不同场合。

(3) 典型的定位系统

① RADAR 系统

Microsoft 的 RADAR 定位系统是利用"指纹识别"技术,解决无线局域网中移动设备的定位问题。该系统通过对指定环境下的 RF 信号衰减值的处理实现定位,其中数据处理分为两个阶段:离线阶段和实时处理阶段。离线阶段是通过记录目标节点坐标所对应的 3 个基站的 RF 信号,生成以坐标为变量的 RF 信号信息函数;实时处理阶段采集 3 个基站的 RF 信号信息,根据信号信息函数求解目标节点的位置。通过这种方法可以达到 2~3 m 的定位精度,实现房间级的定位需求。但使用这种方法采集离线定位样本依赖于实验环境,一旦基站移动,则需要重新建立信息库。为了克服环境依赖性,RADAR 提出了采用壁衰减因子(Wall Attenuation Factor,WAF) 来建立离线样本集,然后在利用位置指纹对目标节点进行位置估计。WAF 与基站部署的位置关联很小,通常情况下,基站的移动并不需求重新生成模型参数 WAF。

② SpotON 系统

SpotON 系统是一个典型的基于射频接收信号强度(Received Signal Strength,RSS)分析的三维位置感知方法,可以实现小范围内的定位需求。SpotON 系统使用的是瞎子爬山的优化算法,根据 RF 信号的经验传播模型,通过最小化信号强度进行目标节点的位置估计。在定位系统的设计上,定位的目标对象通过同构的感知节点信号信息来定位,避免了对所有节点的集中控制,但由于 SpotON 标签的自身特点,在实际应用部署与扩展中受到很大限制。

③ LocSens 系统

LocSens 系统是最新开发的基于无线传感器网络的室内定位系统。该系统将接收的信号强度指示(Received Signal Strength Indication,RSSI)作为位置计算数据源,实现了低成本的定位需求。在系统设计中,首先在定位区域全方位地对信号强度进行大量采样,建立样本数据库,并采用类似于基于"位置指纹"的算法实现位置估计。该算法在对目标对象的坐标位置求解中利用统计学方法求解最近邻节点的权值。系统在进行实验中采用多种传感器设备分别测试,实现了约 2.34m 定位精度。此外,LocSens 还针对移动目标对象,利用目标对象的行迹数据对其进行跟踪,并优化了目标的移动轨迹。

④ Cricket 系统

E-911 系统及智能机器人导航等领域均使用到达角度定位技术确定目标对象的移动方向及位置,但该方案通过高能耗的天线阵列进行测量,不适用于低能耗的定位需求。针对这个问题,MIT 提出了一种融合到达时间差和信号到达相位差的硬件解决方案——Cricket Compass,其原型系统可在±400 角误差为±50 确定信号方向。Cricket 系统是麻省理工学院 Oxygen项目的组成部分,用于确定大楼内目标节点的符号位置。该定位系统是通过 RF 信号与超声波信号达到的时间间隔及其速度,通过对未知节点与参考节点的距离计算,选择最近的参考节点估计自身所处的房间位置。

⑤ Active Badge 系统

在室内定位技术的研究早期,定位系统的开发常采用对实际带标识的设备进行静态部署,当目标节点感知到其标识设备后,则利用标识设备信息作为目标节点的计算位置参考数据。Active Badge 系统就是利用该原理并结合红外线技术的集中式室内定位系统。由于红外线不能穿透墙壁,因此,系统对每一个标识目标设备安装了一个 Badge,在每个 Badge 周期的每个 15s,红外线发送唯一的大约持续 0.1s 的 ID 号,标识目标设备接收到这些信号就将其传输至网络,并且指导当前某个 Badge 在这个单元附近,从而实现位置估计。Active Badge 系统最大的缺点是大规模的网络部署比较困难,此外,红外线抗干扰能力比较弱,比较适用于室外的定位应用需求。

## 8.2.2 网络层

网络层位于感知层和应用层之间,完成大范围的数据信息传送。借助于互联网、移动通信网和其他专用网络,网络层把感知层采集到的数据信息高可靠性、高安全性、无障碍地传送到世界各地,实现全球范围的信息互通,从而应用层用户可以随时随地地获取其所需的数据信息。

### 1. 传感网接入 Internet 的方式

无线传感器网络(Wireless Sensor Networks,WSN)具有直接监测物理世界的能力,在环境监测、医疗健康、航空探测、智能家居等多个领域具有广泛的应用前景。Internet 作为一个巨大的资源库,是资源整合、资源共享、服务提供、服务访问和信息传输的载体,但是 Internet 缺乏与物理世界直接打交道的能力。解决 WSN 接入 Internet 问题是用户查找、定购和使用 WSN 提供服务的前提。

现有的 WSN 接入 Internet 方法主要包括基于网关、基于 IP 覆盖和虚拟 IP 网关等。

(1) 基于网关的方法

使用应用层网关作为网络接口实现 WSN 和 Internet 的互联。

网关可以起到两种不同作用:

① 网关作为转发节点出现,其特点是要求客户端首先向代理服务器注册相关的数据信息,代理只是在传感网和因特网的客户端之间转发数据信息。

② 作为前端节点出现,其特点是主动收集来自传感网的信息,来自因特网的客户端向代理查询。如果与收集的信息吻合,则向客户端发布相关信息,否则再向传感网广播查询信息。

不同网络之间的协议在应用层进行转换。该方法的优点是 WSN 可以自由选择通信协议,其缺点是 Internet 用户不能够直接访问特定传感器节点。

如图 8.3 所示,协议转换和控制层的模块提供从感知网络到电信网络的协议转换,将协议适配层上传的标准格式的数据统一封装。将广域接入层下发的数据解析成标准格式数据;同时内建管理协议(如中国电信的 MDMP),实现与管理平台的协议对接,实现管理协议的解析并转换为感知层协议可以识别的信号和控制指令。

协议适配层定义标准的感知层接入标准接口,保证不同的感知层协议能够通过适配层变成格式统一的数据和信令。感知接入层实现不同感知网络的协议接入和解析,按照应用的场景既可以是某种特定的协议,也可以是某几种协议的组合,甚至可以通过外插模块实现多协议的扩展。

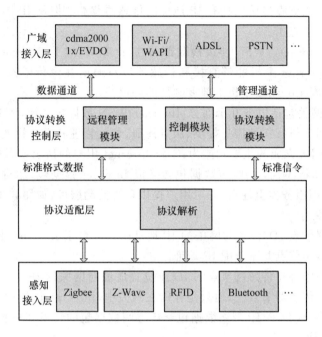

图 8.3　物联网网关典型结构

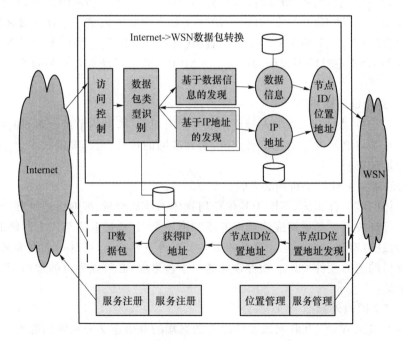

图 8.4　WSN-Internet 网关结构

（2）基于覆盖的方法

覆盖策略与网关策略最大的区别是没有明确的网关，协议之间的适配依赖于协议栈的修改。将 WSN 接入 Internet 存在两种基于覆盖的方法：

① Internet 覆盖 WSN。提出一个在传感器节点上实现 IP 协议栈的解决方案 u. IP，此方法使得 Internet 用户能够直接访问拥有 IP 地址的传感器节点。但是 IP 协议栈仅仅能够被部署在具有较强能力的节点上。

② WSN 覆盖 Internet。WSN 协议栈被部署在 TCP/IP 之上，Internet 上的主机被看作虚拟传感器节点。Internet 主机能够直接和传感器节点通信并像传感器节点一样处理数据包，其缺点在于需要在 Internet 主机上部署额外的协议栈。

WSN-Internet 网关包括以下几个部分：Internet-WSN 数据包转换，WSN-Internet 数据包转换以及为服务访问提供支撑的服务提供、服务注册、位置管理和服务管理。

WSN-Internet 网关完成的主要功能为：①将 Internet 用户的请求或者操作命令数据包转换成 WSN 数据包；②将 WSN 的响应数据包转换成 Internet 数据包；③对 WSN 服务进行管理，将业务在中心管理服务器上注册，并对用户提供环境监测服务，如图 8.4 所示。

（3）虚拟 IP 网关

此方法将传感器节点 ID/位置与网关的 IP 地址映射。对于 Internet 用户，仅仅网关被分配虚拟 IP 地址，传感器节点并不分配 IP 地址。

以节点或位置为中心将传感网节点的 ID 或位置地址向网关的 IP 地址做映射。该 IP 地址并没有实际分配到传感器节点上，而只是存储在网关中，作为 internet 用户访问时提供的虚拟 IP 地址，包括两部分（TCP/IP 网络数据包→传感网数据包的转换和传感网数据包→TCP/IP 网络数据包）的转换。

NAP-PT 即网络地址转换-协议转换，主要解决纯 IPv4 网络与纯 IPv6 网络之间的互联互通问题。要从 IPv4 端到 IPv6 端发起访问，IPv4 主机必须首先发送一个针对目标主机的 DNS 请求，此请求应被 NAT-PT 网关的 DNS 应用层代理截获并转发给目标 IPv6 DNS 服务器，并把其响应转换为 IPv4 主机能够理解的响应。NAP-PT 的主要缺点是转换过程中可能出现头部信息的丢失。

**2. 身份定义和地址解析**

物联网将物与物、物与人、人与人等连接成一个有机整体，网内节点众多，如何高效、准确、实时地实现各个节点之间的通信与信息交换，是物联网的核心，也是关键技术之一。这就涉及节点的寻址与地址解析。

（1）身份的定义和地址解析的必要性

身份即物体的唯一标识码，不同于其他任何物体。地址解析，即网络地址和物理地址之间的相互映射与寻址关系。局域网或广域网并不知道一个 IP 地址前缀与一个网络的关系，也不知道一个 IP 地址后缀与一台特定计算机的关系。更为重要的是，通过一个物理网络进行传送的帧必须含有目的地的硬件地址。软件在发送一个包之前，必须先将目的地的 IP 地址翻译成等价的硬件地址。

（2）身份定义国内外标准

下面针对 RFID、WSN、互联网以及移动智能终端的身份定义分别做出说明。

① RFID(无源)编码国际主流标准

针对物联网中纷繁复杂的众多节点，目前已有多种身份定义标准，比较主流的有以下几种：EPCglobal、UID、AIMglobal、ISO/IEC 和 IP-X。

下面针对比较通用的 EPC 和 UCode 编码规则做简单说明。

EPC Global 是由美国统一代码协会（UCC）和国际物品编码协会（EAN）提出的，由一个头字段和另外三段数据组成，如表 8.1 所示。

表 8.1　EPC Global 字段解析

|  |  | 头字段 | EPC 管理者 | 对象分类 | 序列号 |
|---|---|---|---|---|---|
| Epc-64 | Type i | 2 | 21 | 17 | 24 |
|  | Type ii | 2 | 15 | 13 | 34 |
| Epc-96 | Type iii | 2 | 26 | 13 | 23 |
|  | Type i | 8 | 28 | 24 | 36 |
| Epc-256 | Type i | 32 | 56 | 56 | 192 |
|  | Type ii | 8 | 64 | 56 | 128 |
|  | Type iii | 8 | 128 | 56 | 64 |

Ubiquitous ID：是由 Ubiquitous ID Center 提出的 RFID 标准之一，其编码方式为 UCODE 编码，可以为 128 位也可以扩充。

② RFID 编码国内标准及研究状况

我国由于 RFID 技术和产业发展比较滞后，技术应用规模较小，使用频率有部分冲突，意见难以统一等原因，相关国家标准进展缓慢。已公布的几个标准中，很少涉及核心技术，具有自主知识产权的 RFID 相关标准较少，多数集中在应用层面，如 GB/T 20563—2006 动物射频识别代码结构、GB/T22334—2008 动物射频识别技术准则等。

③ WSN、互联网、智能终端的身份定义

传感器网络：传感器网络中现在比较成熟的是 802.15.4 协议，MAC 地址是由 64 位组成的地址。

互联网中 MAC 地址是一个 48 位的地址，具有全球唯一性。

手机 IMEI 码：IMEI 码由 GSM（全球移动通信协会）统一分配，15 位组成。

（3）地址解析方案

针对不同的网络类型，目前地址解析的方法不尽相同。针对这些特殊的编码方式，目前已有固定的解析协议。下面以 EPC 网络的地址解析方法为例说明。

① EPC 网络的地址解析，如图 8.5 所示。

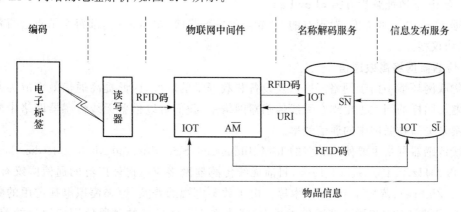

图 8.5　EPC 网络工作流程

② Ucode、AIMglobal、ISO/IEC、IP-X 等相关地址解析

对于这些具有各自特性的身份编码方式,已有各自独有的地址解析协议,如 Ucode 协议。

③ 兼容模式的地址解析方案

不同的编码方式本身并不相互兼容,地址解析协议也不兼容,这使物联网内节点间的交互过程变得艰难。针对这种情形,有人提出兼容模式的解析方案,对于任意模式的编码,都可以统一地进行解析。

(4)互联网地址解析

① IPv4 地址解析——地址解析协议(Address Resolution Protocol,ARP)。ARP 标准定义了两类基本的消息:一类是请求;另一类是应答。

② IPv6 地址解析——包括 2 种报文:邻居请求报文和邻居宣告报文。

③ WSN 的地址解析

a. 基于代理或者网关情形的地址解析

在这种情形下,可以使用地址转换 NAT 技术实现在不改变 WSN 内部协议栈的前提下,实现 WSN 与外部网络的互联。NAT 网关方式如图 8.6 所示。

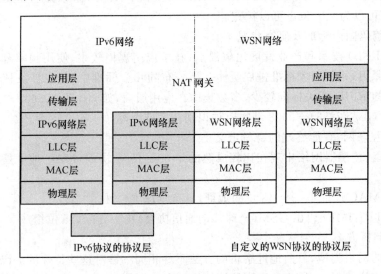

图 8.6　NAT 网关方式示意图

b. 全 IP 下地址解析方案 6LowPan

根据 6LowPan 的方案,对现有的 IPv6 协议进行裁剪,在 WSN 内部每个节点运行精简版的 IPv6 协议栈。

### 3. 传感器网络高效通信

在物联网环境中由于网络规模以及设备和数据量的巨大,因此提高通信效率成为亟待解决的问题。同样的问题也出现在无线传感器网络中,我们可以借鉴无线传感器网络中的高效通信方案来提高物联网中的通信效率。

无线传感器网络主要使用免费的 ISM(Industrial,Scientific and Medical Radio Bands)频段,如 433 MHz、2.450 GHz 频段等,目前无线传感器网络应用比较广泛的通信协议有 IEEE 802.15.4(Zigbee)、蓝牙和 WiFi 技术等。由于数字电视的普及,原来模拟电视占用的频段被闲置下来,因此 FCC(美国联邦通信委员会)考虑在不干扰已获的频段使用的用户的前提下,把空闲下来的 VHF 和 UHF 频段提供给无线局域网使用。

无线传感器网络常常部署在危险地区,节约能源,延长网络使用寿命,提高通信效率是无线传感器网络的主要研究课题。下面,分别针对 Wi-Fi、Zigbee 和认知无线电技术,阐述高效通信方法。

(1) Wi-Fi 技术

① Wi-Fi 定义

Wi-Fi 是 IEEE 802.11b 的别称,是由一个名为"无线以太网相容联盟"(Wireless Ethernet Compatibility Alliance,WECA)的组织发布的业界术语,中文译为"无线相容认证"。它是一种短程无线传输技术,能够在几十米范围内支持互联网接入的无线电信号。随着技术的发展,以及 IEEE 802.11a 及 IEEE 802.11g 等标准的出现,现在 IEEE 802.11 这个标准已被统称作 Wi-Fi。从应用层面来说,要使用 Wi-Fi,用户首先要有 Wi-Fi 兼容的用户端装置。它是由 AP(Access Point)和无线网卡组成的无线网络。AP 一般称为网络桥接器或接入点,它是传统的有线局域网络与无线局域网络之间的桥梁,而无线网卡则是负责接收由 AP 所发射信号的 CLIENT 端设备,如图 8.7 所示。

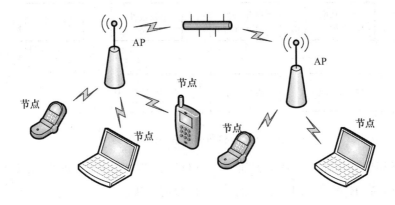

图 8.7 Wi-Fi 结构示意图

② 802.11 标准 MAC 协议

MAC 协议就是以一定的顺序和有效的方式分配节点访问媒体的规则。IEEE802.11 MAC 层的基础是带冲突避免的载波检测多点接入（Carrier Sense Multiple Access with Collision Avoidance，CSMA/CA) IEEE 802.11 协议的基本体系,如图 8.8 所示。

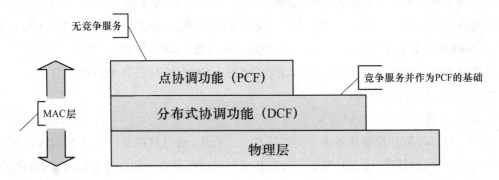

图 8.8 IEEE 802.11 协议基本框架

MAC 层协议定义了两种介质访问控制的方法：分布式协调功能（Distributed Coordination Function，DCF）和点协调功能（Point Coordination Function，PCF）。

③ 拓扑控制技术

传感器网络拓扑控制主要研究的问题是在满足网络覆盖度和连通度的前提下，通过功率控制和骨干网节点选择，剔除节点之间不必要的通信链路，形成一个数据转发的优化网络结构。目前，传感器网络中的拓扑控制按照研究方向可以分为功率控制和睡眠调度两类，如图 8.9 所示。

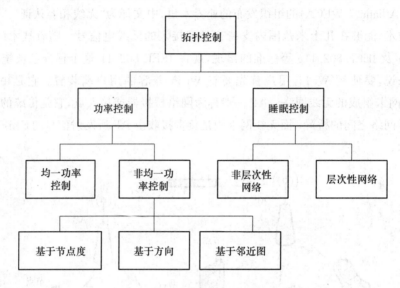

图 8.9　传感网中的拓扑控制分类

基于睡眠调度的拓扑控制算法方面：a. TopDisc 成簇算法；b. 改进的 GAF 虚拟地理网格分簇算法；c. LEACH 算法；d. HEED 等自组织成簇的算法。

基于功率控制拓扑控制算法方面：a. COMPOW 统一功率分配算法；b. LMN/LMA 等基于节点度的算法；c. CBTC、LMST、DRNG 等基于邻近图的近似算法。

④ 路由协议

无线传感器网络路由协议根据网络拓扑组织结构，可分为平面型路由协议和分簇型路由协议。

平面路由协议的优点是结构简单，稳健性较好，但是对网络动态变化的反应较慢，且有可能存在对资源盲目使用的情况。平面路由协议的典型代表：谣传路由（Rumor Routing）、闲聊路由（Gossiping）、定向扩散路由（Directed Diffusion，DD）、GBR 和 SPIN 协议。

分簇路由协议的典型代表：LEACH、PEGASIS、TEEN 和 HEED 等协议。

（2）Zigbee 网络拓扑控制

① Zigbee 网络拓扑控制的意义

Zigbee 网络的拓扑控制具备十分重要的意义。首先，通过对网络的拓扑控制可以延长整个网络的生命周期；其次，通过对网络进行拓扑控制可以提高整个网络的通信效率；再次，拓扑控制降低了通信干扰，提高了 MAC 层协议和路由协议的效率的同时，也为数据融合、时间同步和目标定位奠定了一定的基础；最后，拓扑控制还对路由协议中转发节点的选择和数据融合中队融合节点的选择起着重要的作用,拓扑控制还能提高网络的可靠性、可扩展性等其他性能。

② Zigbee 网络拓扑控制的目的

对 Zigbee 网络,其拓扑控制主要是考虑对节点的能耗的控制,来延长 Zigbee 网络的网络生命周期。

Zigbee 网络层使用了 AODV 与 Cluster-Tree 算法相结合的路由协议来控制网络拓扑,实现了两种协议的优势互补,具有较高的分组递交率,较低的控制开销和平均时延。节点电池能量的有效利用对 Zigbee 网络的整体性能至关重要,如果在 Zigbee 网络拓扑控制中加入专门的节能机制,将能够显著地延长 Zigbee 网络的网络生命周期。

③ Zigbee 网络拓扑控制的结构

Zigbee 技术网络可采用多种类型的拓扑,主要的有星型(Star)、树型(Tree)和网型(Mesh),如图 8.11 所示。

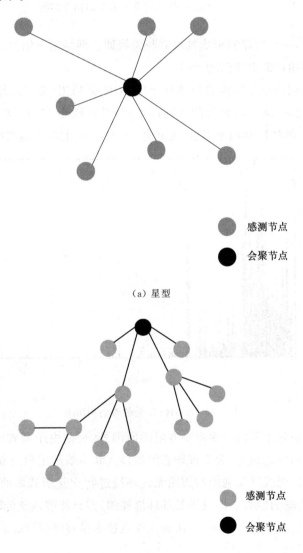

感测节点

会聚节点

(a) 星型

感测节点

会聚节点

(b) 树型

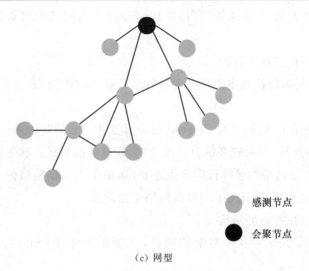

(c) 网型

图 8.10　Zigbee 技术网络可采用的拓扑结构

（3）认知无线电

随着物联网发展，一旦物联网形成规模并与无线通信网络紧密结合，将进一步加剧有限的频谱资源与"无限"的用户需求之间的矛盾。

传统无线网络采用的都是固定的频谱分配政策，根据 FCC（美国联邦通信委员会）的研究报告，频谱使用率随时间、地区和频带的不同而不同，其范围在 $15\%\sim85\%$。从图 8.11 中可以看到在 3 GHz 以上的频谱利用率很低，尤其是 $4\sim5$ GHz 上频谱利用率只有 $0.3\%$。

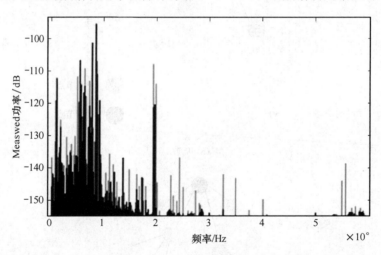

图 8.11　3 GHz 以上的频谱利用率

目前频谱短缺现象除了频谱资源本身有限的原因外，更是由于低效的固定频谱分配引起的。认知无线电技术的应运而生，为实现动态频谱接入和高效利用频谱资源提供了可能。

认知无线电技术是无线终端利用与周围无线环境进行交互所获取的无线背景知识，调整传输参数，实现无线传输的能力。即只要具备环境探测，并且能够调整传输频点和相关传输参数的设备就是认知无线电设备。实际上，认知无线电技术是对频谱资源从时间、空间和频率等多维度的重复利用和共享。

目前涉及认知无线电标准制定的组织和行业联盟主要是:美国电气电子工程师学会(IEEE),国际电信联盟(ITU)和软件无线电论坛等,正在制定的标准有 IEEE 802.22、IEEE 802.16h、IEEE 1900 和 IEEE 802.11y 等。

在认知无线电中,主要挑战之一是在保护主用户免受次级用户干扰和有效二次利用法定频谱之间达到平衡,所以,要实现动态接入,频谱感知是首要问题。

目前已提出的各种频谱检测技术,可分为发射机检测、合作检测、接收机检测以及基于干扰的检测,如图 8.12 所示。在实际感知算法中,为了提高检测性能,各种方法会有融合。

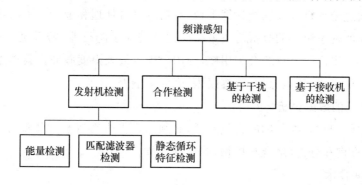

图 8.12  频谱检测技术

**4. 物联网路由协议**

物联网的发展已成为当今世界主流之一,在物联网中不仅关心单个节点的能量消耗,同时也关心整个网络的整体性能等。现今常用的物联网路由协议有以下几种:

(1) 泛洪(Flooding) 协议。节点接收到的信息将以广播的形式发送给邻居节点,直到信息到达目的节点。该协议会造成信息的爆炸和重复,造成通信资源的浪费。

(2) 闲聊(Gossiping)协议。该协议中节点不是用广播转发分组,而是随机选择某一个相邻节点转发,如果一个节点不是第一次收到它的相邻节点的数据,则将此数据发回相邻节点。该协议节约了能量,避免了泛洪协议的不足。但是仍存在部分重复和资源浪费问题。

(3) 信息协商传感器路由(SPIN)协议。在该协议中节点广播要发送的数据的特征信息,当有节点需要这些数据时,才会进行发送数据。这种协议传输消耗能量相对较少,因此适应节点移动快速的情况,但是稳健性较差。

(4) 谣传路由(Rumor Routing)协议。该协议源节点和目的节点向网络中随机发送自身信息。当两者交叉在一起时即形成一条可用路径。该协议可以避免信息在网络中的扩散,大大节约了能量,但是不适合节点快速移动的场景。

(5) 低功率自适应集簇分层型(LEACH)协议。这种协议是一种分层的路由协议,该协议将随机选择一定数目的节点作为簇首,簇首负责网络中的通信,这样可以使所有节点平均消耗能量,因而延长了网络生存时间。但是该协议无法保证簇首均匀分布到网络中,如果出现簇首过度集中的现象,将导致网络节点区域均衡性破坏。

(6) 自组织网络路由(Ad Hoc)协议。可以分为先验式(Proactive)路由协议、反应式(Reactive)路由协议以及混合式路由协议。先验式路由协议中所有节点都有一张包含该节点到网络中其他所有节点的路由信息的路由表,因此节点间进行数据传输时的时延较小,但是由于定期更新路由表导致路由开销比较大。反应式路由协议也就是按需路由协议,在该协议中节点不时维护路由信息,只有当有数据要传送时才会发起路由查找过程,如果能找到已有路由,则开始数据传递;如果没有可用路由则发起新的路由请求。所以它的开销很小,但是数据传输时延比较大。

### 8.2.3 应用层

应用层处于物联网的最高层,是信息服务的获取层。应用层将网络层传送的信息大范围地收集在一起,通过云计算等高性能计算平台,对信息进行处理和聚合。用户可通过服务方式获取该信息,从而实现了统一的分析与决策。应用层解决了跨行业、跨系统、跨应用的信息协同、共享、互通问题,提高了信息综合利用度,为用户提供最大限度服务。其具体应用服务领域包括工业控制、智能交通、环境保护、教育娱乐、商务金融等。

**1. 面向物联网的数据分析**

物联网要实现人与物、物与物的智慧对话,必须对数据进行管理和智能处理,主要包括数据的采集、存储、查询和分析(融合与挖掘)等关键环节。

(1) 数据空间技术

数据空间是近几年提出的数据管理新技术。它是与主体相关数据及其联系的集合,其中所有数据对主体来说都是可控的,主体相关性和可控性是数据空间数据项的基本属性。数据空间有三个基本要素:主体、数据集和服务。其中,主体是指数据空间的所有者;数据集是与主体相关的所有可控数据的集合,包括对象和对象之间的关系;主体通过服务对数据空间进行管理和使用,服务包括分类、查询、更新和索引等。可以说一个数据空间应该包含与某个组织或个体相关的一切信息,无论这些信息是以何种形式存储、存放于何处。数据空间技术包括信息抽取、分类、模式匹配、数据模型、数据集成与更新、数据查询、存储索引、数据演化等多个方面。

(2) 云计算技术

基于云计算平台来实施物联网数据的管理可以充分利用云计算平台可靠、安全的数据存储中心和严格的权限管理策略,以及云计算中心对接入网络的终端的普适性,有利于解决物联网的机器对机器通信(M2M)应用的广泛性,并可与运营商合作,避免重复投资。同时借鉴云计算数据管理技术,设计海量数据处理的体系结构,突破吞吐量"瓶颈",实现实时或准实时的数据查询和深层次的数据分析。

(3) 数据挖掘技术

数据挖掘是从大量的数据中提取潜在的、事先未知的、有用的、能被人理解的模式的高级处理过程。被挖掘的数据可以是结构化的关系数据库中的数据,半结构化的文本、图形和图像数据,或者是分布式的异构数据。数据挖掘是决策支持和过程控制的重要技术支撑手段。

(4) 数据融合技术

数据融合是一个多级、多层面的数据处理过程,主要完成对来自多个信息源数据的自动检测、关联、估计及组合等处理,是基于多信息源数据的综合、分析、判断和决策的新技术。数据融合有数据级融合、特征级融合和决策级融合。

（5）不确定性数据管理技术

在物联网中通常要综合利用各种异构的数据源来实现智慧感知。数据源本身的不确定性不可避免地带来物联网数据空间的不确定性，主要包括数据本身的不确定性、语义映射的不确定性和查询分析的不确定性等，有必要利用不确定性技术来对物联网的数据进行管理。采用不确定性理论对数据本身、语义映射和查询服务进行表达，并据此推理，能够更好地描述可能的物联网世界，符合物联网数据不确定和动态演化的特点，能帮助人们实现不确定条件下的情景感知和决策。

**2. 隐私和安全问题**

在一个物联网无线环境中，除了无线信道关于窃听方面明显的缺陷外，设备的严重被约束性和可用带宽的有限性使通过有限信息交换空间的简单算法提供有效的安全机制成为一个巨大的挑战。这些隐私和安全问题不仅仅是物联网中独特的问题，一些无线传感器网络中已经存在的技术很可能被再利用。下面介绍一些现阶段无线传感器网络隐私和安全问题的研究状况。

（1）国际无线传感器网络安全相关标准的研究与提案情况

传感器网络涉及的相关国际标准化组织较多，目前 ISO/IEC JTCI、IEEE、ITU 和 IETF 等组织都在开展传感网标准研究工作。在世界范围内，与传感器网络安全相关的标准组织也在不同的应用领域开展了多样的研究与探索。

① ISA 100.11a 标准安全方案

ISA 100 委员会所属 ISA 100.11a 的安全工作组的任务是制定安全标准并推荐安全应用解决方案等。在 ISA 安全体系中，由网络中的安全管理器负责整个网络的安全管理，设备自身的安全是通过设备安全管理对象 DSMO 进行管理，可以由 DSMO 向设备的应用进程发起安全服务请求。ISA 的安全服务主要应用于通信协议栈 MAC 子层和传输层。

ISA 提供的安全服务主要由设备内的安全管理对象 DSMO 和网络中安全管理器进行交互式管理。同时 ISA 提出了包括使用对称密钥/非对称密钥的安全措施，并期望囊括目前所有流行的技术，给用户很大的选择空间。

② 无线 HART 标准安全方案

2007 年 HART 通信基金会公布了无线 HART 协议，无线 HART 采用强大的安全措施，确保网络和数据随时随地受到保护。这些安全措施包括信息保密（端到端加密）、消息完整性校验、认证（信息和设备）和设备入网的安全过程。

③ Zigbee 标准安全方案

Zigbee 协议栈给出了传感器网络总体安全结构和各层安全服务，分别定义了各层的安全服务原语和安全帧格式以及安全元素，并提供了一种可用的安全属性的基本功能描述。Zigbee 技术针对不同的应用，提供了不同的安全策略，这些策略分别施加在数据链路层、网络层和应用层上。

④ WIA-PA 标准安全方案

WIA-PA 网络采用分层实施不同的安全策略和措施，在不同层次采取不同安全策略，构成一个完整的无线工业控制网络安全体系架构。WIA-PA 的安全管理架构通过边界网关和边界路由器与外部网络进行安全交互。WIA-PA 协议在应用层和数据链路子层提供完整性校验服务和保密性服务，另外，WIA-PA 协议还提供数据认证服务、设备认证服务、访问控制服务和重放攻击保护等多种服务。

⑤ ISO/IEC JTC1 传感器网络安全提案

韩国国家标准化委员会提交了"泛在传感器网络安全框架"提案 N13596。描述了泛在传感器网络的安全威胁和安全需求，将安全技术按照不同安全功能进行分类，以满足上述安全需求，并确定哪种安全技术应用在泛在传感器网络的安全模型中的某个位置，最后还提出了泛在传感器网络的具体安全需求和安全技术，并在附件中给出了传感器网络的密钥管理等级和几种常见的密钥管理机制。然而在该提案中，对传感器网络的定义不够详细和具体，难以操作。

（2）国外对无线传感器网络的安全机制的研究现状

① 密钥管理方面

当前的密钥管理方案可分为密钥预分配方案和密钥动态分配方案两类。前者在节点部署前预分配一定数量的密钥，部署后只需通过简单的密钥协商即可获取共享的通信密钥；后者密钥的分配、协商、撤回操作是周期性进行的。

② 身份认证方面

无线传感器网络节点鉴权协议由于传感器节点所处环境的开放性，当传感器节点以某种方式进行组网或通信时，须进行鉴权以确保进入网络内的节点都为有效节点。根据参与鉴权的网络实体不同，鉴权协议可以分为传感器网络内部实体之间鉴权、传感器网络对用户的鉴权和传感器网络广播鉴权。目前主要的节点鉴权方案大多是基于 TES-LA 协议的改进方案。Satia 等人提出了用于局部加密和认证的 LEAP 协议，使用了基于单向密钥链的鉴权协议，支持数据源认证，网内数据处理和节点的被动加入。Liu 等人在相关文献中提出了一种更加安全的方案，使用预先决定并广播初始参数的方式，进一步提高了网络的可扩展性。Bohge 提出了另一种三层分级式传感器网络的认证框架，使用 TsALA 证书进行网络实体鉴权，性能更强。

③ 安全路由与安全数据传播方面

平面路由协议平面路由协议中所有节点的地位是平等的，一般具有良好的健壮性和较差的可扩充性。典型的代表是 Flooding 协议，这一协议极易引起内爆、交叠等问题，资源利用率极差。它的改进版本 Gossiping 协议避免了内爆，但扩展性仍很差。一种性能较好的协议称为 SPIN 协议克服了 Flooding 协议的缺点。另一种专门为无线传感器网络设计的定向扩散协议最大限度地节省了能量。

层次式路由协议层次式路由协议是在通信过程中使用簇型结构对数据进行融合，减少向基站传送的数据量，进而达到能量有效利用的目的。这一方面最典型的算法称为 LEACH 算法。其他协议中，PAGASIS 协议在对不同类型网络的适应能力方面强于 LEACH 协议；TEEN 协议减少了数据传输量。需要指出的是，现有的无线传感器网络路由协议一般只从能量的角度设计，较少考虑安全问题。提供备用路径的方式可以抵御节点捕获攻击，Ganesan 等人也提出了一些多径路由协议，但对安全性仍考虑不足，这将成为今后研究的重要方向。

传感器网络安全数据融合是近年来无线传感器网络研究领域的一个热点，数据融合技术使用某个中介节点将多份数据或信息进行处理，组合出更高效、更符合用户需求的数据发送给终端节点，可以有效地降低网络负载。但是，融合节点一旦受到攻击，将对网络造成严重危害。Przydatek 等人提出了一个安全数据融合方案，这种方案使网络的每一个节点都与融合节点共享一个密钥,并基于交互式证明协议确认融合结果的正确性。目前数据融合安全的研究成果还不多,这项技术也将是未来研究的重要方向。

④ 信任管理

由于无线传感器网络的节点都是以个体节点为中心,这些个体往往处于无人看守或者敌方的环境中。节点可能会受到各种类型的攻击或者自身的硬件出现故障,因此传统的加密和入侵检测技术不能满足安全的要求。从而使基于声誉和信任的安全机制应运而生,如 RTSN、DRBTS 等,这些安全机制应用到无线传感器网络还处于起步阶段。

⑤ 加密算法方面

TEA 和 RC5 是公认的适合传感器网络的轻量级对称加密算法。相对而言,TEA 算法资源消耗更小,但是安全性还没被严格审查。RCS 的安全性相对较好,但需耗费相对多的资源。从抵抗暴力破解角度,有人也建议采用 RC6 算法,但计算和内存开销更大。公开密钥技术在传感器网络应用中有着特定的用途。例如,在第二方网络授权加入或身份认证等情况下,采用公开密钥技术有着固有的优势,如抗节点捕获性能好、撤销被捕获的密钥比较方便以及网络扩展性好等。非对称加密的缺点是,对传感器网络而言,计算量大,消耗 CPU、内存等资源,并且在部署密钥和加入新节点的时候,由于需要较长的计算时间,容易受到基于能量消耗的 DoS 攻击。对节点的恶意复制攻击也没有抵抗性。

(3) 国内对无线传感器网络的安全机制的研究现状

就国内而言,无线传感器网络密钥管理研究主要集中在中国科学院、清华大学、西安交通大学、西安电子科技大学、南京大学、华中科技大学和哈尔滨工业大学等高校和科研单位。大部分国内的研究以提高网络安全性,减少能量消耗为目标。例如,中国科学院软件研究所的姚刚等提出的基于 Weil 对的成对密钥协商协议;西安电子科技大学的刘志宏等提出的基于区域的方案;西安交通大学的王换招等提出的基于密钥池的簇状网络动态密钥分配协议;南京大学的王汝传等提出的基于门限机制和密钥联系表的方案;华中师范大学的刘河与北京科技大学的姚宣霞提出的基于蜂窝模型的方案;南京邮电大学的杨庚提出的基于身份加密的方案;华中科技大学的张建民等提出的基于节点 ID 的方案。

**3. 性能监控和管理**

由于接入物联网的设备数量巨大,物联网网络规模覆盖极为广阔。对物联网的性能进行有效监控,对整个网络进行管理成为一个极大的挑战。目前还没有发现针对物联网的有效的网络管理方案,这方面的研究还十分匮乏。在传感器网络中也存在相似的问题,因此传感器网络中的网络管理方案可以为物联网提供一个行之有效的方法。

(1) 传感器网络管理的现状

传感器网络的管理是控制一个复杂的传感器网络使得它具有最高的监控能力和感知能力的过程。根据进行网络管理的系统的能力,这一过程通常包括数据收集、数据处理,然后提交给管理者在网络操作中使用。它可能还包括分析数据并提供解决方案,进一步它还可以产生对管理者管理网络有用的报告。国际标准化组织在 OSI 的网络管理框架中,将网络管理的功能划分为五个功能域,每个功能域分别完成不同的网络管理功能。由于传感器网络的特点,对它的网络管理的内容与国际标准化组织规定的五个方面来比,又有了新的改变。具体分为以下六个方面:故障管理、配置管理、性能管理、安全管理、能量管理和拓扑管理,如图 8.13 所示。

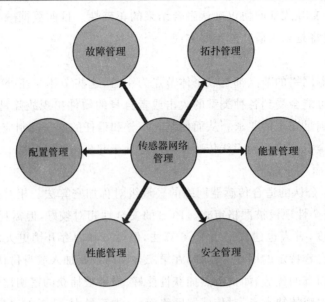

图 8.13　传感器网络管理

　　需要指出的是,传感网的管理尽管可以分为以上几个方面,但是以上几个方面都不是孤立的,它们在网络管理系统中都是相互协作来完成对网络的管理,使传感网的监测应用功能的最大化。

　　无线传感器网网络管理是一个最近才开始受到研究机构关注的新兴的研究领域,由于无线传感器网络和无线 AdHoc 网络的亲密关系,无线传感器网网络管理方面的研究工作都是建立在无线 AdHoc 网络管理的基础之上。到目前为止,在对无线传感器网络及它的应用进行研究的同时,对其网络管理方案考虑得较少,对无线传感器网络管理的理论和技术的研究还处于起步阶段。下面介绍目前几种关于无线传感器网络管理的研究。

　　(2) MANNA 管理体系

　　Linnyer Beatrys Ruiz 为无线传感器网络提出了 MANNA 管理架构。文中他描述了一个管理体系架构的范畴,他认为 MANNA 管理架构包含三个体系,分别是:功能体系、信息体系和物理体系,如图 8.14 所示。

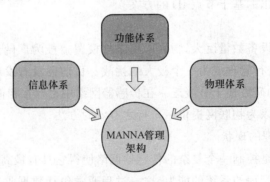

图 8.14　MANNA 管理体系

　　① 功能体系

　　功能体系描述网络管理系统中管理者、代理和管理信息库(MIB)三者各需要完成的功能。由于传感网内,可能有多种节点和节点的不同分布,Linnyer Beatrys Ruiz 提出管理者和代理根据实际应用的需要来决定应该具有的功能和在网络管理系统中的位置。

② 信息体系

MANNA 的信息体系主要是基于面向对象的信息模型。信息模型提供了可管理的资源和面向对象之间的类的映射和匹配；包含了在不同层次的抽象下的可管理资源的类，抽象的层次包含性能级的抽象、管理级的抽象和网络功能的抽象。

③ 物理体系

Linnyer Beatrys Ruiz 认为物理体系就是针对功能体系设计的实现。在设计网络管理协议的物理体系时，节点的物理位置、节点的功能、需要实现的服务和支持 WSN 的界面都必须要被定义。

（3）基于代理的分布式传感器网络管理体系

Wang Feng 等提出了基于代理的分布式传感器网络管理体系。他们用数学上的反馈思想来设计传感器网络的体系结构，将整个管理看成一个闭环系统。整个管理体系由：传感器子系统、数据融合子系统、决策支持子系统和网络管理子系统组成，如图 8.15 所示。

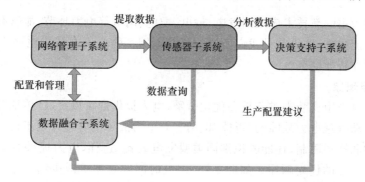

图 8.15　基于代理的分布式传感器网络管理体系

图 8.15 中，传感器子系统由传感器节点自组成网络而成；数据融合子系统的任务是评估和预测被管节点的身份和状态；决策支持子系统则针对网络状态评估和风险评估提出网络管理配置上的建议；网络管理子系统根据决策支持子系统的建议来控制传感器的行为以提高传感网的监测性能。

由于传统的客户/服务端这一体系结构，容易导致数据环路以至耗费在通信上许多的能量。而且，由于网络连接状态不好时，这一管理体系结构的性能变得很差。为此，Wang Feng 提出了一个基于移动代理的管理体系结构（Mobile Intelligent Agent based DSN，MIADSN）去解决这个问题，如图 8.16 所示。

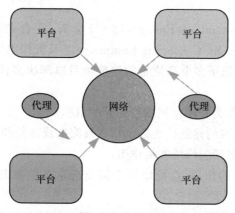

图 8.16　移动代理管理模型

在这个体系中,不单命令的广播由智能的代理来发布,数据融合服务、信息融合或资源分配规则等任务也由智能代理完成。与客户机/服务器模式相比,这种模式有以下优点:第一,网络管理过程中仅仅需要传输少量的代理,大大降低了对网络带宽的占用。第二,基于移动代理的网络是可扩展的,具有非常好的灵活性。第三,由于移动代理比较少,网络的连通性对它的影响很小。

# 8.3　物联网的应用

在国家大力推动工业化与信息化两化融合的大背景下,物联网的应用领域越来越广泛,涉及电力、交通、农业、城市管理、安全、环保、企业和家居等多个领域。

## 8.3.1　智能电网

将以物联网为主的新技术应用到发电、输电、配电、用电等电力环节,能够有效地实现用电的优化配置和节能减排,这也就是我们所说的智能电网。物联网在智能电网中的主要功能包括减少停电现象和智能电表。

**1. 减少停电现象**

通过在智慧电力中安装先进分析和优化引擎,电力提供商可以突破"传统"网络的瓶颈,而直接转向能够主动管理电力故障的"智能"电网。对电力故障的管理计划不仅考虑到了电网中复杂的拓扑结构和资源限制,还能够识别同类型发电设备,这样,电力提供商就可以有效地安排停电检测维修任务的优先顺序。如此一来,停电时间和频率可减少约30%,停电导致的收入损失也相应减少,而电网的可靠性以及客户的满意度都得到了提升。

**2. 智能电表**

智慧的电力设施的支持下,智能电表可以重新定义电力提供商和客户的关系。通过安装内容丰富且读取方便的设备,用户可了解在任何时刻的电力费用,并且用户还可以随时获取一天中任意时刻的用电价格(查看前后的记录),这样电力提供商就为用户提供了很大的灵活性,用户可以根据了解到的信息改变其用电模式。智能电表可以测量用电量,它还是电网上的传感器,可以协助检测波动和停电。它还能储存和关联信息,支持电力提供商完成远程开启或关闭服务,也能远程支持使用后支付或提前支付等付费方式的转换。总而言之,智能电表可大幅度减小系统的峰值负荷,转换电力操作模式,能重新定义客户体验。

**3. 应用案例**

由美国能源部(Department of Energy,DOE)牵头,联合桑迪亚国家实验室(Sandia National Labs)、施恩禧电气(S&C Electric Company)以及美国电力公司(American Electric Power,AEP)在北美已经实施了多个高质量的储能项目以解决多样的配电网难题,储能示范项目的意义在于:

(1) 完成DOE将储能作为智能电网重要部分的目标;

(2) 量化将大规模兆瓦级的储能作为配电站以及配电线路的调节手段的可行性;

(3) 延缓配电站升级,起到削峰填谷的作用;

(4) 验证储能在微网中的作用,在配电网上游出现永久故障时,利用分布式储能为整个"孤岛"供电。

孤岛是一种在断电时使用就地电源对被隔离的配电网供电的方案,这个电源可能是化石电源,也可能是利用先进技术的燃料电池或者其他储能系统。对于市电缺失,波动或者故障的配电网络来说,具备孤岛能力可以提高系统可靠性,将突发事件对系统的影响降到最低。

孤岛效应对于电力公司有着重要意义,尤其是那些频繁停电的区域。从孤岛效应中获益的区域包括:

(1) 配电线路较老较旧的负荷中心;

(2) 植被茂盛的区域(茂盛的植物接触到配电线,容易引起线路停电);

(3) 频发极端灾害天气的区域(如飓风、暴雨等)。

当故障发生后,智能孤岛将为配电网带来诸多的好处:

(1) 增强可靠性指数。可靠性指数包含"客户平均中断持续时间(CAIDI)"和"系统平均中断时间(SAIDI)",它们是衡量电力系统可靠性的通用指标。孤岛可以大幅度地改进这个指数,意味着更少的客户受断电影响以及服务中断持续时间缩短。

(2) 资源优化。孤岛效应可以优化重构过程,使得有限的人力以及资源可以专注于优先恢复非孤岛区域。

(3) 延缓投资。孤岛可以快速及时地解决线路的问题,从而为电力公司传统建设方法(新建或者扩建配电站,延展传输线,强化配电线路)赢得了时间。

上面介绍了孤岛带来的益处,随之而来的问题是如何切实可行地实现孤岛。美国电力公司(AEP)经过分析大量数据,认为以下两种方法是实现分布式电源孤岛的可行办法:自适应动态孤岛(Adaptive Dynamic Islanding, ADI);离散动态孤岛(Discrete Dynamic Islanding, DDI)。

自适应动态孤岛(ADI)依赖电力公司通过远程控制智能电表系统(Advanced Metering Infrastructure, AMI)来"接入"或者"切除"独立用户。自适应动态孤岛的理念是,当智能电表系统(AMI)得到足够的发展以及安装,电力公司可以将每一个客户的负载视为"岛",且可以远程控制。因此,在遇到停电的情况时,可以给某些重要负载,如医院、警察局以及消防队等优先恢复供电,使其免受或者少受电力问题的侵扰。

离散动态孤岛(DDI)以远程控制部分电网(馈线)区域来替代自适应孤岛(ADI)中的独立用户控制。这种形式的孤岛利用现有的通信以及控制系统配合分布式智能控制分段开关以及保护设备来隔离故障,这种形式的孤岛还可以使重构更加易于实现。美国电力公司(AEP)决定利用这种方案来评估孤岛技术的可行性。值得注意的是,在智能电表系统(AMI)存在的区域内,离散动态孤岛(DDI)作为自适应动态孤岛(ADI)的补充而存在。当上游发生故障时,这两种方法都能有效地实现孤岛。

美国电力公司(AEP)选择钠硫电池(NaS)作为储能电池,并采用施恩禧电气(S&C Electric)的 PureWave SMS 来进行系统管理。选择西维吉尼亚(West Virginia)的 Balls Gap 变电站、奥黑尔(Ohio)的 Bluffton 变电站和印第安纳(Indiana)的 East Busco 变电站作为项目实施地。这些线路均为辐射性线路,没有备用电源,储能系统可以缓解区域的供电压力。每一套储能系统的容量为 $2MW/7.2MW \cdot h$,可以为 2MW 的负荷提供约 7 个小时的备用电力,配合智能开关,每一处的孤岛容量可以达到 2MW。

纳入孤岛方案的配电设备包含智能分段开关以及两台智能重合器(Intelligent Electronic Device, IED)。配网自动化(Distributed Automation, DA)方案已经非常成熟了,结合孤岛应用,可以对其进行必要的改进,使其适应新的应用。此项目将深入研究孤岛结合 NaS 电池储能技术的相关问题,进行配合分析,加载和历史数据分析等。

### 8.3.2 智能交通

RFID 智能交通管理系统的工作原理很简单,在系统工作过程中,阅读器(Reader)首先通过天线发送加密数据载波信号到动车上固化的电子标签(TAG)也就是所谓的应答器(Transponder),应答器的工作电路被激活,之后再将载有车辆信息的加密载波信号发射出去,此时阅读器便依序接收解读数据,送给应用程序做相应的处理,完成预设的系统功能和自动识别,实现车辆的自动化管理。智能交通的主要应用范围有以下几个方面。

**1. 实时交通信息**

智慧的道路是减少交通拥堵的关键,但我们仍不了解行人、车辆、货物和商品在市内的具体移动状况。因此,获取数据是重要的第一步。通过随处都安置的传感器,我们可以实时获取路况信息,帮助监控和控制交通流量。人们可以获取实时的交通信息,并据此调整路线,从而避免拥堵。未来,我们将能建成自动化的高速公路,实现车辆与网络相连,从而指引车辆更改路线或优化行程。

**2. 车辆监控**

通过大量的摄像头和传感器,实现对车辆的证照管理、交通违章取证和测速,加强对车辆的监管力度,进一步减少交通事故和违法犯罪活动的发生。

**3. 道路收费**

通过 RFID 技术以及利用激光、照相机和系统技术等的先进自由车流路边系统来无缝地检测、标识车辆并收取费用。这种方法提高了车辆的通行效率,缓解了高速公路收费站车辆的通行压力。

**4. 应用案例**

伦敦的 Countdown 是方便公交车乘客而设计的一种公交车站实时信息系统。该系统已经试验成功,目前正在伦敦全市范围推广。

该项目已经获得英国中央政府的批准与支持并在伦敦交通系统实施,伦敦公交系统是伦敦交通系统的一部分。所有的伦敦公交服务都由"伦敦巴士"公司提供,只有私营公司开辟的线路是指定由其他私营公司运营。目前伦敦的公共交通服务由约 30 个不同的公交公司提供。"伦敦巴士"公司拥有和管理着各种公交系统,Countdown 信息系统只是其中的一部分。

伦敦的 400 个公交车站(占伦敦公交车站总数的 2%),50 条公交线路(占总里程数的10%)的 1 000 辆公交车(占公交车总数的 15%)使用该系统。该系统每年给 8 亿乘客带来了便利。Countdown 系统包括如下几个部分:车辆定位、无线通信、一个中央计算机群、一个数据库服务器、大量车辆修理点和公交车站显示牌等。

在公交车站的显示牌上显示着公交车辆的到达次序、车辆路线号码、终点站名和到站所需的分钟数。根据站台的不同 3~10 部公交车辆信息在显示牌上被反复显示。在信息显示上,Countdown 系统使用一种与伦敦地铁站信息系统相似的格式。服务控制信息通常也被显示在 15 个车辆修理点的 20 个车间,这些修理点由 10 个公交公司运营。在未来 3 年内,约 700条公交线路的 6 500 部公交车将安装上车辆自动定位系统。每年,将增加 450 个电子显示牌,预计安装的电子显示牌的总数为 4 000 个(占所有公交车站数量的 25%)。

乘客对 Countdown 系统持肯定态度。大家认为伦敦的公交服务质量因此提高了,同时也使乘公交变得更加安全了。电子显示牌所显示的信息转移了等待车辆的人们的注意力,等车的时间也仿佛变短了。乘客说他们现在比系统安装之前更愿意乘坐公交车了,这种乘车热情也使安装 Countdown 系统的公交路线收入增加了 1.5%。各公交公司也报告说,他们可以更好地管理他们的车队了,特别是在出现公交严重堵塞中断的情况下,一个非常重要的优势是系统成本非常低(包括电子显示牌、一个相配套的机械接口和安装等 5 000~7 000 英镑)。

今后,计划进行大范围的离线公交服务执行情况跟踪。此外,还将提供公交车上显示"下一站"标志以及 Countdown 信息系统的语音广播。其他计划还包括在公交车站安装更大屏幕的 Countdown 电子显示牌为公交公司工作人员所准备的手持式 Countdown 终端以及一个中央实时旅行信息桌面,为 Countdown 电子显示牌提供多样化的旅行信息。最后公交车辆优先的交通信号(也许带有智能优先排队情况)以及在公交车辆上设置可显示时间及地点的道路监视摄像机也已经被提上了议事日程。

我国铁道部在中国铁路车号自动识别系统建设中,推出了完全拥有自主知识产权的远距离自动识别系统。过去,国内铁路车头的调度都是靠手工统计、手工进行,耗费人力、耗费时间还不够准确,造成资源极大浪费。铁道部在采用物联网技术以后,实现了统计的实时化、自动化,降低了管理成本,提高了资源利用率。

武汉市推出了城市路桥不停车收费系统(ETC)集成项目。车辆首先申请安装电子标签和 IC 卡,在通过路桥隧道前,驶入 ETC 专用车道,系统会自动识别,计算车辆行驶费用,直接从 IC 卡上扣除通行费。交易完成后,车道电动栏杆自动升起,放行车辆。

## 8.3.3　智能医疗

### 1. 整合的医疗平台

整合的医疗保健平台根据需要通过医院的各系统收集并存储患者信息,并将相关信息添加到患者的电子医疗档案,所有授权和整合的医院都可以访问。电子健康档案系统通过可靠的门户网站集中进行病历整合和共享,这样各种治疗活动就可以不受医院行政界限而形成一种整合的视角。有了电子健康档案系统,医院可以准确顺畅地将患者转到其他门诊或其他医院,患者可随时了解自己的病情,医生可以通过参考患者完整的病史为其做出准确的诊断和治疗。这样资源和患者能够有效地在各个医院之间流动,通过各医院之间适当的管理系统、政策、转诊系统等。这个平台满足一个有效的多层次医疗网络对信息分享的需要。

### 2. 药品安全监控

如果将物联网技术应用于药品的物流管理中,我们将能够随时追踪、共享药品的生产信息和物流信息,对于查询不到这些信息的假冒伪劣产品公之于众。药品零售商可以用物联网来消除药品的损耗和流失,管理药品的有效期,进行库存管理,等等。

### 3. 老人儿童监护

如果家里有老人或小孩,将来你可以为他们买一块带传感器的手表,即使你在外面开会、出差,手表也可以随时显示他们的体征,并通过手机或计算机发送给你。用这种方法,医生也可以随时随地了解病人的身体状况,时时诊断。人身上可以安装不同的传感器,对人的健康参数进行监控,并且实时传送到相关的医疗保健中心,如果有异常,保健中心通过手机,提醒你去医院检查身体,如图 8.17 所示。

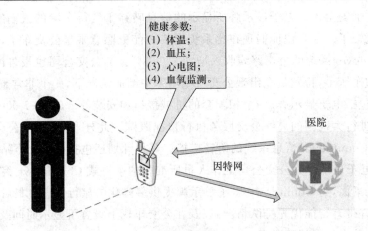

健康参数：
(1) 体温；
(2) 血压；
(3) 心电图；
(4) 血氧监测。

医院

因特网

图 8.17 健康检测平台示意图

**4. 应用案例**

医疗卫生行业面对电子临床信息的共享，Verizon 帮助美国医疗机构在众多的平台中克服互操作性问题，实现信息共享，以便达到更广泛的社区护理。Verizon 通过服务器及安全的虚拟专用网（VPN）连接到数据存储机构，提供可全天候访问的临床资料中心，保持原有来源稳定及环境控制的能力。用户在互联网上通过门户网站访问具体数据。

Verizon 以客户具体信息为基准，来处理所有访问信息系统的要求。例如，身份管理系统需进行服务器配置以便临床医生的授权访问。Verizon 也开展了临床护理工作的流程接口定制，来提供高水平的病人护理服务，并添加术语匹配服务，满足每个客户的要求。Verizon 提供服务的地区、州通过专有网，将独立的网络连接起来，可在全国范围内进行信息交流，连接数以百万计的顾客，安全互换病人的资料。

由于广泛的网络访问电子医疗记录易引起安全漏洞，危及健康信息的安全保护，所以，系统要求病人或者医务人员的个人操作要身份验证后才能看到具体的医疗信息。卫生系统中庞大的数据量难以实现访问、传递并保存。这就要求随时增加存储容量和带宽，同时需要在交换过程中使用快速、可靠的方法保持数据完整性。为满足各种利益相关者的需求，Verizon 完善了医疗保健的基础设施，允许政府、纳税人、医务人员进行病人护理的同时，有权查看其虚拟记录。并通过使用灵活的集成平台节省资源。为确保用户信息的安全，只有授权的使用者能查看病人的记录，并提供灵活的访问控制规则来应对突发状况。Verizon 提供全面的端到端安全，包括 24 小时的监测、管理和技术支持。Verizon 还定期进行系统评估，系统配有关键性的数据配置标准，硬化指南和安全条例，监控实时变化。强大的加密和实时授权检查可以保证信息的安全传递。Verizon 公司提供了分层防御系统，加密复杂的数据库访问，定期进行数据备份，保护数据库中的数据信息。审计和审计日志粒度的访问精确到个人的每条记录。

在美国医疗制度的改革中，信息交换是建设医疗保健体系的必要途径。但是，它必须能使患者或医务人员随时随地直观、方便地使用和访问。Verizon 建立门户网站帮助解决上述问题，节省医务人员时间。为此，Verizon 创造了以病人为中心的医疗服务模型。临床医生通过简洁、可定制的方式帮助加速病人的健康护理，同时消除测试中烦琐的转诊过程，节省时间，消除易出错的程序，如传真、电话、纸质处方。Verizon 创建了门户网站，医务人员通过网站安全有效地进行病人护理、问题解答等流程，削减了医疗成本，改善疗效。

"医讯通"是河南省卫生厅唯一授权、监管的专业医疗信息平台。这个平台是基于短信平台、互联网及移动互联网相关技术,结合卫生系统的需求特点,通过电子信箱、网络界面以及短信、语音等无线接入方式,构建的医患交流平台,面向行政办公、社会公众两个层面提供短信、网络、语音等服务,旨在拉近医生与患者的距离、延伸医疗服务的范围和服务时间,提高医疗资源利用率和医院的服务效率,为患者看病提供全程的医疗信息服务。

### 8.3.4  精细农业

农业是关系着我国国计民生的基础产业,农业的发达程度很大程度上决定着我国的国民生产水平。随着物联网的应用越来越广泛,农业生产也引用了物联网技术,这使我国农业信息化水平得到很大提高,标志着我国农业在由粗放型农业向精细农业转变的道路上迈出了一大步。物联网在农业技术上的应用主要包括农作物生长监控和农产品溯源两个方面。

**1. 农作物生长监控**

物联网通过光照、温度、湿度等各式各样的无线传感器,可以实现对农作物生产环境中的温度、湿度信号以及光照、土壤温度、土壤含水量、$CO_2$ 浓度、叶面湿度、露点温度等环境参数进行实时采集,同时在现场布置摄像头等监控设备,实时采集视频信号,用户通过电脑或 3G 手机,可随时随地观察现场情况、查看现场温湿度等数据,并可以远程控制智能调节指定设备,如自动开启或者关闭浇灌系统、温室开关卷帘等。现场采集的数据,为农业综合生态信息自动监测、环境自动控制和智能化管理提供科学依据。

**2. 农产品溯源**

食品生产每一环的相关信息都会输入芯片中,这些信息都采用一种可兼容的格式,被汇总到中央信息处理库,再通过互联网实现信息的交换和共享。以后在超市买菜,消费者可以通过扫描每包蔬菜上的追溯码,准确了解该蔬菜的种植过程、施肥和用药情况、加工企业、加工日期、检验信息等各项数据,买到真正放心的食物。

给放养的牲畜中的每一只羊都贴上一个二维码,这个二维码会一直保持到超市出售的肉品上,消费者可通过手机阅读二维码,知道牲畜的成长历史,确保食品安全,如图 8.18 所示。我国已有 10 亿存栏动物贴上了这种二维码。

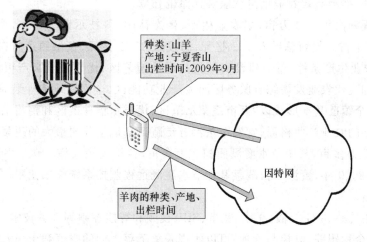

种类:山羊
产地:宁夏香山
出栏时间:2009年9月

因特网

羊肉的种类、产地、出栏时间

（a）动物溯源示意图一

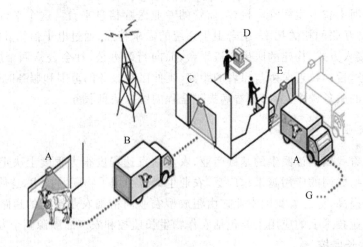

(b) 动物溯源示意图二

图 8.18　动物溯源

**3. 应用案例**

2011 年 7 月,经江苏省人民政府批准,常熟董浜现代农业产业园区被正式命名为江苏省常熟现代农业产业园区。同时,中国电信与董浜镇深度合作,致力于"物以类聚,感知农业"的示范品牌打造工程。根据规划,智能管理平台分为精准农业生产管理系统、农产品质量溯源系统、农业专家服务系统、农产品网上交易平台、农业信息推送系统、农业信息共享系统和农产品物流配送系统七大系统。目前已完成精准农业生产管理系统的开发和应用,农产品质量安全及溯源系统处于调试阶段,"农产品商城""农产品溯源""助农热线""农业专家协同通信"等项目正在实施或筹划中,着力发展以"绿色农业、生物农业、科技农业、市场农业"为标志的现代化农业,不断摸索农业信息现代化的进步与创新之路。正如董浜镇党委书记陈绍东所说,"智能农业"落户董浜是中国电信在广大农村努力探索和应用信息技术的一个缩影,是全力推进农业现代化进程的一场大胆尝试,它将信息化和农业进行结合,可以帮助提高农产品的科技含量,增强农产品的竞争力,具有较大的推广价值。中国电信将继续发挥全业务融合优势,助力农业发展方式的转变,推动高效农业信息化服务体系的建立。

项目总体规划面积 5.2 万亩,集农业生产、生态休闲、科技示范为一体,涉及北港、东盾、里睦、新民等 8 个村。规划总投入 7.2 亿元,已投入 1.85 亿元,董浜镇还将在二期计划投入1.5 亿元改善农业生产条件,着力建设高效精品设施园艺区、优质安全高产粮食区、农业增值链产业集聚区和现代农业发展综合服务区四大产业功能区,全面实现农业装备科技化。据陈邵东介绍,目前全镇已基本形成以"万亩蔬菜示范区、优质水稻种植区和葡萄果品生产区"三大农业基地为主导的农业产业格局,常熟市董浜万亩蔬菜基地是苏州最大的蔬菜生产基地,目前种植面积达 3.7 万多亩,其中节水灌溉面积 2 万多亩,各类大棚设施 6 000 多亩,年蔬菜生产能力 25 万吨。2010 年,董浜万亩蔬菜基地节水灌溉远程监控系统投入使用,全镇节水灌溉面积已达 2 万多亩。

该项目采用传感、3 G 传输、无线、宽带、SIP、视频和智能控制等多种技术,对农作物播种、生长、繁殖进行全程跟踪、监控与管理;可以实现采集蔬菜大棚的空气和土壤温湿度、二氧化碳浓度、植物叶面温度、露点温度及光照强度等环境变量及视频、设备运行情况等数据。相关人员可通过电脑或手机随时随地进行查看。同时可在系统中设置各种参数的"阈值",一旦各类数据超标或出现异常,系统将自动通过监控界面、声音和短信等多种方式报警,让相关人员在第一时间收到警告信息。另外,系统还可以随时查询和提取各类历史数据并进行对比分析。用户还可以根据需要远程遥控对农作物的灌溉、施肥等操作;系统将风机、喷水机、卷帘等生产设备和农业自动控制系统与 CDMA 网络连接,可实现远程自动或手动控制各类生产设备功能,一旦设置为自动控制,系统将根据大棚内各项环境参数自动操作相应控制设备,免去人工操作的烦琐,把因环境异常对农业生产的不利影响降到最低,真正实现旱涝保收。

### 8.3.5 环境保护

随着社会的高速发展,环境问题越来越严峻。传统的环境监测方法具有实时性差、可靠性低、信息量有限等缺点。环境保护是物联网最早的应用领域之一,随着近年来物联网的发展,其在环境保护领域的应用也越来越广泛,主要包括以下几个方面。

**1. 大气监测**

可以通过在人群密集或者敏感地区布放特定的传感器来监测空气中有害化学成分的含量。传感器通过小型的传感网将采集到的数据上传到网关,再通过卫星或者有线的方式将数据汇集到数据处理中心,经过数据处理中心处理后的有用数据可以供有权限的客户查询。这些数据既可以为研究者提供实时数据,又可以作为大众的出行指南。当污染超标时,执法单位可以对污染排放者进行相应的处理,从而有效地降低大气污染。

**2. 水质监测**

对水质监测包含饮用水质监测和水质污染监测两种。饮用水源监测是在水源地布置各种传感器、视频监视等传感设备,将水源地基本情况、水质的 pH 值等指标实时传至环保物联网,实现实时监测和预警;而水质污染监测是在各单位污染排放口安装水质自动分析仪表和视频监控,对排污单位排放的污水水质中的有害物质进行实时监控,并同步到排污单位、中央控制中心、环境执法人员的终端上,以便有效防止过度排放或重大污染事故的发生。

**3. 灾害监测**

灾害监测包括地质灾害监测和火灾监测等。地址灾害监测可以通过在山区中泥石流、滑坡等自然灾害容易发生的地方布设节点,可提前发出预警,以便做好准备,采取相应措施,防止进一步的恶性事故的发生。火灾监测可在重点保护林区铺设大量节点随时监控内部火险情况,一旦有危险,可立刻发出警报,并给出具体方位及当前火势大小。

**4. 应用案例**

英特尔研究实验室利用无线传感器读出缅因州大鸭岛上的气候,进而用此技术来评价一种海燕筑巢的条件。位于缅因州海岸的大鸭岛上的洞穴中生活着海燕,由于环境恶劣,加上海燕十分机警,研究人员无法采用通常的跟踪观察方法来了解其栖息环境。在 2002 年,英特尔研究中心伯克利实验室研究人员在大鸭岛上布置了 32 个基于 TinyOS 的传感器节点,并将它们接入互联网,从而读出岛上的气候,评价海燕筑巢的环境条件。在 2003 年,它们换用 150 个安有 D 型微型电池的第二代基于 Tiny05 的传感器节点组成更大规模的 WSN,来评估这些海燕鸟巢内外的温湿条件,并应用 TinyDB 对采集的数据进行实时处理。该方案的应用,使世界各国研究人员实现无入侵式和无破坏式地对敏感野生动物及其栖息地进行监测成为可能。

### 8.3.6 企业管理

物联网技术的出现从根本上改变了企业的管理方式,提高了从生产、运输、仓储到销售各环节的监控动态和管理水平,极大地提高了生产效率。

**1. 供应链网络优化**

智慧的供应链通过使用强大的分析和模拟引擎来优化从原材料至成品的供应链网络。这可以帮助企业确定生产设备的位置,优化采购地点,也能帮助制定库存分配战略。使用后,公司可以通过优化的网络设计来实现真正无缝的端到端供应链,这样就能提高控制力,同时还能降低成本和改善服务。

**2. 质量控制**

对于生产过程中用到的原材料、零部件、半成品和成品等中间产品的位置确定和管理一般都采用人工寻找、人工记录和人工更新的方法,利用纸质或者电脑数据库进行登记。在需要中间产品位置以及其他信息时,人工去查找纸质文件或者电脑数据,得到相关信息。传统的方式效率较低且容易出错,如果使用物联网技术就可以给中间产品贴上电子标签,能够迅速确定中间产品的位置,并且不容易出错,保障了流水线的正常生产作业,使产品质量生产效率都得到了提高。

**3. 物品拣选**

在产品的运输和销售过程中,需要对产品进行分拣。在这个过程中,贴有标签的产品可以被迅速而准确地分拣,提高了发货速度。

**4. 仓储管理**

结合 RFID 和 GPS 技术,可以准确、有效地知道物品的存放位置,便于对不同的货仓进行合理的出货和补货,保证了产品的及时供应。

**5. 应用案例**

世界 500 强企业泰科国际使用无线传感网来发展新型工业温控系统,已经取得了良好效果。作为全球最大的健身器材生产商,Life Fitness 通过为每一台健身器械安装无线节点,形成无线传感网,从而实现对健身器材放置位置的动态调节,在方便管理的同时也为客户提供了新的体验。

## 8.3.7 其他应用领域

**1. 公共安全**

利用部署在大街小巷的全球眼监控探头,实现图像敏感性智能分析并与 110、119、112 等交互,实现探头与探头之间、探头与人、探头与报警系统之间的联动,从而构建和谐安全的城市生活环境。

上海浦东国际机场防入侵系统铺设了 3 万多个传感节点,覆盖了地面、栅栏和低空探测,多种传感手段组成一个协同系统后,可以防止人员的翻越、偷渡、恐怖袭击等攻击性入侵。

**2. 智能家居**

数字家庭是以计算机技术和网络技术为基础,包括各类消费电子产品、通信产品、信息家电和智能家居等,通过不同的互联方式进行通信及数据交换,实现家庭网络中各类电子产品之间的"互联互通"的一种服务。数字家庭的四大功能:信息、通信、娱乐和生活,如图 8.19 所示。

除了前面所讲的主要应用领域外,事实上,物联网的应用已经渗透到我们生产生活的方方面面。物联网正在对当代经济社会产生深刻的影响,它的出现和发展将极大地促进社会生产力的发展、丰富我们的生活。可以说,物联网将在一定程度上改变整个社会的生产方式、生活方式,进而改变我们人们的生存方式。

图 8.19　数字家庭的四大功能

# 8.4　物联网通信发展的趋势

经过过去几年的技术和市场的培育,物联网即将进入高速发展期。未来,全球物联网将朝着标准化、规模化、安全化、协同化和智能化方向发展。

**1. 标准化**

物联网在发展的过程中,其应用层、网络层、感知层会有大量的技术出现,可能会使用不同的技术标准,而标准是一种交流规则,如果没有统一的标准,那么将难以实现大范围内的网络互联。标准化无疑是影响物联网普及的重要因素。目前 RFID、WSN 等技术领域还没有一套完整的国际标准,各厂家的设备往往不能实现互操作。标准化将合理使用现在标准,或者在必要时创建新的统一标准。因此标准化问题越来越被重视,目前国外、国内存在多个物联网标准化组织,将大力推动物联网的标准化进程。

**2. 规模化**

随着世界各国对物联网技术、标准和应用的不断推进,物联网在各行业领域中的规模将逐步扩大,尤其是一些政府推动的国家性项目,如智能电网、智能交通、环保、节能,将吸引大批有实力的企业进入物联网领域,大大推进物联网应用进程,为扩大物联网产业规模产生巨大作用。

**3. 安全化**

在未来的物联网中,每个人包括每件拥有的物品都将随时随地被感知,在这种环境中如何防止个人信息的泄露、盗用,确保信息的安全性和隐私性,将是物联网应用推进过程中的一大课题。

**4. 协同化**

随着产业和标准的不断完善,物联网将朝协同化方向发展,形成不同物体间、不同企业间、不同行业乃至不同地区或国家间的物联网信息的互联互通互操作,应用模式从闭环走向开环,最终形成可服务于不同行业和领域的全球化物联网应用体系。

**5. 智能化**

物联网将从目前简单的物体识别和信息采集,走向真正意义上的物联网,实时感知、网络交互和应用平台可控可用,实现信息在真实世界和虚拟空间之间的智能化流动。

# 8.5　物联网与云计算

物联网的难点在于如何对海量信息进行分析和处理,如何对物体实施智能化的控制。要解决这个问题,就必须建立一个功能强大的智能处理平台,而云计算正是这样一个具备海量信息存储和处理的平台,因此,二者的结合将是未来的趋势。

### 8.5.1 云计算

**1. 云计算基本概念**

2006 年,谷歌率先在"Google 101 计划"中正式提出"云计算"的概念与理论。此后,Amazon、IBM、Yahoo、Microsoft、Salesforce、Sun(现被 Oracle 收购)等全球性公司把云计算纳入本公司发展的重点,其中以 Google 的弹性云(EC2-Elastic Compute Cloud)、IBM 的蓝云(Blue Cloud)、Microsoft 的 Azure 等为代表。

云计算的定义有多种不同的解释,中国电子学会云计算专家委员会、中国工程院院士李德毅等专家给云计算下了一个较为科学的定义:云计算(CloudComputing)是一种基于互联网的、大众参与的计算模式,其计算资源(计算能力、存储能力和交互能力)是动态的、可伸缩且被虚拟化的,以服务的方式提供。这种新型的计算资源组织、分配和使用模式,有利于合理配置计算资源并提高其利用率,促进节能减排,实现绿色计算。云计算提出了一种软件服务化、资源虚拟化、系统透明化的全新商业计算服务模式。它作为一种技术手段和实现模式,使得计算资源成为向大众提供服务的社会基础设施,将对信息技术本身及其应用产生深刻影响。

**2. 云计算的特点**

(1) 超强的计算能力。云由网络上众多的廉价计算机构成,而且可以不断扩展,形成超强的计算能力。比如 Google 的云已经拥有 100 多万台 PC 服务器。

(2) 虚拟化能力。这是云计算的基本特点,包括资源虚拟化和应用虚拟化。每一个应用部署的环境和物理平台是没有关系的。通过虚拟平台进行管理达到对应用进行扩展、迁移、备份,操作均通过虚拟化层次完成。

(3) 用冗余方式提供高可靠性。云由大量计算机组成集群向用户提供数据处理服务。随着计算机数量的增加,系统出现错误的概率大大增加。在没有专用的硬件可靠性部件的支持下,采用软件的方式,即数据冗余和分布式存储来保证数据的可靠性。

(4) 高扩展性。只要用户需要,各种资源和应用可以随时添加到服务中来。

(5) 按需服务。用户完全根据自身情况提出需求,云可以为每一个用户量身定制,提供完全差异化的服务。

(6) 高可用性。通过集成海量存储和高性能的计算能力,云能提供较高的服务质量。云计算系统可以自动检测失效节点,并将失效节点排除,不影响系统的正常运行。

(7) 节能减排,创建绿色 IT。由于采用了特殊容错措施,所以可以采用极其廉价的节点来构成云,大大降低了企业的投资成本。同时云的自动化、集中式管理使数据中心管理、电力运营成本大幅度降低,云的通用性使资源的利用率较之传统系统大幅提升。

**3. 云计算基本架构**

云计算架构把为用户提供各种云服务作为核心目标,主要包含三个层次(如图 8.20 所示):

(1) SaaS。SaaS(Software as a Service,软件即服务),应用主要以基于 Web 的方式提供给客户。

（2）PaaS。PaaS(Platform as a Service,平台即服务),将一个应用的开发和部署平台作为服务提供给用户。

（3）IaaS。IaaS(Infrastructure as a Service,基础设施即服务),将各种底层的计算(如虚拟机)和存储等资源作为服务提供给用户。

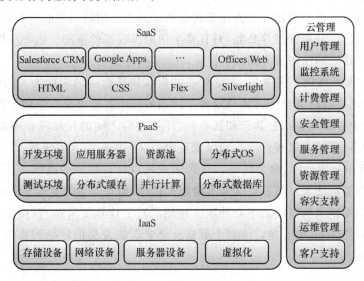

图 8.20 云计算基本架构

对于终端用户来说,SaaS、PaaS 和 PaaS 这 3 层服务是相互独立的,这取决于它们提供的服务是不同的,所面向的用户也不相同,但它们有一定的依赖关系。一个 SaaS 层的产品和服务不仅需要用到 SaaS 层本身的技术,而且还依赖 PassS 层所提供的开发和部署平台或直接部署于 IaaS 层所提供的计算资源上,而 PaaS 的产品和服务也可以构建于 IaaS 层服务之上。

SaaS 是终端用户最直接、最常见的云计算服务,使用浏览器通过网络就能直接使用云上运行的应用。SaaS 云供应商负责维护和管理云中的软硬件设施,同时以免费或按需使用的形式向用户收费,而用户则不必担心软件安装与维护等问题,且可节省大量开支。具有代表性的主要有 GoogleApps、Saleforce CRM、Office WebApps、Zolo、E-mail 等。

PaaS 为用户提供测试环境、部署环境等应用,使终端用户在编写、部署等各个环节均无须关心应用服务器(Application Server)、数据库服务器(DatabaseServer)、操作系统(Operating System)、网络(Network)和存储(Storage)等资源的运维操作。具有代表性的产品有 Force.com、Google App Engine、Windows AzurePlatform、中国移动的 Big Cloud 等。它具有开发环境友好、服务丰富、伸缩性强、整合率高、多租户机制等优势。

IaaS 是供应商直接为终端用户提供所需的计算或存储等资源,并且只需为其租用的资源付费。具有代表性的产品有 Amazon EC2、IBM Blue Cloud、Cisco UCS、Joyent 等。它具有免维护、标准开放、伸缩性强、支持应用广泛、成本低等特点,主要采用虚拟化、分布式存储、海量数据库存储〔关系型、非关系型(如大表等)〕等技术来实现。

## 8.5.2 物联网与云计算融合方式

云计算与物联网各自具备很多优势,如果把云计算与物联网结合起来构造成物联网云,我们可以看出,云计算其实就相当于一个人的大脑,而物联网就是其眼睛、鼻子、耳朵和四肢等。云计算与物联网的融合方式我们可以分为以下几种:

(1) 单中心,多终端。此类模式分布的范围较小,各物联网终端(传感器、摄像头或 3G 手机等)把云中心或部分云中心作为数据/处理中心,终端所获得信息、数据统一由云中心处理及存储,云中心提供统一界面给使用者操作或者查看。这类应用的云中心一般为私有云,可提供海量存储和统一界面、分级管理等功能,对日常生活提供较好的帮助。主要应用在小区及家庭的监控、某些公共设施的保护等方面。

(2) 多中心,大量终端。多中心、大量终端的模式较适合区域跨度加大的企业、单位。有些数据或者信息需要及时甚至实时共享给各个终端的使用者也可采取这种方式。这个模式的前提是我们的云中心必须包括公共云和私有云,并且它们之间的互联没有障碍。这样对于保密性要求很高的事情,就可以较好地达到保密要求而又不影响信息的传播。

(3) 信息、应用分层处理,海量终端。这种模式可以针对用户的范围广、信息及数据种类多、安全性要求高等特征来打造。对需要大量数据传送,但是安全性要求不高的,如视频数据、游戏数据等,我们可以采取本地云中心处理或存储。对于计算要求高,数据量不大的,可以放在专门负责高端运算的云中心里。而对于数据安全要求非常高的信息和数据,我们可以放在具有灾备中心的云中心里。

### 8.5.3 基于云计算的物联网体系结构

物联网云的系统架构主要包含物联网云的硬件虚拟化框架、感知层设备、物联网应用中间件以及服务管理。各部分共同构成物联网应用的平台,为物联网应用的运营管理人员和终端用户服务。基于云计算的物联网体系结构如图 8.21 所示。

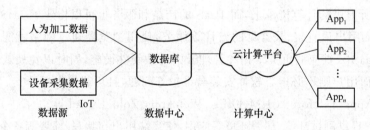

图 8.21 基于云计算的物联网体系结构

**1. 硬件虚拟化框架**

硬件虚拟化框架定义了云计算平台所管理的服务器、存储设备、网络设备等物理硬件资源及相应的虚拟化方法和技术,并将上述资源以虚拟化的方式交付给用户。通过虚拟化技术的引入,使运营在物联网云平台上的不同用户之间可以共享资源;提供弹性伸缩的资源需求,在降低运营成本的同时提高服务质量;引入服务器集群技术,提高物联网云平台的整体性能。

**2. 感知层设备**

感知层是物联网的皮肤和五官,主要用于识别物体、采集信息。感知层设备包括二维标签码和识读器、RFID 标签和读写器、传感器终端以及实现终端互联互通的传感网络。感知设备通过网络接入云计算平台,并由物联网应用的中间件对其进行管理。通过感知层设备,物联网可以给物体赋予"智能",实现对物体的感知,人与物体的沟通和对话,也可以实现物体与物体间的沟通和对话。感知层涉及的关键技术有射频技术(RFID)、传感网络技术、纳米技术、智能嵌入技术等。

**3. 物联网应用中间件**

中间件是位于平台(硬件和操作系统)和应用之间的通用服务,针对不同的操作系统和硬件平台,它们可以有符合接口和协议规范的多种实现。中间件是物联网应用中的关键软件部件,是衔接相关硬件设备和业务应用的桥梁,其主要功能是屏蔽异构性、实现互操作和信息的预处理等。在物联网云平台中,物联网中间件与云计算相结合,利用虚拟化技术全面实现资源整合,这样,不仅能解决物联网中海量信息的过滤、整合、存储问题,还能解决物联网中不同应用系统的互操作问题。

在物联网云平台中,物联网应用的中间件主要实现终端设备接入、RFID/传感器事件管理、数据存储以及物联网应用等功能,它包含一系列相关的中间件产品。

**4. 服务管理**

服务管理是物联网云平台的核心架构,主要包括物联网云的自助服务门户/管理员门户、物联网应用和服务的生命周期管理。通过服务管理,服务提供商可以对 IT 物理硬件和虚拟化资源进行管理,用户可以通过自助服务门户进行业务定制、修改等操作;物联网云的服务管理还包括对感知设备的体系架构、事件以及分布式架构数据平台的管理、数据备份及恢复机制等功能。

### 8.5.4　基于云计算的物联网安全性问题

**1. 基于云计算的物联网安全威胁**

(1)感知层安全威胁

在感知层,由于节点的硬件结构相对简单,存储能力和计算能力较弱,传统的保密技术难以在节点上实现,因此,容易受到各种攻击。这些攻击包括节点控制、节点捕获、拒绝服务攻击及认证攻击。

(2)网络层安全威胁

在网络层,由于网络的异构,可能导致跨网认证攻击、认证攻击(如中间人攻击等),同时随着网络规模增大以及对于分布式信息的处理,容易受到拒绝服务攻击、路由攻击等威胁。

(3)应用层安全威胁

物联网应用层除了终端用户的认证外,重点是来自云计算平台的安全威胁。

云计算平台提供的服务应是无处不在、无时不在的,要保证云计算平台具备高可靠性,即保证云计算平台提供的服务不中断,在面临恶意攻击时避免系统崩溃的风险,因此,云计算平台应具备抵抗外来攻击的能力。

数据的隐私问题。终端用户的数据上传到"云"中之后,随机地存储在云计算平台的服务器上,而这些服务器可能分布在世界各地,终端用户无法知道自己的数据具体被存储在什么位置,因此,云计算平台要保证终端用户的数据存储安全性。另外,当终端用户把自己的数据交付给云计算平台之后,由于云计算平台要对数据进行分析和处理,因此,享有了对数据的优先访问权,导致数据的拥有者失去了数据的完全控制能力。所以,要防止云计算平台在对数据进行分析和处理的过程中泄密,保证物联网用户数据在传输和使用过程中的机密性变得非常重要。

虚拟化管理带来的安全问题。目前云计算平台主要通过虚拟化技术实现多租户共享资源,多个虚拟机可能被绑定到同一个物理资源上,如果云计算平台无法实现用户之间数据的有效隔离,那么用户的数据就可能被其他用户非法访问,云计算平台就无法使用户相信自己的数据是安全的。

**2. 基于云计算的物联网安全体系架构**

针对上述物联网体系结构中每一层所面临的安全威胁,给出相应的解决方案和关键技术难点研究,如图 8.22 所示。

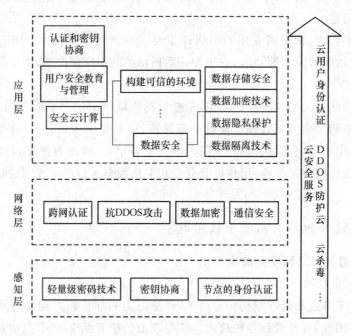

图 8.22　基于云计算的物联网安全体系架构

其中感知层和网络层的关键技术目前已有大量研究并取得较快的进展,我们着重分析物联网应用层,即云计算平台的安全方案,从以下几个方面考虑。

(1)构建物联网可信环境

云计算平台要为物联网应用提供安全的数据存储、超强的计算能力,必须保证云计算平台本身的可靠,即构建物联网的可信环境。一方面云计算平台应与传统计算平台一样采取严密的安全措施,从物理安全、系统安全、网络安全、数据库安全等方面做好安全防范工作,保证云计算平台本身具备抗攻击能力;另一方面,云计算平台要向物联网用户证明自己具备数据隐私保护能力,首先自己无法破坏用户数据,其次攻击者得到数据也无法理解用户数据,如可采用密文保存数据。

(2)基于云计算的数据安全防护

保证数据存储的安全性。用户数据存储在世界各地的服务器,要保证数据存储的安全性,除在构建物联网可信环境的基础上,还要采取数据备份的方法保护数据,数据备份系统要充分考虑数据的兼容性,存储设备的高扩展性以及大量物联网应用实体并发访问时的服务能力等。

数据的机密性和完整性防护。为了保护数据隐私,物联网用户要采取加密手段,使敏感数据以密文的形式存储在服务器上,然而数据经过加密成为密文之后,会导致云计算平台的大多数数据分析方法失效,因此,研究如何高效率地对密文进行分析和处理显得非常重要,目前对密文处理的研究集中在同态加密算法设计上。

数据隐私保护。用户的数据从被感知开始,到进入云计算平台,从传输到使用的过程,都存在泄漏用户隐私的风险,因此,采取数据隐私保护技术是必需的。

数据隔离技术。在虚拟化条件下,存储在同一物理服务器上的不同虚拟机之间可能存在非法访问,云计算平台要使用户相信数据是安全的,必须对用户的数据提供有效隔离,防止同一物理设备上的其他用户非法访问,更加有效地保护数据安全。同时物联网作为云计算平台的一种应用,也可以在各个阶段享受云安全服务,如云用户身份认证、防护云、云杀毒等。

# 第9章 三网融合

三网融合是指电信网、广播电视网、互联网在向宽带通信网、数字电视网、下一代互联网演进过程中,三大网络通过技术改造,其技术功能趋于一致,业务范围趋于相同,网络互联互通、资源共享,能为用户提供语音、数据和广播电视等多种服务。三合并不意味着三大网络的物理合一,而主要是指高层业务应用的融合。三网融合应用广泛,遍及智能交通、环境保护、政府工作、公共安全、平安家居等多个领域。以后的手机可以看电视、上网,电视可以打电话、上网,电脑也可以打电话、看电视。三者之间相互交叉,形成你中有我、我中有你的格局。

## 9.1 三网融合简介

在中国物联网校企联盟的“科技融合体”模型中,“三网融合”是当下科技和标准逐渐融合的一个典型表现形式。“三网融合”又称为“三网合一”,意指电信网络、有线电视网络和计算机网络相互渗透、相互兼容,并逐步整合成为全世界统一的信息通信网络,其中互联网是其核心部分。

三网融合打破了此前广电在内容输送、电信在宽带运营领域各自的垄断,明确了互相进入的准则——在符合条件的情况下,广电企业可经营增值电信业务、比照增值电信业务管理的基础电信业务、基于有线电网络提供的互联网接入业务等;而国有电信企业在有关部门的监管下,可从事除时政类节目之外的广播电视节目生产制作、互联网视听节目信号传输、转播时政类新闻视听节目服务,IPTV 传输服务以及手机电视分发服务等。

三网融合,在概念上从不同角度和层次上分析,可以涉及技术融合、业务融合、行业融合、终端融合及网络融合。

(1) 基础数字技术。数字技术的迅速发展和全面采用,使电话、数据和图像信号都可以通过统一的编码进行传输和交换,所有业务在网络中都将成为统一的“0”或“1”的比特流。所有业务在数字网中都将成为统一的 0/1 比特流,从而使得话音、数据、声频和视频各种内容(无论其特性如何)都可以通过不同的网络来传输、交换、选路处理和提供,并通过数字终端存储起来或以视觉、听觉的方式呈现在人们的面前。数字技术已经在电信网和计算机网中得到了全面应用,并在广播电视网中迅速发展起来。数字技术的迅速发展和全面采用,使话音、数据和图像信号都通过统一的数字信号编码进行传输和交换,为各种信息的传输、交换、选路和处理奠定了基础。

(2) 宽带技术。宽带技术的主体就是光纤通信技术。网络融合的目的之一是通过一个网络提供统一的业务。若要提供统一业务就必须要有能够支持音视频等各种多媒体(流媒体)业务传送的网络平台。这些业务的特点是业务需求量大、数据量大、服务质量要求较高,因此在传输时一般都需要非常大的带宽。另外,从经济角度来讲,成本也不宜太高。这样,容量巨大且可持续发展的大容量光纤通信技术就成了传输介质的最佳选择。宽带技术特别是光通信技术的发展为传送各种业务信息提供了必要的带宽、传输质量和低成本。作为当代通信领域的支柱技术,光通信技术正以每 10 年增长 100 倍的速度发展,具有巨大容量的光纤传输网是"三网"理想的传送平台和未来信息高速公路的主要物理载体。无论是电信网,还是计算机网、广播电视网,大容量光纤通信技术都已经在其中得到了广泛的应用。

(3) 软件技术。软件技术是信息传播网络的神经系统,软件技术的发展,使三大网络及其终端都能通过软件变更最终支持各种用户所需的特性、功能和业务。现代通信设备已成为高度智能化和软件化的产品。今天的软件技术已经具备三网业务和应用融合的实现手段。

IP 技术内容数字化后,还不能直接承载在通信网络介质之上,还需要通过 IP 技术在内容与传送介质之间搭起一座桥梁。IP 技术(特别是 IPv6 技术)的产生,满足了在多种物理介质与多样的应用需求之间建立简单而统一的映射需求,可以顺利地对多种业务数据、多种软硬件环境、多种通信协议进行集成、综合、统一,对网络资源进行综合调度和管理,使得各种以 IP 为基础的业务都能在不同的网络上实现互通。IP 协议的普遍采用,使得各种以 IP 为基础的业务都能在不同的网上实现互通,具体下层基础网络是什么已无关紧要。

光通信技术的发展,为综合传送各种业务信息提供了必要的带宽和传输高质量,成为三网业务的理想平台。软件技术的发展使得三大网络及其终端都通过软件变更,最终支持各种用户所需的特性、功能和业务。统一的 TCP/IP 协议的普遍采用,将使得各种以 IP 为基础的业务都能在不同的网上实现互通。人类首次具有统一的为三大网都能接受的通信协议,从技术上为三网融合奠定了最坚实的基础。

# 9.2　三网融合在我国的发展

1994 年,当时的电子部联合铁道部、电力部以及广电部成立了中国联通,被赋予打破"老中国电信"垄断地位的重任,但主要还是经营寻呼业务。

1998 年 3 月,邮电部和电子工业部完成合并,信息产业部正式成立;同时,广电部改为广电总局。在《印发国家广播电影电视总局职能配置内设机构和人员编制规定的通知》(国办发(1998)92 号)中有这样一段并未执行的文字:"将原广播电影电视部的广播电视传送网(包括无线和有线电视网)的统筹规划与行业管理、组织制定广播电视传送网络的技术体制与标准的职能,交给信息产业部。"

1998 年 3 月,以原体改委体改所副所长、时任粤海企业集团经济顾问王小强博士为首的"经济文化研究中心电信产业课题组",提出:《中国电讯产业的发展战略》研究报告,随后展开了"三网合一"还是"三网融合"的大辩论。当时,广电部门正在启动有线电视省级、国家级干线网建设。

1999 年 9 月 17 日,国办发[1999]82 号文件的出台,"电信部门不得从事广电业务,广电部门不得从事通信业务,双方必须坚决贯彻执行",文件还指出:"广播电视及其传输网络,已成为国家信息化的重要组成部分。"

2001 年 3 月 15 日通过的"十五"计划纲要,第一次明确提出"三网融合":"促进电信、电视、互联网三网融合"。

2006 年 3 月 14 日通过的"十一五"规划纲要,再度提出"三网融合":积极推进"三网融合"。建设和完善宽带通信网,加快发展宽带用户接入网,稳步推进新一代移动通信网络建设。建设集有线、地面、卫星传输于一体的数字电视网络。构建下一代互联网,加快商业化应用。制定和完善网络标准,促进互联互通和资源共享。

2008年1月1日,国务院办公厅转发发展改革委、科技部、财政部、信息产业部、税务总局、广电总局六部委《关于鼓励数字电视产业发展若干政策的通知》(国办发[2008]1号),提出:"以有线电视数字化为切入点,加快推广和普及数字电视广播,加强宽带通信网、数字电视网和下一代互联网等信息基础设施建设,推进'三网融合',形成较为完整的数字电视产业链,实现数字电视技术研发、产品制造、传输与接入、用户服务相关产业协调发展。"

2008年5月23日,运营商重组方案正式公布。中国联通的CDMA网与GSM网被拆分,前者并入中国电信,组建为新电信,后者吸纳中国网通成立新联通,铁通则并入中国移动成为其全资子公司,中国卫通的基础电信业务并入中国电信。2009年1月,中国移动、中国电信、中国联通分别获得TD-SCDMA、cdma2000和WCDMA的3张3G牌照,三家新运营商进入电信全业务竞争时代。

2009年5月19日,国务院批转发展改革委《关于2009年深化经济体制改革工作意见》的通知(国发[2009]26号),文件指出:"落实国家相关规定,实现广电和电信企业的双向进入,推动'三网融合'取得实质性进展(工业和信息化部、广电总局、发展改革委、财政部负责)。"

2009年7月29日,广电总局发出《广电总局关于印发〈关于加快广播电视有线网络发展的若干意见〉的通知》,指出:加快广播电视有线网络发展,对于巩固和拓展党的宣传文化阵地、满足人民群众日益增长的精神文化和信息需求,推动我国广播影视改革和发展、推进三网融合、促进国家信息化建设,具有十分重要的意义。

2009年8月11日,广电总局发出《广电总局〈关于加强以电视机为接收终端的互联网视听节目服务管理有关问题〉的通知》,被解读为和三网融合相关,不利于IPTV发展。

2010年1月13日,国务院总理温家宝主持召开国务院常务会议,决定加快推进电信网、广播电视网和互联网三网融合。会议上明确了三网融合的时间表。

3月12日,工业和信息化部部长李毅中接受了新华社记者的独家专访,透露三网融合试点方案预计5月出台,6月启动,其核心就是要在双向进入上找到切入点:广电行业可以进入规定的一些电信行业的业务,国有电信企业根据规定可以进入一些广播影视的业务。

4月初工信部联合广电总局就给国务院三网融合领导小组递交了一份《三网融合试点工作方案(第一稿)》,但是这份草案没有得到认可,被迅速打回重新制定方案,要求5月初再次拿出试点方案。

2010年6月,三网融合12个试点城市名单和试点方案正式公布,三网融合终于进入实质性推进阶段。

在总体方案历经15稿修改和两年多的博弈,试点方案再经五稿修改和谈判几乎破裂的危险后,2010年7月1日,三网融合的12个试点城市名单终于正式出台。

虽然这份名单引发了众多的非议,但是在外界看来,三网融合真的要启动了。

2010年6月30日,国务院办公厅公布的第一批三网融合试点地区(城市)名单如下:

北京市、辽宁省大连市、黑龙江省哈尔滨市、上海市、江苏省南京市、浙江省杭州市、福建省厦门市、山东省青岛市、湖北省武汉市、湖南省长株潭地区、广东省深圳市、四川绵阳市。

2011年12月30日,国务院办公厅公布三网融合第二阶段试点城市,名单如下:

(1) 直辖市(2个):天津市、重庆市。

(2) 计划单列市(1个):浙江省宁波市。

(3) 省会、首府城市(22个):河北省石家庄市、山西省太原市、内蒙古自治区呼和浩特市、辽宁省沈阳市、吉林省长春市、安徽省合肥市、福建省福州市、江西省南昌市、山东省济南市、河南省郑州市、广东省广州市、广西壮族自治区南宁市、海南省海口市、四川省成都市、贵州省贵阳市、云南省昆明市、西藏自治区拉萨市、陕西省西安市、甘肃省兰州市、青海省西宁市、宁夏回族自治区银川市、新疆维吾尔自治区乌鲁木齐市。

(4) 其他城市(17 个)：江苏省扬州市、泰州市、南通市、镇江市、常州市、无锡市、苏州市；湖北省孝感市、黄冈市、鄂州市、黄石市、咸宁市、仙桃市、天门市、潜江市；广东省佛山市、云浮市。

# 9.3　发展三网融合的好处

发展三网融合的好处主要有：

(1) 信息服务将由单一业务转向文字、话音、数据、图像、视频等多媒体综合业务。

(2) 有利于极大地减少基础建设投入，有利于简化网络管理，有利于降低维护成本。

(3) 将使网络从各自独立的专业网络向综合性网络转变，网络性能得以提升，资源利用水平进一步提高。

(4) 三网融合是业务的整合，它不仅继承了原有的话音、数据和视频业务，而且通过网络的整合，衍生出了更加丰富的增值业务类型，如图文电视、VOIP、视频邮件和网络游戏等，极大地拓展了业务提供的范围。

(5) 三网融合打破了电信运营商和广电运营商在视频传输领域长期的恶性竞争状态，各大运营商将在一口锅里抢饭吃，看电视、上网、打电话资费可能打包下调。

电信、广播电视和互联网三网融合试点方案已经启动，三网融合目前应用到了教育云平台，电信、广播电视和互联网进行三网融合，根据国家十二五规划《素质教育云平台》要求，由亚教网进行研发使用的"三网合一智慧教育云"平台，将电信、广播电视和互联网进行三网融合，在教育领域中达到资源共享。当前，三网融合已经上升为国家战略的高度，其所涉及的广电业、电信业和互联网产业都是技术和知识密集型产业，而且我国在这三个产业领域均已有良好的应用基础，产业体量巨大，是中国电子信息产业的重要组成部分。三网融合的推进对调整产业结构和发展电子信息产业有着重大的意义。

2011 年，中国三网融合产业规模超过 1 600 亿元，在产业的各个方面，三网融合都取得了一定的进步。其中，三大电信运营商相继实施宽带升级提速，推进全光网络建设，积极实施光纤入户工程；同时，广电运营商也加大了双向改造和光进铜退的网络改造力度，前瞻产业研究院估算，广电运营商 2011 年在网络改造方面的投资超过 200 亿元。截至 2011 年年底，广电运营商实现双向网络覆盖用户超过 6 000 万户。

根据规划，我国三网融合工作将分两个阶段进行。其中，2010—2012 年重点开展广电和电信业务双向进入试点；2013—2015 年全面实现三网融合发展。显然，试点地区(城市)在全国各地广泛铺开，将为今后三网融合全面开展打下良好的基础。

第二批试点城市的公布，为 2012 年三网融合产业的发展注入了强大的动力。可以预见，2012 年在试点应用浪潮的推动下，广电和电信企业在技术合作、业务开拓和运营模式创新上将有较大的突破，将带动相关技术研发和配套产业的极大发展。同时在保障网络信息安全的前提下，将推动有线数据服务、IPTV、手机电视等融合型业务的长足发展。

三网融合的发展有利于国家"宽带战略"的推进。在中央关于推进三网融合的重点工作中，包括加强网络建设改造以及推动移动多媒体广播电视、手机电视、数字电视宽带上网等业务的应用等内容,而 IPTV、手机电视等融合型业务发展需要高带宽的支撑。根据工信部规划,2012 年其将推动实施"宽带中国"战略,争取国家政策和资金支持,加快推进 3G 和光纤宽带网络发展,扩大覆盖范围。

# 9.4 三网融合在国外的发展

## 9.4.1 三网融合在美国的发展

在美国三网融合的过程中,《1996 年电信法》是一份基石性文件,它为三网融合扫清了法律障碍。对于电信业和广电业的混业经营,美国政府的态度经历了从禁止到支持的变化。联邦电信委员会是美国对广播电视、电信进行管理的独立监管机构。

1970—1990 年间,为保护新生的有线电视业,避免处于垄断地位的电信公司采用不公平竞争手段排挤有线电视公司,联邦电信委员会禁止电信公司混业经营有线电视业务。

20 世纪 90 年代初,联邦电信委员会认为,有线电视业经过整合后已发生很大变化,应允许电信公司进入视频节目服务市场,以促进视频节目多样化,因而建议国会废除混业经营的禁令。

不过,这一建议未被国会接受。自 1992 年年底开始,美国多家电信公司相继以联邦电信委员会政策侵犯言论自由为由向联邦法院提起诉讼,并最终胜诉。这些诉讼最终导致《1996 年电信法》出台。

《1996 年电信法》规定,有线电视运营商及其附属机构从事电信服务,不必申请获取特许权;特许权管理机构不得禁止或限制有线电视运营商及其附属机构提供电信服务,也不得对其服务施加任何条件;电信企业可以通过无线通信方式、有线电视系统以及开放的视频系统提供广播电视服务。

这一法律彻底打破了美国信息产业混业经营的限制,增强了基础电信领域内的竞争,允许长话、市话、广播、有线电视、影视服务等业务互相渗透,也允许各类电信运营者互相参股,创造自由竞争的法律环境。由此,整个电信市场获得了前所未有的竞争性准入许可。通过电缆和光纤传输信号的有线电视公司借助其设备优势,纷纷进入电话和网络市场;电话公司则通过设施升级和兼并等方式开始拓展网络和电视服务。原先分属不同领域的企业所提供的服务差异越来越小,"语音+视频+数据"一体化的模式日趋普遍,并正朝着"语音+视频+数据+无线"的方向发展。在美国,电视、电话及宽带网络三网融合被称为"捆绑服务"。电信企业和有线电视运营商在三网融合的技术和基本设施方面各有特色,但又均存在不足。为了增强实力,一些公司在融合初期组成"临时夫妻",共同渡过困难期。以韦里孙通信公司为例,该公司在电话及宽带网络方面有优势,但传输电视信号技术方面则不如有线电视。而有线电视虽然在电视信号传输方面有优势,但通过同一根电缆线提供的电话通话质量尚有待提高。

韦里孙通信公司发言人威廉·库拉在接受新华社记者采访时说,2005 年前,该公司所提供的电视服务主要是由 DIRECT TV 卫星电视公司提供,他们只是将其服务捆绑在一起,以方便用户,并未使用单一的网络。2005 年后,韦里孙通信公司铺设了自己的光纤电缆,实现一缆三用,开始提供自己的电视服务。

库拉说,随着技术的不断改进及依靠光纤电缆的优势,韦里孙通信公司可以提供高速上网、高清电视及优质电话服务。该公司还推出了新的 FiOS 捆绑服务,利用光纤电缆,提供高速双向上网及游戏等服务,为社交网络、视频会议、电子医学服务及保安监视系统等提供方便,同时提供的高清电视频道达 90 个。据美国《消费者报道》杂志的一项最新调查显示,韦里孙通信公司提供的服务在三网融合用户满意度方面在全美排名第二。

不过,库拉承认,在还没有光纤电缆的地区,还只能靠老式的铜电缆,虽然也能做到三网融合,但质量要差得多。当然,收费也相对较低。他说,韦里孙通信公司和美国电话电报公司都同时保留着传统的铜电缆与卫星电视结合的"捆绑",光纤与铜电缆并存,以迎合不同用户的需要。

三网融合给用户带来不少益处:一是方便。三项服务一次搞定,用户无须向三家公司申请。二是价格便宜。一般情况下,三网融合的"捆绑服务"费用每月要比单独申请服务的费用便宜 20 美元至 30 美元。三是技术的进步提供了更多便利。有的公司已经将电话与电视结合起来,看电视时如有电话进来,电视机屏幕上将会显示出电话号码;此外,电视与计算机的结合,使用户可以通过电视机上网,也可在计算机上看电视节目。

## 9.4.2　三网融合在英国的发展

史蒂夫·马斯特斯是英国电信公司全球联合通信业务的负责人。他对记者说,电信网、互联网和广播电视网等网络的融合是产业发展的必然趋势。英国电信作为英国最大的网络运营商,不仅同时提供互联网、电话等通信服务,也开办了自己的网络电视频道;而著名的英国广播公司(BBC)也进军网络,推出在线电视服务,凭借内容优势吸引了大批网络用户。马斯特斯认为,网络融合可以分为三个阶段,首先是统一产业标准;其次是基础设施的融合;然后是延伸拓展阶段,即各种通信服务的融合。对英国来说,网络融合遇到的一个问题就是如何改造老的电话网,它们是二三十年前建造的,大量使用铜线,还应用了许多技术标准不同的设备。到了2000 年后,这些网络才逐渐统一到一个主干网上。

随着技术进步,音频、视频、电子邮件和即时消息等都被集成,变成计算机或手机上的一个功能。马斯特斯说:"这是真正的延伸拓展阶段,我们在人与人的交流(通信方式)方面取得了真正的融合,我们的工作变得更有效率,并能更大程度地分享信息。"

马斯特斯指出,在网络融合的过程中管理和引导非常重要。2003 年,英国成立新的通信业管理机构 Ofcom,融合了原有电信、电视、广播、无线通信等多个管理机构的职能,极大地促进了网络融合的产业发展。管理机构的融合,是网络融合发展到一定程度的必然要求。至于中国,马斯特斯说,他和同行都注意到中国提出加快推进三网融合。他说:"中国不像英国有大批陈旧的技术和设备,在许多方面可以一步到位,三网融合将大大推动中国网络产业发展。"

## 9.4.3　三网融合在法国的发展

家住巴黎 15 区的纪录片制作人尼古拉·古热订购了因特网服务供应商 Free 公司的服务套餐,每月只需缴纳 30 欧元,就能享受电话、上网和电视等多重服务。这比先前单独购买各项服务便宜了许多。三网融合在法国快速发展。市场研究机构 Pyramid 在一份最新的报告中指出,到2014 年,随着法国各运营商加快投资光纤网络,将有 50% 以上的家庭选择三网融合的服务。

除价格优势外,便捷是消费者青睐三网融合服务的另一个原因。消费者只要面对一家运营商,每个月一张发票就能搞定所有事情。古热说,看电视或打电话的同时可以从网上下载文件,而且运营商为消费者提供交叉服务,如用计算机看电视,用计算机打电话等,这一切都让他的生活更加快捷。同时,三网融合对消费者的设备要求也比较简单。古热说:"我一共只需要两个盒子，一个用于连接互联网和电话线，另一个接电视，这套系统就可以运行了。"

### 9.4.4　三网融合在日本的发展

日本正在催生网络的融合、用户终端的融合和相关法律的融合。随着三网融合的深入，互联网络和通信网络的分立已经不再必要。日本正在着手开发下一代网络——NGN。虽然实现三网融合，电信、广电和互联网仍是各有各的网络，NGN 所要实现的目标简单说来，就是消除这些网络的界限，整体更新为以互联网技术为基础的网络，实现各种服务的融合。NGN 博采现有的电信、广电网络和互联网之长，它既具备传统电话网的可靠性和稳定性，又像 IP 网络一样具有弹性大、经济划算的优点，而且比互联网通信速度更快、通信品质更高、安全性更强。

三网融合还推动用户终端的融合。日本日益流行的信息家电就是传统家电和信息通信技术的结合。三网融合在日本面临的难题是有关法律的重整。富士通综合研究所执行顾问佐佐木一人在接受记者电子邮件采访时说，日本的通信产业和广电产业分属独立的法律体系，因此，以日本广播协会为代表的广电产业和通信产业迄今一直是"划界而治"，各自独立发展的。两个产业各有各的固有既得权益，在价值观和文化方面也存在差异。所以，当要推动通信和广电融合时，势必要涉及如何调整两者间上述种种的问题。另外，出现的新服务超出了现行《广播法》和通信领域相关法律调整的范畴。

日本国际通信经济研究所高级研究员裘春晖介绍，日本总务省计划 2010 年向国会例会提交《信息通信法》的草案。这部法律将统一《电波法》《广播法》《电气通信事业法》等 9 部现行法律，旨在打破条块分割，以创造一个通信、广电相关企业都能自由参与竞争的环境。

# 9.5　四网融合

在现有的三网融合的基础上加入电网，成为四网融合，并已有试点。

在国家"十二五"规划中，明确提出了重点发展智能电网的规划，可见智能电网发展的前景很好，在做智能电网概念的初期，国家电网曾经提出四网融合的概念，即广播电视网、互联网、电信网和智能电网四网融合。尽管最终没能进入三网融合方案，但是，国家电网的电力光纤入户概念即变身为"在实施智能电网的同时服务三网融合、降低三网融合实施成本的战略"。

其实，电力光纤入户与三网融合基本没有关系。三网融合的核心并非用户接入，而是广播电视网、电信网、互联网管理体制、内容制造与传播、各方准入等问题的协调和解决。现在电话线、网线、有线电视电缆都已完成入户，在目前的内容质量下，其带宽足以承载，并不需要使用电力系统的电力光纤。所以有人称：电力光纤可能成为"空管"，资源被大量浪费。

四网融合关键技术有两种：一种是利用光纤复合低压电缆 OPLC 传递信号；另一种是利用低压电力线载波通信技术 PLC 传递信号。目前常用的是低压电力线载波通信技术。它利用已有的 380 V/220 V 低压配电线作为传输媒介，无须另外铺设专用通道即可实现几乎所有点之间的数据传递和信息交换，被广泛认为是楼宇自动化、远程抄表、安防监控等领域替代专用网络的一种重要的数字通信方式。（35 kV 高压，10 kV 中压，380/220 V 低压）2006 年，全球 PLC 专用芯片的最高速度提高到 200 Mbit/s，传输速度 70～100 Mbit/s。2010 年 7 月 16 日，福建省电力科学研究院向新闻界现场演示了利用执行研发的 200 Mbit/s 的 BPL 调制解调器，集互联网、电视、电话、电力传输于一体的"四网合一"宽带电力线通信新技术。

国家电网已经和包括中国联通、中国移动、中国电信在内的运营商合作，推出各项服务，包括无线电力抄表、路灯控制、设备监控、负荷管理、智能巡检、移动信息化管理。拿路灯控制来说,随着城市规模不断扩大,路灯管理和维护成为重要的问题,电信运营商无线路灯监控方案可实现终端自动报警,报警信息实时传送到负责人的手机;控制中心系统遥测;路灯防盗报警;路灯根据天气、季节以及突发情况远程调控;电压、电流等参数采集等功能,可帮助市政部门有效提高道路照明质量,保证城市整体亮灯率和设备完好率,避免电能和人力、物力的浪费。目前国家电网正在有序选定试点,明确建设规划,如图9.1所示。

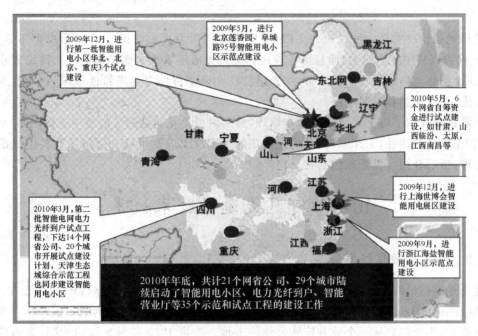

图 9.1　国家电网全国智能电网规划图

# 第 10 章　可见光通信技术

可见光通信技术是一种在白光 LED 发明及应用后发展起来的新兴的无线光通信技术。LED 不仅可以提供室内照明,而且可以应用到无线光通信系统中满足室内个人网络需求。对白光 LED 用作通信光源时的伏安特性、光谱特性和调制特性等物理特性做深入分析,可以设计出白光 LED 调制和发射电路。

本章首先介绍了可见光通信的基本原理,然后对可见光通信系统的结构进行说明,重点阐述白光 LED 源的特性,工作原理,可见光通信的关键技术以及可见光通信系统各组成部分的工作原理,最后介绍可见光通信的发展趋势。

## 10.1　可见光通信技术概述

### 10.1.1　可见光通信技术发展简史

可见光通信(Visible Light Communication,VLC)的起源最早可追溯到 19 世纪 70 年代,当时 Alexander Graham Bell 提出采用可见光为媒介进行通信,但是当时既不能产生一个有用的光载波,也不能将光从一个地方传到另外一个地方。到 1960 年激光器的发明,光通信才有了突破性的发展,但研究领域基本上集中在光纤通信和不可见光无线通信领域。

直到近几年,被誉为"绿色照明"的半导体(LED)照明技术发展迅猛,利用半导体(LED)器件高速点灭的发光响应特性,将信号调制到 LED 可见光上进行传输,使可见光通信与 LED 照明相结合构建出 LED 照明和通信两用基站灯,可为光通信提供一种全新的宽带接入方式。

随着白光 LED 的迅速发展,可见光通信也逐渐发展起来。

(1) 欧洲

2009 年,牛津大学利用均衡技术实现了 100 Mbit/s 的通信速率;2010 年,牛津大学利用多 MIMO 和 OFDM,实现了 220 Mbit/s 的传输速率,同年,德国 Heinrich Hertz 实验室达到了 513 Mbit/s 的通信速率;2011 年,德国 Heinrich Hertz 实验室:利用色光三原色(RGB)型白光 LED 以及密集波分复用(WDM)技术实现了 803 Mbit/s 的通信速率。

(2) 日本

2000 年,中川研究室进行了可见光通信的可行性分析。2002 年,中川研究室对光源属性、信道模型、噪声模型、室内不同位置的信噪比分布等做了具体分析。2003 年,在中川正雄的倡导下,日本可见光通信联合体成立。直到现在,中川研究室开发出基于可见光通信的超市定位及导航系统,而且是面向商业化的产品。

(3) 中国

2006 年,北京大学首次提出了基于广角镜头的宽视角可见光信号接收方案,并进行了一系列的理论和实验工作。2010 年,北京大学实现了 5 个频道的广播,在 6 m 的工作距离下实现了 3 Mbit/s 的通信速率。2013 年,复旦大学离线最高单向传输速率达到 3.7 Gbit/s,实时系统平均上网速率达到 150 Mbit/s。

## 10.1.2　可见光通信的主要分类

LED 可见光通信可以分成室外通信和室内通信两大类。

(1) 室外 LED 可见光通信技术目前主要应用在智能交通系统(Intelligent Transportation Systems,ITS)。香港大学 G. Pang 等人在 1998 年提出了利用 LED 交通指示灯为车辆传输语音广播信号,将语音信号通过 OOK 调制加至 LED 光源,实现了低速的无线 LED 可见光传输。中川研究室的科研人员在 2003 年提出了 LED 公路照明通信系统。G. Pang 等人只对利用 LED 交通灯进行语音传输展开研究,中川研究室的科研人员则在 LED 公路照明通信系统中分析了在不同的接收方向角和视场角下信噪比的好坏,以及在一定误码率下信噪比和接收数据率的关系,认为 LED 可见光公路照明通信系统优于红外公路交通通信系统。随着智能交通系统研究的深入,又出现了 LED 交通灯、汽车前后 LED 灯之间构成的交通灯至汽车和汽车前灯至汽车尾灯这两类可见光通信系统。

(2) 室内 LED 可见光无线通信技术主要应用在室内无线宽带接入网中。2000 年,中川研究室的研究人员 TanakaYuichi 等就基于室内白光 LED 通信光源的可见光通信系统的信道进行了初步的数学分析和模拟计算,分析了白光 LED 照明灯用作室内照明用途的同时作为通信光源的可能性。其后的研究也都是类似的理论分析报道。但是已有的研究多针对 LED 照明光源布局设计,基于白光 LED 照明光源的可见光通信系统的整体设计分析还不完善。

## 10.1.3　可见光通信的特点

可见光通信技术是指利用半导体(LED)器件高速点灭的发光响应特性,将 LED 发出的用肉眼察觉不到的高速速率调制的光载波信号来对信息进行调制和传输,然后利用光电二极管等光电转换器件接收光载波信号,并获得信息使可见光通信与 LED 照明相结合构建出 LED 照明和通信两用基站灯,它是一种在白光 LED 技术上发展起来的新兴的无线光通信技术。

白光 LED 具有功耗低、使用寿命长、尺寸小、绿色环保等优点,特别是其响应灵敏度非常高,可以用来进行超高速数据通信。

而基于 LED 光源的可见光通信,与传统的射频通信和其他光无线通信相比,有以下突出优点:

① 可见光通信是绿色资源,不存在电磁辐光源有发光强度和发光功率两个基本特性参数。白光 LED 不辐射。

② 有光就可以进行通信,无通信盲区,方便快捷。

③ 可见光仅提供室内照明,还可以作为信号光源用以实现室内无线数据通信发射功率高。

④ 无须无线电频谱认证。

# 10.2　可见光通信系统的组成

VLC 作为一种无线的光通信方式,其系统包括下行链路和上行链路两部分。

下行链路包括发射和接收两部分。其发射部分主要包括将信号源信号转换成便于光信道传输的电信号的输入和处理电路、将电信号变化调制成光载波强度变化的 LED 可见光驱动调制电路。白光 LED 光源发出的已调制光以很大的发射角在空间中朝各个方向传播。由于室内不受强背景光和天气的影响,光传播基本上不存在损耗,但是由于 LED 光源个数较多,且具有较大的表面积,因而在发射机和接收机之间存在若干条不同的光路径,不同的光路径到达接收机的时间不同,将引起所谓的码间干扰(ISI)。由于白光 LED 光源发出的是可见光,且具有发散角较大,对人眼睛基本无害,无电磁波伤害等优点,因而发射端可以具有较大的发射功率,使得系统的可靠性大大提高。

该系统的接收部分主要包括能对信号光源实现最佳接收的光学系统、将光信号还原成电信号的光电探测器和前置放大电路、将电信号转换成可被终端识别的信号处理和输出电路。室内的光信号被光电检测器转换为电信号,然后对电信号进行放大和处理,恢复成与发端一样的信号。该系统的上行链路与下行链路的组成除了使用的光源不同外,其他基本一样。上行链路采用的光源仍然由白光 LED 组成,只不过发射面积较小,且具有较小的发射角,天花板上安装的光电检测器接收来自用户的光信号。若将上述基本结构在通信双方对称配置,就可以得到一个可以双向同时工作的全双工 LC 系统,由该系统组成的网络称为可见光网络。

图 10.1 为具体的可见光通信系统电路图,图 10.2 为可见光通信系统的组成框图。

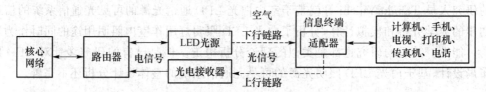

图 10.1　室内可见光通信系统

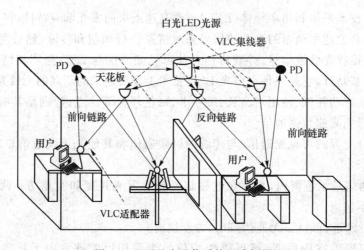

图 10.2　可见光通信系统组成框图

从图 10.1 中,我们看到,可见光通信系统由路由器(集线器)、LED 光源、接收器和信息终端(含适配器)等组成。

可见光路由器是可见光通信网络中的核心组成部分,可以接收来自信息终端用户的信息,同时分时段地将接收到的信息通过主光源以广播的方式发送出去。可见光通信适配器包括下行链路的白光 LED 光源和上行链路的光电接收器,具有发射和接收功能,且负责将终端用户的信息调制成光信号,并接收来自下行链路的光信号。天花板上安装的光电检测器可以接收来自用户的光信号,并转换成电信号送入可见光通信路由器。电信号经过可见光通信路由器的简单处理后,调制到白光 LED 光源上变成光信号,以广播的方式发射出去。在接收端,终端的可见光适配器将接收的信息解调出来并送入终端用户,即实现了局域网内的无线通信。

## 10.3　白光 LED 光源的基本特性

### 10.3.1　白光 LED 的开发历史

LED 是英文 Iight Emitting Diode(发光二极管)的缩写,它的基本结构是一块电致发光的半导体材料,置于一个有引线的架子上,然后四周用环氧树脂密封,起到保护内部芯线的作用,所以 LED 的抗震性能好。20 世纪 90 年代初,发红光、黄光的 GaAIlnP 和发绿、蓝光的 GalnN 两种新材料的开发成功,使 LED 的光效得到大幅度的提高。LED 结构如图 10.3 所示。

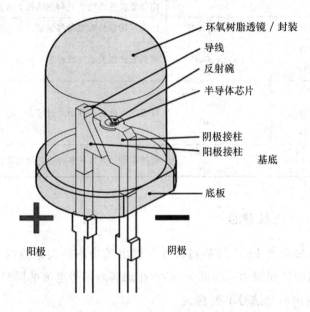

环氧树脂透镜 / 封装
导线
反射碗
半导体芯片
阴极接柱
阳极接柱
基底
底板

＋　阳极
－　阴极

图 10.3　LED 结构图

发光二极管的核心部分是由 P 型半导体和 N 型半导体组成的晶片,在 P 型半导体和 N 型半导体之间有一个过渡层,称为 PN 结。在某些半导体材料的 PN 结中,注入的少数载流子与多数载流子复合时会把多余的能量以光的形式释放出来,从而把电能直接转换为光能。PN 结加反向电压,少数载流子难以注入,故不发光。这种利用注入式电致发光原理制作的二极管称为发光二极管,又称 LED。当它处于正向工作状态时(即两端加上正向电压),电流从 LED 阳极流向阴极时,半导体晶体就发出从紫外到红外不同颜色的光线,光的强弱与电流有关。

对于一般照明而言,人们更需要白色的光源。1998 年发白光的 LED 开发成功,这种 LED 是将 OaN 芯片和 YAG(钇铝石榴石)荧光粉封装在一起做成。GaN 芯片发蓝光($\lambda_p = 465$ nm),高温烧结制成的含 $Ce^{3+}$(即三价全市)的 YAG 荧光粉受此蓝光激发后发出黄色光发射,峰值 550 nm。蓝光 LED 基片安装在碗形反射腔中,覆盖以混有 YAG 的树脂薄层,厚度约 200.500 nm,LED 基片发出的蓝光部分被荧光粉吸收,另一部分蓝光与荧光粉发出的黄光混合,可以得到白光。现在,对于 InGaN/YAG 白光 LED,通过改变 YAO 荧光粉的化学组成和调节荧光粉层的厚度,可以获得色温 3 500~10 000 K 的各色白光。

表 10.1 列出了目前白色 LED 的种类及其发光原理。目前已商品化的第一种产品为蓝光单

晶片加上 YAG 黄色荧光粉,其最好的发光效率约为 25 流明/瓦,YAG 多为日本日亚公司的,进口价格在 2 000 元/千克;第二种是同本住友电工也开发出以 ZnSe 为材料的白色 LED,不过发光效率较差。从表 10.1 中还可以看出某些种类的白色 LED 光源离不开四种荧光粉:三基色稀土红、绿、蓝粉和石榴石结构的黄色粉,在未来较被看好的是三波长光,即以无机紫外光晶片加 ROB 三颜色荧光粉,用于封装 LED 白光。但此处三基色荧光粉韵粒度要求低,稳定性要求高,具体应用方面还在探索之中。

**表 10.1　白光 LED 的种类和发光原理**

| 芯片数 | 激发源 | 发光材料 | 发光原理 |
|---|---|---|---|
| 1 | 蓝色 LED | InGaN/YAG | InGaN 的蓝光与 YAG 的黄光混合成白光 |
|  | 蓝色 LED | InGaN/荧光粉 | InGaN 的蓝光激发的红绿蓝三基色荧光粉发白光 |
|  | 蓝色 LED | ZnSe | 由蒲膜层发出的蓝光和在基板上激发出的黄色混色成白光 |
| 2 | 紫外 LED | InGaN/荧光粉 | InGaN 的紫外激发的红绿蓝三基色荧光粉发白光 |
|  | 蓝色 LED<br>黄绿 LED | InGaN、GaP | 将具有补色关系的两种芯片封装在一起,构成白色 LED |
| 3 | 蓝色 LED<br>绿色 LED<br>红色 LED | InGan<br>AllnGaP | 将发三原色的三种小片封装在一起,构成白色 LED |
| 多个 | 多种光色的 LED | InGaN、GaP<br>AllnGaP | 将遍布可见光区的多种光芯片封装在一起,构成白色 LED |

### 10.3.2　白光 LED 的线性特性

图 10.4 所示是通过白光 LED 的调制信号与输出光功率的关系曲线。为了获得线性调制,使工作点处于输出特性曲线的赢线部分,必须在加调制信号电流的同时加一适当的偏置电流 $I_b$,这样就可以使输出的光信号不失真。

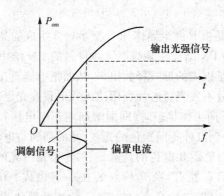

图 10.4　LED 调制特性曲线

### 10.3.3　LED 光源的脉冲编码数字调制

数字调制是用二进制数字信号"1"和"0"码对光源发出的光波进行调制。而数字信号大都采用脉冲编码调制,即先将连续的模拟信号通过"抽样"变成一组调幅的脉冲序列,再经过"量化"和"编码"过程,形成一组等幅度、等宽度的矩形脉冲作为"码元",结果将连续的模拟信号变成了脉冲编码数字信号。然后,再用脉冲编码数字信号对光源进行强度调制,其调制特性曲线如图 10.5 所示。

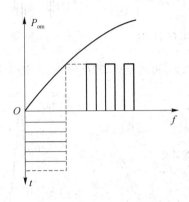

图 10.5　LED 数字调制特性

研究白光 LED 的线性特性、调制信号与输出光功率的关系,既是为了获得线性调制,也为开发白光 LED 的多管驱动阵列提供了一定参考。使工作点处于输出特性曲线的直线部分,一般需要在加调制信号电流的同时加一适当的偏置电流 $I_b$,这样就可以使输出的光信号不失真。

## 10.3.4　单芯片白光 LED 和多芯片白光 LED 比较

白光 LED 现在主要由两种方式产生。一种是由蓝光 LED 芯片和荧光粉构成。这种类型的白光 LED 工作原理是在 InGaN 蓝光 LED 上涂上一层 YAG 荧光物质,当这种芯片开始供电时,芯片发出蓝光,然后通过发射出来的蓝光照射此类荧光物质以产生与蓝光互补黄光,再用透镜原理将互补的黄光、蓝光予以混合,便可得出肉眼所需的白光,这种单芯片结构的白光 LED 如图 10.6 所示。另外一种是由红蓝绿这三种基色混合成的白光,这种方法产生 00 白光的原理是这三种颜色的 LED 同时发光产生白光,我们称这种方法是多芯片类型白光 LED,这种多芯片白光 LED 结构如图 10.7 所示。单芯片白光 LED 具有低成本和高亮度输出的特点,但是不适合高速数据传输。这是因为在单芯片 LED 中,荧光物必须被蓝色 LED 芯片照射后才能产生与蓝光互补黄光,再利用透镜原理将互补的黄光、蓝光予以混合,才能得到相应的白光,这种方式产生的白光就比多芯片产生的白光速度低。而且单芯片白光 LED 在颜色重现上也有所欠缺,颜色重现是忠实再现原来颜色的一种措施,但是所重现颜色的亮度也是非常重要的。在这一点上,单芯片白光 LED 在实际使用中面临着困难。因此,多芯片结构相对于单芯片结构更加适合于可见光通信系统。通过改变三种基色所占比例的不同,我们可以得到不同种类的颜色,并且我们也可以用做照明使用。当我们使用多芯片白光时候,通过同步调制红色、绿色和蓝色 LED 可以实现光学无线通信。

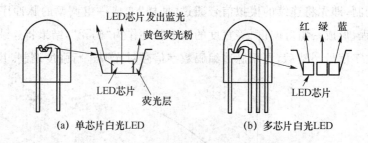

图 10.6　由两种方式产生的白光 LED 结构图

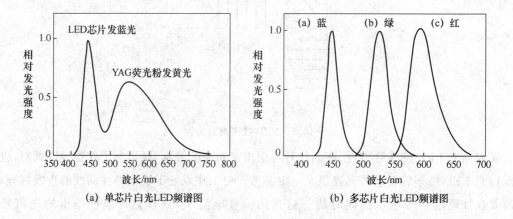

图 10.7　单芯片和多芯片白光 LED 的频谱图

白光 LED 在室内可见光数据通信中起着非常重要的作用,LED 照明设备有照明和数据传递两个基本特性,并且它和被照物体表面的照明度有关。此时,能量通量在可视范围是正常的。照明度被用于表示一个 LED 照明设备的明亮程度。另外,传递的光能表示一个 LED 总的辐射能量的能力,并且从光通信观点来看它是一个参数。

下式表示的是照明度:

$$I = \frac{\mathrm{d}\Phi}{\mathrm{d}\Omega} \tag{10.1}$$

其中,$\Phi$ 是一个照明量,它可以由能量 $\Phi_e$ 通过下面公式推出:

$$\Phi = K_m \int_{880}^{780} V(\lambda)\, \Phi_e(\lambda)\, \mathrm{d}\lambda \tag{10.2}$$

其中,$V(\lambda)$ 是标准光度曲线,$K_m$ 表示最大的可见度,并且在最大可见度 $\lambda = 555\,\mathrm{nm}$ 时,照明效率大约为 $683\,\mathrm{lm/W}$。传递的光学能量 $P_t$ 如下式:

$$P_t = \iint_{\lambda_{\min}}^{\lambda_{\max}} \Phi_e\, \mathrm{d}\theta \mathrm{d}\lambda \tag{10.3}$$

# 10.4　可见光通信的关键技术

## 10.4.1　高速调制驱动电路设计

调制带宽是衡量 LED 的调制能力的参数,关系到 LED 在无线光通信中的数据传输速度大小。其定义是在保证调制度不变的情况下,当 LED 输出的交流光功率下降到某一低频参考频率值的一半时(−3 dB)所对的频率。从微观结构分析,影响白光 LED 高速调制有两个因素:载流子寿命和结电容。LED 因受两者的限制,其调制的最高频率通常只有几十兆赫兹,从而限制了 LED 在高比特速率系统中的应用。但是,通过合理设计和优化驱动电路,LED 也可以用于高速通信系统。

由于实现简单,VLC 系统大多设计成光强度调制/直接探测系统。白光 LED 高速调制驱动电路图设计如图 10.8 所示。该设计能够达到抑制电磁干扰、噪声干扰、温漂,以及光功率补偿等目的,可以用于数字视频信号源码流传输。晶体管 BG1 和 BG2 组成发射极耦合式开关,BG3 和稳压二极管 VD$_z$ 组成恒流源电路,为 LED 支路提供稳定的驱动电流。由于该电路超越了线性范围工作,即使输入端过激励时,其仍没有达到饱和,所以开关速率更高,理论上可传输 300 Mbit/s 以上的数字信号。

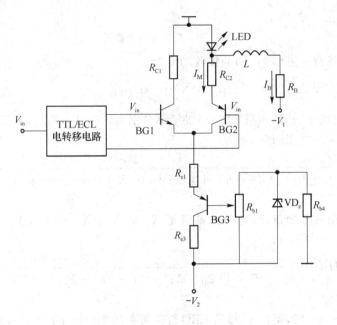

图 10.8　高速调制驱动电路

## 10.4.2　白光 LED 照明光源布局设计

单个 LED 发光强度和发光功率都比较小,为了同时实现室内照明和通信双重功能,LED 照明光源应设计为多个白光 LED 组成的阵列。为满足基本照明需求,在系统设计中应首先考虑室内光照度的分布。要使通信效果达到最优,必须根据房间的大小以及室内设施不同合理布局,使房间内的光强分布大致不变,尽量避免盲区(光照射不到的区域)的出现。由于行人、设备等的遮挡,会在接收机表面形成“阴影”,影响通信性能。对照明来讲,室内安装的照明灯越多,越能降低“阴影”效应,使得接收功率大大增加,但多个不同的光路径会使得 ISI 越严重。因此,在达到室内照明标准的同时也要考虑 ISI 的影响,合理安排 LED 阵列光源的布局尤为关键。

以一房间为例,该房间尺寸为 $L \times W \times Z_H$,设终端设备均放置在高度为 $h$ 的面上,并建立如图 10.9 所示坐标系。设共有 4 只 LED 灯,在天花板上对称分布,下面分析平面 $z=h$ 上的接收功率分布情况。当接收功率分布变化最小时,即可认定 LED 灯的布局最佳。

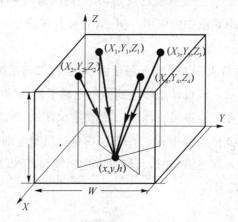

图 10.9　光源布局示意图

平面 $z=h$ 上任意一点 $(x,y,h)$ 的接收功率为

$$P_r = \sum_{i=1}^{N} P_{ti} H_i(0) \tag{10.4}$$

其中,$N$ 为 LED 灯的个数,设 4 只 LED 灯的坐标分别为 $(X_1,Y_1,Z_H)$,$(X_2,Y_2,Z_H)$,$(X_3,Y_3,Z_H)$,$(X_4,Y_4,Z_H)$,则 $H_i(0)$ 为

$$H_i(0) = \frac{(m+1)}{2\pi} \frac{(Z_H-h)^2}{[(Z_H-h)^2+(x-|u_i-X_i|)^2+(y-|v_i-Y_i|)^2]^{\frac{m+3}{2}}} \tag{10.5}$$

由于 LED 灯是对称分布,故坐标关系满足 $X_1=X_3$,$X_2=X_4$,$Y_1=Y_3$,$Y_3=Y_4$,$X_2=L-X_1$,$Y_3=W-Y_1$。

$$f(u_i,v_i;x,y) = H_i(0) = \frac{(m+1)}{2\pi} \frac{(Z_H-h)^2}{[(Z_H-h)^2+(x-|u_i-X_i|)^2+(y-|v_i-Y_i|)^2]^{\frac{m+3}{2}}} \tag{10.6}$$

$u_i \in \{0,L\}$,$v_i \in \{0,W\}$,设每只 LED 灯的发射功率相同 $P_{ti}=P_t$,则上式变为

$$P_{ti}(x,y) = P\sum_{i,j=1}^{N=4} f(u_i,v_i;x,y) = f(0,0;x,y) + f(0,5;x,y) + f(5,0;x,y) + f(5,5;x,y) \tag{10.7}$$

室内平面 $z=h$ 上每点的平均功率为

$$\overline{P_t} = \frac{1}{S}\iint_L P_t(x,y)\mathrm{d}x\mathrm{d}y = \frac{P_t}{S}\sum_{i=1}^{N=4}\iint_L f(u_i,v_i;x,y)\mathrm{d}x\mathrm{d}y$$

$S$ 为房间内平面 $z=h$ 的面积,$L$ 代表这个区域。我们用接收功率的方差 $D$ 来表示平面 $z=h$ 上各点功率的"平均偏离"程度,则

$$D = \frac{1}{S}\iint_L [P_t(x,y)-\overline{P_t}]^2\mathrm{d}x\mathrm{d}y = \frac{1}{S}\sum_{i=1}^{N=4}\iint_L [f(u_i,v_i;x,y)-\overline{P_t}]^2\mathrm{d}x\mathrm{d}y \tag{10.8}$$

对上式分别求 $X_i$ 和 $Y_i$ 的偏导数,当 $\frac{\partial D}{\partial X_i} = \frac{\partial D}{\partial Y_i} = 0$ 时,可最优的 $X_i^*$ 和 $Y_i^*$ 即可确定最佳的 LED 灯布局。

### 10.4.3　信道编码技术

数字信号在传输过程中不可避免地受到各种噪声干扰,导致传送的数据流产生误码,从而使接收端出现异常现象,如图像跳跃、不连续、出现马赛克等。信道编码技术对数据流进行相应的处理,使系统具有一定的纠错能力和抗干扰能力,提高数据传输效率,降低误码率,并最终提高数据的通信距离。暨南大学陈长缨、赵俊提出一种适用于 LED 数字传输的 $mBnB$ 分组编码技术。通常来说,分组码是指将原始信息码字按 $m$ 比特为单位进行分组,根据一定规则用另外每组为 $n$ 比特的码字来表示,然后这些新的分组以 NRZ 码或 RZ 码的格式来传输。常用的信道编码有 1B2B(曼彻斯特码)、3B4B、5B6B、6B8B 等。$mBnB$ 码的优点有:①功率谱形状较好;②连 0 连 1 个数有限,没有基线漂移问题;③提供可靠的误码监测和字同步手段。实验证明,经过 6B8B 编码后,光信号在通信距离 $r=0.5\sim2.5\ \mathrm{m}$ 范围内受 LED 的个数、电阻及串口模块分频的影响不大。利用 6B8B 编码技术,可以保证本系统中数据高速传输的同时,使信号传输距离超过 2.5 m。而且,可以通过对数据采用高、低两种不同码表的方法来克服 $mBnB$ 码译码时会造成误码增值的缺点。如图 10.10 所示,以一个 12 bit 的原始数据为例,介绍 6B8B 编码实现过程。

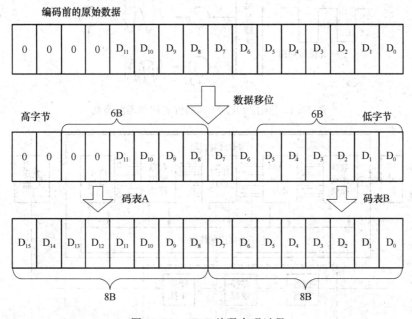

图 10.10　6B8B 编码实现过程

### 10.4.4　正交频分复用技术

正交频分复用(OFDM)是一种应用于无线环境下的高速传输技术,具有很强的抗多径能力,已经在高速无线光通信中获得了广泛应用。早在 2001 年,日本庆应大学中川研究室就提出了为提高传输速率,在 VLC 中引入 OFDM 调制方式的必要性。

OFDM 技术的主要思想:在频域内将所给信道分成多个正交子信道,在每个子信道上使用子载波进行调制,并且各子载波并行传输。使每个子信道相对平坦,并且在每个子信道上进行的是窄带传输,信号带宽小于信道的相干带宽[7,8]。因此,就可以大大消除 ISI。在可见光通信 OFDM 系统中,首先要对信号源电信号进行 OFDM 编码,然后加一直流偏置对 LED 光源进行调制。由于在发射端将串行的高速数据并行地调制到多个正交的副载波上,降低了码速率,增加了信号脉冲的周期,减弱了多径传播引起的 ISI 的影响。另外,可以通过在 OFDM 信号间加入保护间隔,进一步减弱 ISI 的影响。

然而,OFDM 还存在这样的缺点:当数据信息在深衰落子信道传送,各子载波使用相同的发射功率和调制方式时,这个深衰落子信道的误码率会增大。那么即使其他子信道的误码率很小,整个系统的通信性能也会因其中的任何子信道的不良通信而恶化。2005 年,西班牙的 O. Gonzalez 等人提出了一种利用自适应 OFDM 信号提高通信能力和减小多径效应的方案克服这个缺点。自适应 OFDM 调制可以根据当前信道状况调整各子信道分配的比特和功率,在信道条件好的子信道中传输较多的比特数和更多的能量。相反,在深衰落子信道中,系统将不传信息或减少该子信道的数据传输的比特数。实验表明,通过这样的自适应调整可有效地减弱无线光信道中噪声的影响,整个系统的传输效率会有很大的提高。

图 10.11 为采用 OFDM 调制方式抑制码间串扰的图,而图 10.12 则为基于 OFDM 的可见光通信系统整体框图。

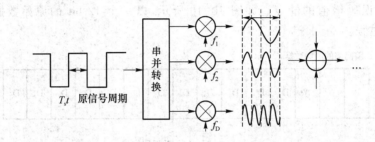

图 10.11　采用 OFDM 调制方式抑制码间串扰

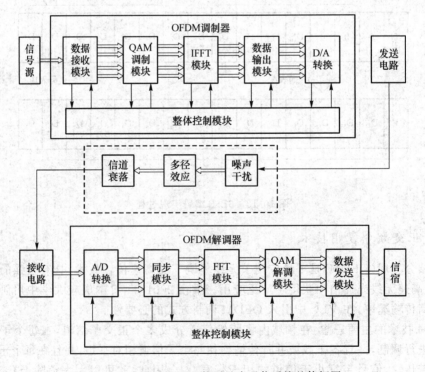

图 10.12　基于 OFDM 的可见光通信系统整体框图

## 10.4.5　光码分多址技术

光码分多址(OCDMA)技术可用于区分不同用户的信息。在可见光无线局域网中所有的终端用户都共用相同的主光源,因此不同的用户信号必须具有不同的特征,这样适配器接收时才能将不同用户信号分割开。OCDMA 给每一个用户分配一个单独的地址码,数字信号在各自的地址码上进行编码,在接收机上通过相应的序列进行解码。采用 OCDMA 技术还能大大提高系统的抗噪声能力,可以把信号从噪声很强的环境中检测出来。

## 10.4.6　分集接收技术

分集接收技术的提出是为了提高 VLC 系统的信噪比,克服高速通信中码间干扰的影响。分集接收的思想就是在接收机处的不同方向上安装多个光电探测器,对多个探测器接收到的信号进行比较,选取信噪比最大的信号进行通信。

在分集接收系统中,两个关键的工作是:信号的选取方式和光电探测器的布局。在信号的选取上,对于低速率的白光 LED 通信系统,直接将多个探测器接收到的信号通过一个加法器进行简单相加,然后将相加后的信号送进接收机进行滤波解调和解码等处理,这大大提高了信噪比;当通信系统的传输速率高于 100 Mbit/s 时,由于码间串扰的影响,不能将信号直接相加,必须设计专门的控制电路对信道进行自动判决和选择,原理如图 10.13 所示。对各个探测器转换后的电压信号进行实时采集采样,再送入电压比较器进行比较,找出电压值最大的信道,此信道即为要进行通信传输的信道。同时,比较器输出控制信号将相应的信道选通。对于光电探测器的布局,在接收机的不同方向上安装多个光电探测器且均匀分布于一个半球面上,这样在减少探测器个数的同时又提高了接收效果。如此,只要不是整个接收机被遮住,通信就不会中断。关于探测器的个数和布局,需要根据具体环境和通信性能的要求来决定。在高速通信中采用分集接收技术,系统的信噪比平均提高了 2 dB,并且有效克服了接收机位置改变、室内人员走动和物体阴影对通信系统的影响。

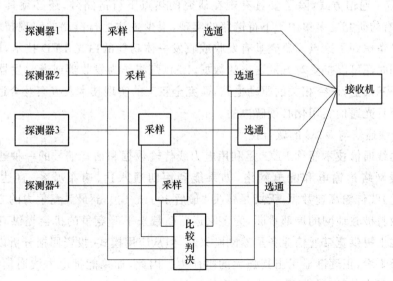

图 10.13　高速率分集接收探测器原理框图

# 10.5 LED 白光室内可见光通信的发展趋势

LED 可见光通信技术已经得到了验证并受到了许多国家的高度重视。但在实现其高速、高可靠的通信性能道路上还有许多实际问题要进一步研究，要实现此技术的实用化，未来 LED 可见光通信技术还需要在以下几个方面有新的突破。

（1）白光 LED 光源的带宽拓展技术

目前 LED 产生白光主要有两种方式：一种是由红、绿、蓝三基色合成白光；另一种是由 LED 发出的蓝光去激发磷光体发出黄光，呈暖色调，让人感觉是白光。第一种方法的优点是通过分别控制三色光电驱动电流可以改变光的颜色，但封装及驱动复杂、价格昂贵，很少用作照明；第二种方法只需要单个驱动器，实现简单，是目前最流行的方式。现有白光 LED 技术发展迅速，在提高发射功率方面进展不少，但在频率响应方面并无提升。而白光 LED 用作通信光源，其电信号都必须调制到它上面，然后往外发射。它的响应频率直接决定了通信系统可用的带宽，所以在追求大功率输出的同时，如何提升白光 LED 的频率响应、拓展其带宽，是实现高速 VLC 通信必须要解决的难题之一。目前由蓝光激发磷光体发射白光的 LED 其有效调制带宽才 3MHz，很难直接用它实现高速的 VLC 通信，至少要提高 10 倍以上，才可能通过先进的调制技术实现高速 VLC 通信。

（2）更高效率的调制复用技术

LED 白光束可调带宽受限不能用于数据的有效、高效传输，要实现高速的数据传输，必须更加深入地探索频带利用率高、抗干扰性能好的调制复用技术。从目前研究的热点来看，其突破口很可能是新型 OFDM，但是由于高功率很容易导致驱动功放进入非线性区产生失真，所以需要对 OFDM 进行深入研究。

（3）上行链路的实现技术要实现

VLC 全双工通信方式，除了要具有现在研究的热点下行链路外，还必须具备上行链路。目前，几乎所有的研究更多集中于下行链路的实现，很少关注上行链路的实现技术，美国的智能照明计划已考虑到了这点。研究具有发收或收发一体功能的白光 LED 技术，即 LED 用作发射光源的同时还可以接受对方发送来的数据，LED 灯将作为发收器或者收发器实现全双工通信。在这一基础上，研究相关的驱动电路，研究全双工的实现技术及方案及合适的通信协议等，是 LED 可见光通信实用化必须解决的。

（4）电力线通信与 VLC 的融合技术

研究电力线通信技术简称 PLC，是利用电力线传输数据和话音信号的一种通信方式。我国最大的有线网络是输电和配电网络，如果能利用四通八达、遍布城乡、直达千家万户的 220 V 低压电力线传输高速数据，无疑是解决"最后 300 m/100 m"最具竞争力的方案。同时也无疑会对有效打破驻地网的局部垄断，为多家运营商带来平等竞争的机会提供有力的技术武器。在电力线上提供宽带通信业务虽然刚刚兴起，但从应用模式、投资回报分析以及欧洲和北美的运营经验上看，正逐渐显示出其强大的生命力。因此，如果能把电力线通信技术与 VLC 技术有机融合起来，可以说实现了"绿色"通信。

（5）发展室外

VLC 技术及其他室外 VLC 技术为智能交通系统的利用、移动导航及定位等提供了一种全新的方法和思路。这也是 VLC 向前发展的一大动力。另外,从美国的智能照明计划,我们看到研究便携式的具有 VLC 功能的器件是应用领域的热点之一。

面对全球节能减排的巨大压力,发展第四代绿色照明技术已刻不容缓,而白光 LED 照明的实现在节约能源的同时,更为高速、宽带的光无线接入提供了一种新途径,也为解决现有无线电频带资源严重有限的困境提供了一种新思路,可见光通信将很有可能成为光无线通信领域的一个新的增长点。虽然日本、德国、英国、美国等国家已经对可见光通信开展了从理论到实验的研究,但都还处于初级阶段,要实现此技术的实用化,还需要相关科研人员做更加深入的研究。

# 第11章 水下通信

水下通信(Underwater Communication)是指岸上实体(人或物)与水下目标之间,或水下实体之间进行的数据、语言、文字、图像、指令等信息传输技术。水下通信是研制海洋观测系统的关键技术,借助海洋观测系统,可以采集有关海洋学的数据,监测环境污染、气候变化、海底异常地震及火山活动,探查海底目标,以及远距离图像传输。水下无线通信在军事中也起到至关重要的作用,而且水下无线通信也是水下传感器网络的关键技术。随着能源的减少,人们开始争夺水下资源,世界各国开始竞相发展水下无线通信技术。水下通信通常采用电磁波、声学和光学通信三种技术方式。

## 11.1 水下电磁波通信

水下电磁波通信(Underwater Electromagnetic Wave Communication)是指用水作为传输介质,把不同频率的电磁波作为载波来进行数据、语言、文字、图像、指令等信息传输的通信技术。水下电磁波通信不仅通信速度快、信息传输速率高,而且水中浮沉、沙粒等悬浮物对通信过程的影响非常小,成为不可缺少的一种水下通信技术。

### 11.1.1 水下电磁波通信的主要思想

水下电磁波通信的主要思想是:在发射端设置一个具有一定匝数的线圈,接收端也设置一个具有一定匝数的线圈,利用信号在发射端线圈中引起的磁通量变化传递到接收端线圈并进行解码恢复传递的信号。电磁波通信系统的等效电路如图11.1所示。

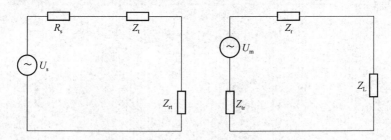

图11.1 电磁波通信系统等效电路图

### 11.1.2 水下电磁波通信面临的问题

水下电磁波通信很久以前就开始存在,但是在超低频段上的应用最为广泛。这是由于电磁波是横波,而且海水是良导体,对电磁波所产生的趋附效应(趋附效应指当导体中有交流电或者交变电磁场时,导体内部的电流分布不均匀,且电流集中在导体的"皮肤"部分的一种现象。实际上导线内部电流变小,电流集中在导线外表的薄层。因此导线的电阻增加,使它的损耗功率也增加。)将严重影响电磁波在水中的传输,以致在陆地上广为应用的无线电波在水下几乎无法应用。电磁波在有电阻的导体中的穿透深度与其波长直接相关,短波穿透深度小,而长波的穿透深度要大一些。因此长期以来,超大功率的长波通信成为水下电磁波通信的主要形式。不过,即使是超长波通信系统,穿透水的深度也极其有限。一般来说,长波在水中的可穿透距离为几米,甚长波为 $10\sim20$ m,超长波则可达到 $100\sim200$ m。而超低频系统耗资大,数据率低,易受干扰,难以得到好的效果。因为电磁波信号在水中衰减很大,电磁波通信在水下的传输距离非常有限,所以电磁波通信只能实现短距离的高速通信,不能满足远距离通信的要求。

### 11.1.3　水下电磁波通信的优点

水下电磁波通信的优点是:
(1) 通信速率快;
(2) 抗干扰能力强;
(3) 安全性高;
(4) 穿透力强。

2006 年 6 月,Wireless Fibre Systems 发布了首款商用水下射频调制解调器 S1510;2007 年 1 月,发布了宽带水下射频调制解调器 S5510,该调制解调器在 1 m 的范围内,数据传输率达到了 $1\sim10$ Mbit/s。

## 11.2　水下声学通信

水下声学通信,简称水声通信(Underwater Acoustic Communication),是一项利用声波在海水里传播实现水下信息收发的技术。水声通信常用的方法是采用扩频通信技术。

### 11.2.1　水声通信概述

水声通信的优点是通信距离远、通信可靠性高。在 200 Hz 以下的低频率时,声波都可以在水中传播几百千米。而声波在水中的衰减与频率的平方成正比,但声波在水中的衰减是很小的,即使 20 kHz 时衰减也只有 $2\sim3$ dB/km,因此水下通信一般采用声波来进行通信。

水声信道是一个典型的时变多途衰落信道,由该信道传输后的接收信号,可视为经由不同路径到达的、具有不同时延和幅度的多个分量的叠加。

虽然水声通信在浅海和深海的无线通信领域中已经得到广泛应用,但仍面临着通道的多径效应、时变效应、可用频宽窄、信号衰减严重、传输速率低、延时较长、功耗和体积大等问题,尤其是在长距离传输过程中。水声通信即使在近距离范围内,也难以达到 Mbit/s 的传输速率。水声通信的通信距离与数据传输速率之间的关系如表 11.1 所示。

**表 11.1　水声通信的通信距离与数据传输速率**

| 通信距离/m | 数据传输速率/(kbit·s$^{-1}$) | 应用范围 |
| --- | --- | --- |
| $1\times10^4\sim1\times10^5$ | $0\sim2.5$ | 深海垂直长距离通信 |
| $1\times10^3\sim1\times10^4$ | $2.5\sim20$ | 深海通信 |
| $1\times10^2\sim1\times10^3$ | $20\sim100$ | 中短距离通信 |
| $<100$ | $>100$ | 短距离通信 |

### 11.2.2 水声通信调制方式

水声通信系统(如图 11.2 所示)已经发展得较为成熟,国外很多科研及商业机构均已研制出水下声调制解调器(水声通信 Modem),较著名的有:Link Quest、Tritech 和 DSP-COMM。其调制方式主要有:

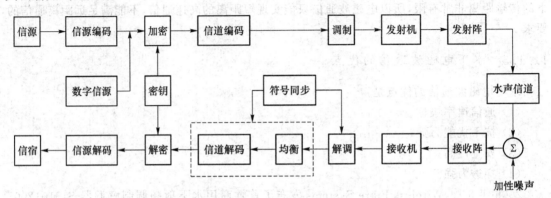

图 11.2　水声通信系统框图

(1) 单边带调制技术

1945 年,世界上第一个水声通信系统——水下电话,在美国海军水声实验室研制成功。该系统主要用在水下潜艇之间的通信中。它是一个模拟通信系统,使用单边带调制技术,载波频段为 8~11 kHz,工作距离可达几千米。

(2) 频移键控(FSK)

20 世纪 70 年代后期,水下声通信中开始使用频移键控调制方式的通信系统。频移键控通信系统需要较宽的频带宽度,单位带宽的通信速率低,并要求有较高的信噪比。

(3) 相移键控(PSK)

20 世纪 80 年代初,相移键控调制方式的水下通信系统诞生。相移键控系统的调制方式往往采用差分相移键控(DPSK),接收端解调方式则可以采用差分相位相干法。采用差分调相的相干解调方法不需要相干载波,而且在抗频漂、抗多径效应及抗相位慢抖动方面均好于采用非相干解调的绝对调相。由于参考相位中噪声的存在,相移键控调制方式的水下通信系统抗噪声能力较差。

(4) 多载波调制技术

(5) 多输入多输出(MIMO)技术

### 11.2.3 水下声学传感网

目前,水声通信技术已发展到网络化阶段。所谓的水下传感器网络是指将能耗很低、具有较短通信距离的水下传感器节点部署到指定海域中,利用节点的自组织能力自动建立起网络。网络中的节点利用传感器实时监测、采集网络分布区域内的各种检测信息,经过数据融合等数据处理后,通过具有远距离传输能力的水下节点将实时监测信息送到水面基站,然后通过近岸基站或卫星将实时信息传递给用户。水声传感网如图 11.3 所示。

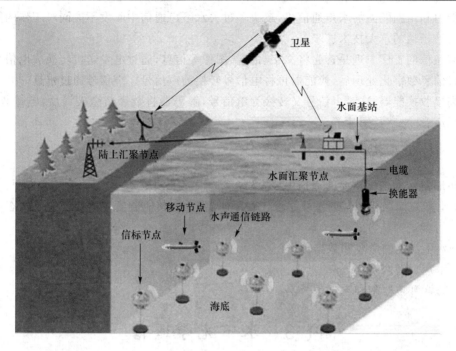

图 11.3　水声传感网

目前的海洋探测已形成了全新的多层次的三维立体通信网络:在海底通过布置静态节点、在一定深度的海水中布置定潜伏标组成海底观测网络,用来实时采集海洋环境下的探测参数,通过大容量存储或水下有线/无线数据传输给水面工作基站或深潜设备;在海洋内部,以水下滑翔机、ROV 和 AUV 为代表的动态访问节点,将定期深潜到水下的海底观测网络或定潜浮标,通过水下有线或无线通信将采集的数据批量取回;在水面,由水面船只或水上浮标、基站通过水下无线通信收集海底观测网和动态访问节点的数据,进而可通过无线电、卫星乃至激光通信将数据实时传回路基基站。在海洋观测中,信息的实时传输(即水下通信)是整个立体观测网得以实现的关键性技术。

由于水声信道的传输条件十分恶劣,特别是浅海水声信道,信道的带宽有限,取决于距离和频率,在这种有限的带宽内,声信号受强环境噪声、时变多径的影响,可能会导致严重的码间干扰、大的多普勒频移扩展及长的传输时延。另外,无线电磁波和光波在水中的衰减非常大,无法实现远程传输。所以,在设计水声传感网时可以借鉴无线电组网技术,但是还要考虑水声信道的特点。

水下声学传感网络的一个重要用途是对水下传感器节点所覆盖的区域进行中长期的水下预警、目标检测、海洋水文环境要素监测等。同时,在未来多基地和舷外分布式传感器系统构成的庞大的反潜战网络中,水下数据通信是关键,而水下传感网承担着探测、数据通信的重要使命。

如果将无线电中的网络技术(Ad Hoc)应用到水声通信网络中,就可以在海洋环境中实现全方位、立体化通信。例如,可以与 AUV、UUV 等无人航行器结合使用。但由于其技术复杂性,目前仅有少数国家试验成功。我国在水声通信领域也取得巨大进展。哈尔滨工程大学水声学院乔钢教授所在的科研团队顺利完成所承担的"远程、矢量、全双工水声通信技术"国家"863"计划项目,发明了水下多用户、全双工的声波通信方法,并研制了国际上首创的具有全双工通信能力和组网能力的水声通信机,解决了过去水下声通信中收发不能同时工作的问题,是水下声通信领域的重大技术进步。

水声通信的工作原理是首先将文字、语音、图像等信息,通过电发送机转换成电信号,并由编码器将信息数字化处理后,换能器再将电信号转换为声信号。声信号通过水这一介质,将信息传递到接收换能器,这时声信号又转换为电信号,解码器将数字信息破译后,电接收机才将信息变成声音、文字及图片等。

### 11.2.4　水声通信的应用领域

水声通信作为水下重要的通信手段,已经渗透于多个领域,主要为下面几个方面:

(1) 潜艇之间互相通信的重要手段。在潜艇潜航时,其他通信方式处于失效状态,水声通信是唯一可能的通信方式。

(2) 水下潜器的命令和数据传送。

(3) 水声反潜网络。

(4) 海洋环境监测和灾难预警。

# 11.3　水下光学通信

水下光学通信(Underwater Optical Communication)是以光波作为载体在水下进行信息传输的一种通信方式。

### 11.3.1　水下光学通信的分类

依据传输介质的不同,水下光学通信可以分为水下光纤通信和水下激光通信。

水下光纤通信主要用海底光缆建立国家间的电信传输。而海底光缆又称海底通信电缆,是用绝缘材料包裹的导线,铺设在海底,分为海底通信光缆和海底光力光缆。海底光缆的构造如图 11.4 所示。

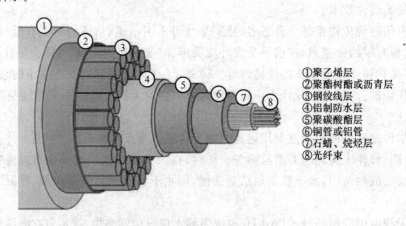

①聚乙烯层
②聚酯树酯或沥青层
③钢绞线层
④铝制防水层
⑤聚碳酸酯层
⑥铜管或铝管
⑦石蜡、烷烃层
⑧光纤束

图 11.4　海底光缆结构

水下激光通信,原理是采用一种使用波长介于蓝光与绿光之间的激光,在水中传输信息的通信方式,是目前较好的一种水下通信手段。其主要由三大部分组成:发射系统、水下信道和接收系统。水下无线光学通信的机理是将待传送的信息经过编码器编码后,加载到调制器上转变成随着信号变化的电流来驱动光源,即将电信号转变成光信号,然后通过透镜将光束以平行光束的形式在信道中传输;接收端由透镜将传输过来的平行光束以点光源的形式聚集到光检测器上,由光检测器件将光信号转变成电信号,然后进行信号调理,最后由解码器解调出原来的信息。水下激光通信主要由三大部分组成:发射系统、水下信道和接收系统,其系统组成如图 11.5 所示。

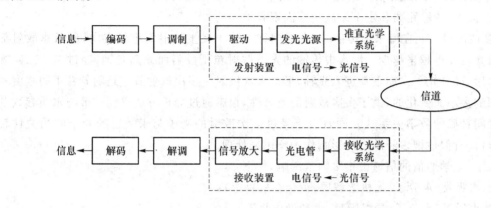

图 11.5　水下激光通信系统

## 11.3.2　水下光学通信的优点

与水下声学通信技术相比,光学通信技术可以克服水下声学通信的带宽窄、受环境影响大、可适用的载波频率低、传输的时延大等不足。第一,由于光波频率高,其信息承载能力强,可以实现水下大容量数据传输,目前可见光谱的水下通信实验可以达到传输千兆(Gbit/s)量级的码率;第二,光学通信具有抗干扰能力强,不易受海水温度和盐度变化影响等特点,具有良好的水下电子对抗特性;第三,光波具有较好的方向性,一旦被拦截,会造成通信链路中断,使用户及时发现通信链路出现故障,因此安全保密性好;第四,光波波长短,收发天线尺寸小,可以大幅度减少发射与接收装备的尺寸和重量,并且目前光电器件的转换效率不断提升,功耗不断降低,这非常适合水下探测系统设计对有效载荷小型化、轻量化、低功耗的要求。

美国麻省理工学院伍兹霍尔海洋研究所(WHOI)应用海洋科学与工程部(AOPE)的科学家提出利用光通信技术提高水下通信能力。目前,水下通信系统主要依靠声呐系统实现,但是声呐系统存在通信速率低、通信时延大等不足。WHOI 希望开发集成光通信能力的声呐系统,在 100 m 范围内使水下通信速率达到 10～20 Mbit/s,以支持近实时的数据交换能力,一旦距离超过 100 m,还利用声呐系统进行通信。电磁波在水中的传播距离很有限,只有可见光能在水中传播数百米。因此,WHOI 提出从海底光缆释放出无数带系绳的低功耗接收器,可在100 m 范围内接收水下潜航器发射的信号。接收器接收信号后通过系绳内的电缆和海底光缆将数据发回地面。利用水下光通信技术,还可实现水面舰艇在 100 m 范围内控制水下潜航器。

## 11.3.3　水下光学通信的缺点

水下光学通信技术的发展也存在一些制约因素。海水的光学特性与它的组分有关,可简要地分为三个方面:水介质、溶解物质和悬浮物。溶解物质和悬浮物的成分种类繁多,主要包括无机盐、溶解的有机化合物、活性海洋浮游动植物、细菌、碎屑和矿物质颗粒等。根据前人对

海水光特性的研究,光波在水下传输所受到的影响可以归纳为以下三个方面:

① 光损耗。忽略海水扰动和热晕效应,光在海水中的衰减主要来自吸收和散射影响,通常以海水分子吸收系数、海水浮游植物吸收系数、海水悬浮粒子的吸收系数、海水分子散射系数和悬浮微粒散射系数等方式体现。

② 光束扩散。经光源发出的光束在传输过程中会在垂直方向上产生横向扩展,其扩散直径与水质、波长、传输距离和水下发散角等因素有关。

③ 多径散射。光在海水中传播时,会遇到许多粒子发生散射而重新定向,所以非散射部分的直射光将变得越来越少。海水中传输的光被散射粒子散射而偏离光轴,经过二、三、四等多次散射后,部分光子又能重新进入光轴,形成多次散射。多次散射效应是随着粒子的浓度和辐照体积的大小而变化的,由于多次散射的复杂性,很难通过分析方法得到扩散与水质参数及水下深度间精确的数学关系式。同时由于经过多次散射的光子与未散射的光子的相关性较小,我们可以近似地把多经散射的影响作为噪声来处理。

在水下,光学通信的信道被很多因素影响,如下:

- 海水吸收(水分子、无机溶解质、黄色有机物等);
- 海水散射(水分子、悬浮颗粒、浮游微生物等);
- 海水扰动(温度、盐度、海流等引起的折射率变化);
- 热晕效应(海水受高温生成的蒸汽泡带来的散射);
- 背景光噪声不考虑。

多年的海洋光学研究结果表明,海水对光的吸收和散射对光在海水中传播的衰减起主导作用,而温度与盐度对衰减系数的影响相对较小,海水衰减系数与纯水的差异主要来自海水中悬浮的粒子与溶解的物质成分。我们通常不考虑海水的扰动和热晕效应。

光的吸收主要有纯海水的吸收、溶解有机物(CDOM)的吸收、浮游植物(叶绿素)的吸收、有机碎屑(非叶绿素粒子)的吸收。光的散射主要有纯水的散射、颗粒的散射、叶绿素的散射。可见光区海水各成分的吸收散射特性如表 11.2 所示。

**表 11.2  可见光区海水各成分的吸收散射特性**

| 成分 | 吸收系数 | 散射系数 |
| --- | --- | --- |
| 水分子 | 与波长关系密切,蓝绿区吸收最小 | 与瑞利散射四次方成反比 |
| 溶解盐 | 与其他成分相比可以忽略 | 与波长无关,主要由梯度引起很小角度散射 |
| 黄色物质(溶解有机物) | 吸收系数与波长是单调变化关系,比海水自身、海洋叶绿素和悬浮粒子光吸收大 | 可忽略 |
| 悬浮粒子 | 随粒子类型而变,短波处稍增加 | 随水质有很大变化,与波长关系不大 |
| 浮游植物(叶绿素) | 浮游植物吸收在光谱和大小上均存在很大的变动,浮游植物的吸收系数与叶绿素 a 浓度有非线性关系 | 与叶绿素浓度成正比,与波长成反比 |

综上所述,水下光学通信技术的发展的主要制约因素如下:

(1)水对光信号的吸收较严重;

(2)水中的悬浮粒子和浮游生物使光产生较严重的散射作用;

（3）水中的自然环境光对光学信号会产生一定的干扰作用。

因此，光在海水中的传播衰减较大，无法用在中长距离的信息传递。

## 11.4　其他水下通信方式

水下通信的三种技术各有其优势，但也各有不足。随着水上资源的逐渐枯竭，探索和发掘新能源成为现如今的首要任务。而海洋、湖泊等水下区域不但蕴含着丰富的资源，而且和人们的生活息息相关。所以快速完善和发展水下通信技术已经刻不容缓。

近年来除以上三种常见技术外，还出现很多新颖的方法。例如，美国军事研究人员正在开发一种新的通信方法，利用激光在水下发声。这种方法是利用聚焦激光产生蒸汽泡沫，以此产生细微的局部爆炸。对爆炸速率的控制可以用来进行通信或者声学成像。美国海军研究实验室的研究人员称，这种方法可以用于对潜通信或者完全水下通信。高强度激光束的一个特性是经过像水这样的介质时可以聚焦，当激光聚焦后，可以使水分子中的电子分离，然后产生高温蒸汽，发出"砰"的一声，声强大约 220dB。由于不同颜色的光在水下的速度有明显的差别，可以通过对输入的多色脉冲的适当设计，对不同颜色光聚集进行准确定位。这些聚焦效果在空气中会明显削弱，所以激光信号可以从空基发射与潜艇进行通信，潜艇则不需要再浮到水面上。这种方法还可以用在水下声学成像中，利用一个可移动镜子对脉冲进行定向，产生一个爆炸阵列，其回声可以给出水下地形的详细图像。

# 第12章 量子通信

## 12.1 量子通信的基本概念和特点

量子包括原子、电子、光子等微观粒子，是能量的最小单位，从某种程度说，人类就是一个庞大的量子集合，几乎每个事物都以量子物理学为基础。量子通信是指应用了量子力学的基本原理或量子特性进行信息传输的一种通信方式。它有以下特点：

（1）量子通信具有无条件的安全性。量子通信起源于利用量子密钥分发（Quantum Key Distribution，QKD）获得的密钥加密信息，基于量子密钥分发的无条件安全性，从而可实现安全的保密通信。QKD利用量子力学的海森堡不确定性原理和量子态不可克隆定理，前者保证了窃听者在不知道发送方编码基的情况下无法准确测量获得量子态的信息，后者使得窃听者无法复制一份量子态在得知编码基后进行测量，从而使窃听必然导致明显的误码，于是通信双方能够察觉出被窃听。

① 海森堡不确定性原理（Heisenberg Unicertainty Principle）由德国物理学家海森堡1927年提出，突出表现了量子系统与宏观经典系统的显著不同。对两个力学量 $C$ 和 $D$，定义其测量的不确定量为

$$\Delta C=[\langle (C-\langle C\rangle)^2\rangle]^{1/2}, \quad \Delta D=[\langle (D-\langle D\rangle)^2\rangle]^{1/2} \tag{12.1}$$

对任意的待测量子态 $|\phi\rangle$，海森堡不确定性原理给出

$$\Delta C\Delta D\geqslant \frac{1}{2}|\langle \phi|[C,D]|\phi\rangle| \tag{12.2}$$

② 量子态不可克隆定理是指在量子力学中，不存在这样一个物理过程实现对一个未知量子态的精确复制，使每个复制态与初始量子态完全相同。

量子通信把光的4种偏振状态：水平、竖直、+45°和−45°加载到单个光子上传输，再按照某种协议产生密钥。

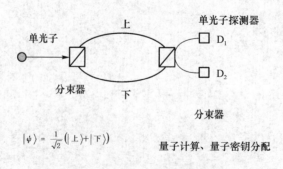

图 12.1　通信过程中量子态的叠加与干涉

在此过程中，如果窃听者想窃听，有几种可能性：第一种情况是窃听者把光子"分成两半"，

自己手里留一半,把另一半发走,但是量子是不可分割的,所以这种情况是做不到的;第二种情况是窃听者复制一个一模一样的光子,由于未知的量子态无法被精确克隆,复制会不可避免地引入噪声,通过对噪声的检查,理论上已经证明了一定可以发现窃听者的存在。正是因为量子不可分割、不可克隆的特性,可以在原理上保证密钥的安全,如果再结合一次一密的手段,就能够实现加密内容不可破译的保密通信。事实上,保密通信的安全性早在 1949 年就由现代信息论的鼻祖香农证明了:如果密钥是随机产生的,密钥和明文长度一样,密钥不重复使用,加密后的信息就是无法破译的。这也体现了量子通信的非局域性特点,如图 12.2 所示,非局域性即:对 A(或 B)的任意测量必然会影响 B(或 A)的量子态,不管 A 和 B 分离多远。

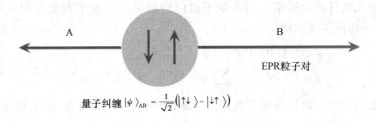

图 12.2　A－B 构成"量子信道"

(2) 量子通信具有传输的高效性。根据量子力学的叠加原理,一个 $n$ 维量子态的本征展开式有 $2^n$ 项,每项前面都有一个系数,传输一个量子态相当于同时传输这 $2^n$ 个数据。可见,量子态携带的信息非常丰富,使其不但在传输方面,而且在存储、处理等方面相比于经典方法更为高效。

(3) 可以利用量子物理的纠缠资源。纠缠是量子力学中独有的资源,相互纠缠的粒子之间存在一种关联,无论它们的位置相距多远,若其中一个粒子改变,另一个必然改变,或者说一个经测量坍缩,另一个也必然坍缩到对应的量子态上。爱因斯坦称量子纠缠为"幽灵般 的超距作用"。这种关联的保持可以用贝尔不等式 $|P_{xz}-P_{zy}|\leqslant 1+P_{xy}$ 来检验,因此用纠缠可以协商密钥,若存在窃听,即可被发现。利用纠缠的这种特性(量子力学上称为非局域性),也可以实现量子态的远程传输。

量子比特(quantum bit,简写为 qubit 或 qbit)借鉴了经典比特的概念,其定义为:若二维 Hilbert 空间的基矢为 $|0\rangle$ 和 $|1\rangle$,则量子比特 $|\psi\rangle$ 可表示为

$$|\psi\rangle=\alpha|0\rangle+\beta|1\rangle \tag{12.3}$$

其中,$\alpha$ 和 $\beta$ 为复数,且 $|\alpha|^2+|\beta|^2=1$。量子比特既可能处于 $|0\rangle$ 态,也可能处于 $|1\rangle$ 态,还可能处于这两个态的叠加态 $\alpha|0\rangle+\beta|1\rangle$,其中以概率 $|\alpha|^2$ 处于状态 $|0\rangle$,以概率 $|\beta|^2$ 处于状态 $|1\rangle$。要想获得准确结果必须测量该量子比特。

量子系统采用冯·诺依曼熵描述量子信息不确定性的测度。设量子比特对应的量子态的密度算符或密度矩阵 $\boldsymbol{\rho}$,则量子比特所携带的信息量可以用冯·诺依曼熵来描述:

$$S(\boldsymbol{\rho})=-\mathrm{Tr}(\boldsymbol{\rho}\log\boldsymbol{\rho}) \tag{12.4}$$

其中,"Tr"表示求迹,对数的底数是 2。如果两个子系统 A 和 B 组成的系统密度算子为 $\rho_{AB}$,则称

$$S(\rho_{AB})=-\mathrm{Tr}(\rho_{AB}\log\rho_{AB}) \tag{12.5}$$

为子系统 A 和 B 的联合熵。

# 12.2　量子通信的类型

目前,量子通信的主要形式包括基于 QKD 的量子保密通信、量子间接通信和量子安全直接通信。

(1) 基于 QKD 的量子保密通信

量子密钥分发建立在量子力学的基本原理之上,应用量子力学的海森堡不确定性原理和量子态不可克隆定理,在收发双方之间建立一串共享的密钥,通过一次一密的加密策略,可实现真正意义上的无条件安全通信。当今量子通信领域单光子量子密钥分配采用 BB84 协议。BB84 协议的安全性由下式证明:

$$\left.\begin{aligned} g_{chsh}^2(A,B) + g_{chsh}^2(A,E) &\leqslant 8 \\ g_{chsh}(X,Z) = \sum_{X,Y,x,y} (-1)^{X+Z+xz} &P(XZ \mid xz) \end{aligned}\right\} \tag{12.6}$$

上述公式表明,BB84 协议本质上利用了纠缠的单配性质:即如图 12.3 所示,若 A 和 B 建立最大纠缠,则 A 和 E 不存在任何纠缠。三方共享资源有限。

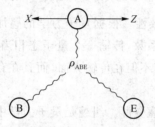

图 12.3　BB84 量子通信协议的安全性示意图

从信息论的角度证明:假设 A 为 Alice,B 为 Bob,Alice 和 Bob 之间的不确定度:

$$H(X|Y) = h(\lambda_1 + \lambda_2) \tag{12.7}$$

不同测量基下有相同的误码率:

$$\left.\begin{aligned} \lambda_3 + \lambda_4 &= Q \\ \lambda_2 + \lambda_4 &= Q \end{aligned}\right. \tag{12.8}$$

最终的安全密钥率公式为

$$R = \min_{\lambda_4} 1 - (1-Q)h\left(\frac{1-2Q+\lambda_4}{1-Q}\right) - Qh\left(\frac{Q-\lambda_4}{Q}\right) - h(Q) \tag{12.9}$$

发送方和接收方都由经典保密通信系统和量子密钥分发(QKD)系统组成,QKD 系统产生密钥并存放在密钥池当中,作为经典保密通信系统的密钥。系统中有两个信道,量子信道传输用以进行 QKD 的光子,经典信道传输 QKD 过程中的辅助信息,如基矢对比、数据协调和密性放大,也传输加密后的数据。基于 QKD 的量子保密通信是目前发展最快且已获得实际应用的量子信息技术。

以下是经典的量子秘钥分配实验系统:

实验系统存在以下量子关系:

Short arm　　$|0\rangle$　　$|+\rangle = (|0\rangle + |1\rangle)/\sqrt{2}$　　$|+i\rangle = (|0\rangle + i|1\rangle)/\sqrt{2}$

Long arm　　$|1\rangle$　　$|-\rangle = (|0\rangle - |1\rangle)/\sqrt{2}$　　$|-i\rangle = (|0\rangle - i|1\rangle)/\sqrt{2}$

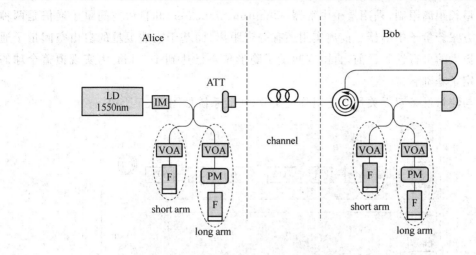

图 12.4　量子秘钥分配实验系统

（2）量子间接通信

量子间接通信可以传输量子信息，但不是直接传输，而是利用纠缠粒子对，将携带信息的光量子与纠缠光子对之一进行贝尔态测量，将测量结果发送给接收方，接收方根据结果进行相应的酉变换，从而恢复发送方的信息。这种方法称为量子隐形传态（Quantum Teleportation）。应用量子力学的纠缠特性，基于两个粒子具有的量子关联特性建立量子信道，可以在相距较远的两地之间实现未知量子态的远程传输。

另一种方法是发送方对纠缠粒子之一进行酉变换，变换之后将这个粒子发到接收方，接收方对这两个粒子联合测量，根据测量结果判断方所作的变换类型（共有四种酉变换，因而可携带两比特经典信息），这种方法称为量子密集编码（Quantum Dense Coding）。

（3）量子安全直接通信

量子安全直接通信（Quantum Secure Direct Communications，QSDC）可以直接传输信息，并通过在系统中添加控制比特来检验信道的安全性。量子态的制备可采用纠缠源或单光子源。若为单光子源，可将信息调制在单光子的偏振态上，通过发送装置发送到量子信道；接收端收到后进行测量，通过对控制比特进行测量的结果来分析判断信道的安全性，如果信道无窃听则进行通信。其中经典辅助信息辅助进行安全性分析。

除了上述三种量子通信形式外，还有量子秘密共享（Quantum Secret Sharing，QSS）、量子私钥加密、量子认证（Quantum Authentication）、量子签名（Quantum Signature）等，这里不再赘述，读者可参见相关文献。

# 12.3　量子通信的实现方案

量子通信的实现方案目前大多以光子作为载体，这是因为光子和环境互相作用所产生的退相干（decoherence）容易控制，而且还可以利用传统光通信的相关器件和技术。这也是量子通信最先使用光子的主要原因。基于光纤的量子密钥分发设备已经商用化，但由于单模光纤存在着双折射、损耗和背景噪声，加之探测器技术、单光子源或者纠缠光源不完美等原因限制了光纤信道的通信距离。为了解决长距离光纤量子通信中光子损耗以及双折射引起的退相干效应带来的最长距离限制,采用量子中继器(Quantum Repeater)和自由空间量子通信是两种比较可行的方案。量子中继器目前离实用还有一定距离,而基于人造卫星的自由空间量子通信却表现出极大的可行性。目前,自由空间量子隐形传态已达到 143 km,为实现覆盖全球的量子通信奠定了基础。

参考系与测量设备双无关量子密钥分配实验,实验系统如图 12.5 所示。

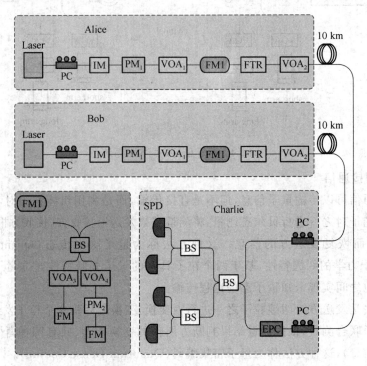

图 12.5　参考系与测量设备双无关量子密钥分配实验系统

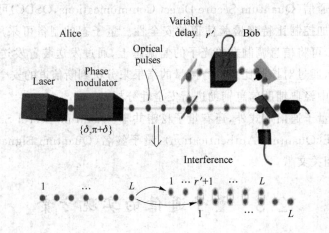

图 12.6　无须检测误码率的 QKD 协议

（1）自由空间量子通信

虽然光学系统可以用于量子通信和量子计算,但我们真正希望的是可升级的、大尺度的光量信息处理。在量子通信里面,因为信号不能被放大,所以在光纤里传输到 100 km 的时候,信号基本上衰减得差不多了。如果用 1 000 km 的光纤,损耗大概会达到 200 dB,即使采用

10 GHz重复频率光源及理想探测器,平均每 100 年也只能传输 0.3 个光子,所以距离受限。而概率性纠缠导致资源的消耗呈指数增长,效率也大大受限。

解决这个问题可以用自由空间的量子通信,克服在光纤通道里的损耗。因为整个竖直大气层相当于 10 km 左右的地面大气层,外面是真空,80%的光信号可以穿透大气层到地面,而且外太空不会有衰减。天地之间的量子通信,可以把通信范围扩展到全球。

2004 年,潘建伟院士(中国科学院院士,中国科学技术大学教授,主要研究方向为量子光学、量子信息和量子力学基础问题等)开展了这方面的工作,先后于 2005 年、2010 年证明了光子在穿透大气层后,状态是不会受到干扰的,基本上与最初发送的状态一样。2012 年,潘院士在青海湖做了一个百千米实验。这个百千米实验的损耗与天对地的千千米损耗基本相同,证明在高损耗的星地链路中进行量子通信是可行的。2013 年,验证了在卫星运动姿态的情况下进行量子通信的可行性,模拟了卫星的高速运动、随机振动和高损耗的通道。所有实验表明,星地之间的量子通信是可行的。

(2) 量子中继

发射卫星成本较高,我们希望有一个地面的解决方案,即所谓的量子中继,地面不用发射卫星也能够通过量子中继解决问题。这需要三种技术:量子纠缠交换、量子纠缠纯化和量子存储。这些技术结合在一起可以解决光子数据损耗和概率性带来的资源消耗。利用量子中继也可以产生确定性的多光纠缠,它本身也可以用于量子计算和量子模拟等。

2008 年,我们取得了很好的进展,在国际上实现了量子中继节点的演示。最近在量子存储方面又有比较好的进展,已经能够满足 600 km 的量子中继需求。以前直接传送信号只能到 200 km,现在可以做 600 km 的量子密钥分发。当然,这种技术走向实用化还需要一定时间。

在此基础上,要实现有效的量子计算和模拟需要引入哈密顿量,让这些例子相互作用起来。然而光子之间的耦合是非常弱的,即使在空间中碰到也几乎没有相互作用。如何模拟这个复杂的物理体系呢? 可以把原子装在光晶格里面,通过光的操纵实现可精确控制的原子和原子之间的相互作用,而且把原子的内部状态作为量子比特,可以操纵、存储和读取。这种情况下就可以方便实现大量原子间的量子纠缠。而且在引入原子之间相互作用的情况下,可以自由地构造演化计算的哈密顿量,有效地模拟复杂的物理系统。

最近,潘建伟团队取得了非常好的进展。他们成功"抓到"了几千个原子。在光晶格里面,通过干涉让中间的某一个光晶格下降,通过两个光晶格的隧穿,可以产生原子之间的纠缠。产生纠缠之后,就可以把临近的两两原子再隧穿一次,产生链条上的原子纠缠。目前我们已经产生了两两原子之间的纠缠,并取得了比较好的结果,预计在 10 年之内会产生 50 个原子的纠缠。他们还利用原子和原子之间的相互作用模拟电子在电磁场中的作用。现在已经可以用可控的方式实现特殊意义上的量子模拟机。

量子模拟机可以应用到某些量子计算,或者某些计算机复杂度计算上。目前谷歌非常重视量子模拟。因为将来它可以用于人工的量子智能方面相关的研究。随后,还有一些更有雄心的想法,希望能够研究自旋霍尔效应,甚至揭示高温超导的机制。

美国国防部首席技术官前段时间发布了五年计划,量子信息和量子调控被认为是六大颠覆性的基础研究领域之一。由于前期的工作,中国科学技术大学、IBM、日本电报电话公司

(NTT)被列为有影响力的机构。

在量子通信方面,除了我国在构建"京沪干线"和量子卫星之外,德国、意大利、加拿大、日本、新加坡等国也有相关计划。美国 Battelle 商业量子通信网络公司与谷歌、IBM、微软合作,也在开展量子通信网络方面的工作。

随着量子卫星的发射,可以初步开展星地量子实验,通过 10 年左右的努力,构建高速率实用化的广域网络。将来也许会有一个天地一体的全球量子通信基础设施,在量子保密通信的支持下,构建一个有安全保障的互联网。

# 12.4 量 子 卫 星

量子卫星是中国科学院空间科学先导专项首批科学实验卫星之一,其主要科学目标是借助卫星平台,进行星地高速量子密钥分发实验,并在此基础上进行广域量子密钥网络实验,以期在空间量子通信实用化方面取得重大突破;在空间尺度进行量子纠缠分发和量子隐形传态实验,开展空间尺度量子力学完备性检验的实验研究。

2016 年 8 月 16 日,中国研发的世界首颗量子科学实验卫星"墨子号"在酒泉卫星发射中心成功升空。它将有望实现全球化的量子保密通信,也是中国科技开始引领世界的一个象征。"墨子号"量子卫星质量 640kg,倾角 97.37°,在轨设计寿命两年,具有两套独立的有效载荷(量子密钥通信机、量子纠缠发射机、量子纠缠源、量子试验控制与处理机)指向机。量子卫星的发射具有重大意义,在世界上首次实现卫星和地面间的量子通信,天地一体化量子科学实验系统正式运行。

我国的量子通信研究起步比较晚,但发展很快。2011 年,量子科学实验卫星正式立项;2013 年启动光纤量子通信骨干网工程"京沪干线"项目,预计 2016 年下半年交付;2015 年 11月,发布《中共中央关于制定国民经济和社会发展第十三个五年规划的建议》,量子通信被列为体现国家战略意图的重大科技项目;2015 年 12 月,成立"中国量子通信产业联盟";未来将构建"天地一体化"全球量子通信网络,未来 5~10 年,实用化量子保密通信技术有望走向大规模应用。

量子通信总体发展路线:①通过光纤实现城域量子通信网络;②通过中继器连接实现城际量子网络;③通过卫星中转实现远距离量子通信;④最终构成广域量子通信网络。

量子通信发展方向:理论走向实践,量子通信将成为网络信息安全领域的战略制高点,实现量子信息技术产业化。量子通信技术在网络通信安全、国家战略安全、量子精密测量、量子计算与模拟、量子互联网等领域得到重要应用。

# 参 考 文 献

[1]  张亮.现代通信技术与应用[M].北京:清华大学出版社,2013.

[2]  崔健双,等.现代通信技术概论[M].北京:机械工业出版社,2009.

[3]  赵宏波,等.现代通信技术概论[M].北京:北京邮电大学出版社,2003.

[4]  彭英,等.现代通信技术概论[M].北京:北京邮电大学出版社,2010.

[5]  索红光.现代通信技术概论[M].北京:国防工业出版社,2004.

[6]  刘芫健.现代通信技术概论[M].北京:国防工业出版社,2010.

[7]  余成波,等.无线传感器网络实用教程[M].北京:清华大学出版社,2012.